Georg Edmund Dann

Martin Heinrich Klaproth (1743—1817)

Tafel I

Georg Edmund Dann

MARTIN HEINRICH KLAPROTH
(1743—1817)

Ein deutscher Apotheker und Chemiker
Sein Weg und seine Leistung

AKADEMIE-VERLAG · BERLIN

1958

Erschienen im Akademie-Verlag GmbH, Berlin W 8, Mohrenstraße 39

Lizenz-Nr. 202 · 100/498/58
Satz und Druck: Druckhaus „Maxim Gorki", Altenburg
Bestell- und Verlagsnummer: 5270
Printed in Germany

„Es ist nicht zu zweifeln, daß selbst eine späte Nachwelt noch den Verdiensten dieses seltenen Mannes huldigen wird, der nicht nur selbst mehr Tatsachen als vielleicht irgend ein anderer Chemiker untersucht und aufgeklärt, sondern besonders durch die von ihm erfundenen Zerlegungsmittel, sowie durch sein ganzes musterhaftes Verfahren den Naturforschern den Weg gezeigt hat, auf welchem sie die Wissenschaft mit neuen Tatsachen bereichern, und die schon untersuchten immer vollständiger und genauer aufklären können."

Fischer, 1819

INHALTSVERZEICHNIS

VORWORT

Beurteilt vom Standpunkte seiner Zeit aus, gehört Martin Heinrich Klaproth nach meiner Ansicht zu den größten deutschen, wenn nicht zu den bedeutendsten Apothekern aller Zeiten überhaupt, sofern man unter einem „Apotheker" hier einen Pharmazeuten versteht, der nicht nur die berufliche Grundausbildung besitzt, sondern den Beruf des praktischen Apothekers auch während der wichtigsten Schaffensperiode seines Lebens ausübt.
Ich hoffe, meine Ansicht durch die hier vorgelegte Arbeit zu stützen, obgleich sie den ganzen Umfang von Klaproths Lebensleistung noch nicht einmal erfaßt.

Klaproths Zeitgenossen haben ihn so beurteilt wie ich. Er war auf seinem Gebiete für die damalige wissenschaftliche Welt unbedingte Autorität, und sie erkannte auch seine bahnbrechende Leistung, obgleich sie die Auswirkung seiner Arbeit für die künftige Entwicklung der Chemie und Mineralogie noch nicht überblicken konnte. Im wesentlichen wohl auch nur durch solche öffentliche Anerkennung hat sich Klaproth dabei eine gesellschaftliche Stellung erworben, wie sie zu seiner Zeit für einen praktischen Apotheker sonst kaum erreichbar war.
Die Nachwelt aber hat ihn ein Jahrhundert lang fast vergessen. Als ich mich 1925 erstmalig mit Klaproth beschäftigte, war sein Name den meisten praktischen Apothekern und Chemikern unbekannt, zumal geschichtliche Fragen im damaligen Studiengange als wenig wichtig betrachtet und behandelt wurden. Freilich konnte die tiefergehende Wissenschaftsgeschichte nicht an ihm vorbeigehen. Kopp hat ihm in seiner „Geschichte der Chemie" eine recht verständnisvolle Würdigung zuteil werden lassen. Sie beschränkt sich indessen auf die chemische Leistung in großen Zügen, berücksichtigt seine Bedeutung für die Pharmazie nicht und sagt über den Menschen Klaproth und seine Lebensumstände nichts aus. In späteren Werken wird seine Bewertung immer summarischer. Sein Lebensgang wird häufig unrichtig geschildert. Seine Zugehörigkeit zur Pharmazie wird bisweilen kaum erwähnt oder seine Verbindung mit ihr doch nur als vorübergehend angeführt.

Auch die Pharmazie selbst hatte vergessen, daß er 42 Jahre lang praktischer Apotheker gewesen war.
Nach dem Studium der damals über ihn vorhandenen Literatur (Nekrologen, kurzen Nachrichten in biographischen Handbüchern, in allgemeinen wissenschaftsgeschichtlichen Darstellungen, in einigen Zeitschriftenartikeln und in einer kommentierten jedoch nicht alle Publikationen umfassenden Bibliographie von Zekert) nahm

mich die daraus doch erkennbare Größe seiner Persönlichkeit so gefangen, daß ich mir die Aufgabe stellte, die fehlende Biographie für ihn zu schaffen. Ich empfand das als eine bisher vernachlässigte Pflicht der Pharmaziegeschichte.

Bei meiner Arbeit hatte ich die gesamte Literatur über ihn, deren vielfache Unzuverlässigkeit sich schnell ergab, auszuschalten. Ich mußte in allem auf die Quellen zurückgreifen. Diese waren teilweise nicht nur schwierig aufzufinden, sondern flossen auch spärlich. Klaproths Familienverhältnisse und sein Lebensgang mußten, soweit möglich, an Hand der oft dürftigen Akten vieler Archive ermittelt werden, da sich sein Leben ja nicht an einem Orte abgespielt hatte.

Nachkommen von ihm existierten nicht. Mit unendlicher Mühe mußte daher der Nachkommenschaft seines Bruders nachgegangen werden, um die Überlieferung innerhalb der weiteren Familie wenigstens in solcher Weise nutzbar zu machen. Trotzdem war es nicht möglich, über den Verbleib seines schriftlichen Nachlasses — der gelegentlich in der Literatur erwähnt wird — etwas festzustellen. Er ist bis heute unauffindbar geblieben. Korrespondenz von ihm ist nur sehr spärlich vorhanden und überall verstreut.

Die zeitgenössische Literatur war durchzuarbeiten und ein eingehendes Studium von Klaproths eigenen Arbeiten notwendig, um seine wissenschaftliche Leistung verstehen, beurteilen und würdigen zu können.

Der 2. Weltkrieg hat all das von mir so gesammelte und verarbeitete Material, mit vielen Bildern, vernichtet. Veröffentlicht hatte ich bis dahin nur kleine Vorarbeiten.

Es hat sich als unmöglich erwiesen, alles das noch einmal in gleicher Weise zu erarbeiten, was die Mühe mehr als eines Jahrzehnts in Anspruch genommen hatte. Viele der in Frage kommenden Archive waren zudem zerstört, aufgelöst oder nicht mehr zugänglich. Selbst die notwendige ältere Literatur war nur mit großen Schwierigkeiten beschaffbar. Die Angehörigen der Seitenzweige in der Familie Klaproths sind zerstreut oder verschollen. So muß ich auf die umfassende Klaprothbiographie, wie sie mir einst vorschwebte, verzichten.

Wenn ich mich gleichwohl zu einer Verarbeitung des jetzt noch zugänglichen Materials entschloß, so geschah es — im vollen Bewußtsein der Unvollständigkeit und Unvollkommenheit —, um wenigstens die jetzt noch vorhandenen Unterlagen vor der Zufälligkeit etwaiger neuer Vernichtung zu bewahren. Ich hoffe gleichwohl, daß Klaproths Größe und wissenschaftliche Leistung so sichtbar werden, daß in Zukunft der ihm zukommende Platz in der Wissenschaftsgeschichte unverrückbar sein wird.

Kiel, im Juni 1957. Dr. Georg Edmund Dann

I. KLAPROTHS LEBENSWEG

1. Heimat

Die engere Heimat Martin Heinrich Klaproths war die Stadt Wernigerode in der „Grafschaft Wernigerode“ im Harz. Diese Grafschaft hatte eine Größe von etwa 278 qkm und zur Zeit Klaproths weniger als 10000 Einwohner. Außer der Residenzstadt umfaßte sie nur noch einige Dörfer. Damit war sie einer jener Zwergstaaten, die bis zu Beginn des 19. Jahrhunderts charakteristisch für Deutschland waren. Mögen sie sich für die Bildung eines geeinten deutschen Nationalstaates hemmend ausgewirkt haben, so waren sie doch in kultureller Hinsicht häufig von besonderer Bedeutung. Sie stellten oftmals Mittelpunkte bestimmter geistiger Strömungen dar. Dadurch übten sie nicht nur auf die deutsche kulturelle Gesamtentwicklung, sondern auch auf die Bildung des einzelnen Bürgers einen nachhaltigen Einfluß aus. Es ist sicher, daß auch Klaproths Werdegang und seine geistige Haltung wesentlich von den Eindrücken seiner Jugend in der geistig regsamen, weltanschaulich aber vielleicht einseitigen Residenz eines solchen kleinen Staates abhängig gewesen ist. In einem größeren Staatsgefüge wäre eine Stadt von gleicher Einwohnerzahl, wie Wernigerode sie damals hatte, nicht mehr gewesen als eine kulturell bedeutungslose Landgemeinde, die ihren Bewohnern kaum eine besondere geistige Prägung vermittelt hätte.
Mit der Grafschaft Wernigerode hatte es aber noch eine besondere Bewandtnis. Sie bestand als politisches Territorium des deutschen Staates seit dem 12. Jahrhundert. Doch hatte sie ihre Reichsunmittelbarkeit schon bald aufgegeben und sich 1268 unter die Oberlehnsherrschaft der Markgrafen von Brandenburg gestellt, deren Nachfolger die Könige von Preußen waren. Die Grafschaft war damit zunächst zwar keineswegs ein Teil des brandenburg-preußischen Staates geworden. Doch fehlten den gräflichen Landesherren (das waren seit 1429 die Grafen von Stolberg-Wernigerode) wichtige Souveränitätsrechte. Seit der zweiten Hälfte des 17. Jahrhunderts, gerade in der Zeit, in der Klaproths Ahnen in Wernigerode ansässig wurden, trat der Einfluß der Oberlehnsherrschaft Brandenburg-Preußens stärker hervor. Sie führte 1689 die Akzise ein und belegte die Stadt im 17. und 18. Jahrhundert zeitweise auch mit Militär. Nach langen dadurch verursachten Streitigkeiten zwischen der Krone Preußen, dem Grafenhause und der Stadt Wernigerode regelte ein Rezeß von 1714 die Beziehungen zwischen den drei Parteien. Er gab der Grafschaft eine neue staatsrechtliche Verfassung, mit der das alte Lehnsverhältnis zwischen Preußen und der

Grafschaft zum Teil in ein hoheitliches umgewandelt wurde. Die Souveränitätsrechte des gräflichen Landesherren (von 1710 bis 1771 Graf Christian Ernst von Stolberg) wurden dadurch noch weiter beschränkt. Das hatte auf der anderen Seite aber zur Folge, daß sich das Interesse des Fürsten in verstärktem Maße kulturellen Aufgaben zuwenden konnte. Im Residenzschloß entwickelte sich ein reger und anregender Verkehr des Landesherrn mit den geistig führenden Männern der Bürgerschaft. Des Grafen Fürsorge galt vor allem dem — pietistisch eingestellten — kirchlichen Leben und den religiösen Einrichtungen, dabei auch dem Waisenhause, dessen Hausvater Klaproths Großvater war. Besonders enge Beziehungen verknüpften ihn indessen mit der städtischen Oberschule, die auch Klaproth und seine Brüder besuchten. Die reiche gräfliche Bibliothek wurde der allgemeinen Benutzung zugänglich gemacht. Die örtliche Geschichtsschreibung wurde gefördert. Eine schon 1697 begründete Buchdruckerei fand Unterstützung und Anregung. Zahlreiche Bibelausgaben, das Wernigeröder Gesangbuch (in 12 Auflagen) und andere geistliche Schriften wurden dort hergestellt. Aber auch andere Werke, wie z. B. eine Ausgabe der Odyssee, wurden in ihr gedruckt. Ihr Inhaber veranlaßte als Senior aller deutschen Buchdrucker 1740 eine großartige Jubiläumsfeier in Wernigerode zur Erinnerung an die Erfindung Gutenbergs vor 300 Jahren.

Es ist verständlich, daß ein so regsames geistiges Leben, bei den patriarchalischen Verhältnissen jener Zeit für jeden einzelnen Bürger einer so kleinen Stadt, die zur Zeit Klaproths nicht viel mehr als 2500 Einwohner zählte, von nachhaltigem Einfluß sein mußte. Verhältnismäßig viele bedeutende Leute haben in Wernigerode gewirkt oder haben dort ihre Laufbahn begonnen. Kesslin zählt von 1074 bis 1855 nicht weniger als 344 „Gelehrte und Künstler" dieses Ländchens mit weniger als 10000 Einwohnern (VI, 78).

Diese geistige Regsamkeit war aber nur möglich, weil Wernigerode im 18. Jahrhundert sich auch in wirtschaftlicher Hinsicht zu einem blühenden Gemeinwesen entwickelte. Zwar waren viele der Einwohner im Haupt- oder Nebenberuf Ackerbürger wie in allen deutschen Kleinstädten jener Zeit. Und das tägliche Leben im Hause wie auf der Straße gestaltete sich weitgehend nach den Erfordernissen der Landwirtschaft. Doch herrschte daneben auch betriebsamer Gewerbefleiß. Einer der Hauptnahrungszweige war die Branntweinbrennerei. Auch Weberei und Tuchmacherei belieferten mit ihren Erzeugnissen auswärtige Märkte. Im Gebiet der Grafschaft befanden sich 1760, also in Klaproths Jugendjahren, 7 Papiermühlen, 33 Ölmühlen, 7 Sägemühlen und 4 Ziegeleien.

Die Anlage der Stadt, die vom hochgelegenen gräflichen Schlosse überragt wurde, hatte mittelalterliches Gepräge. Eine Mauer mit Toren und Türmen und ein tiefer Graben schlossen den Ort ein. Der Fachwerkbau herrschte vor. Zwischen stattlichen Bürgerhäusern eingeklemmt standen vielfach bescheidene schmale Häuschen („Buden"), oft nur mit Zweifenster-Fronten, nicht viel mehr als 3 m breit, aber bisweilen zwei bis drei Stockwerke hoch, so wie Klaproths Elternhaus eins war. Eindrucksvolle Kirchen, die „St. Sylvestri" Kirche und „Unserer Lieben Frauen" Kirche, eine ursprünglich romanische Basilika, in der auch Klaproth getauft wurde, dienten dem religiösen Interesse. Das altertümliche Rathaus (noch jetzt unver ändert vorhanden), stammte aus dem 16. Jahrhundert. In ihm hat auch Klaproths Vater anscheinend eine Zeit lang als Ratmann in bescheidenem Anteil die Geschicke der Stadt mit bestimmt. Denn jeder Bürger, auch der Handwerker, war in Wernigerode ratsfähig.

So war die Umwelt beschaffen, in der die Familie Klaproth 1712 durch ihre Übersiedlung nach Wernigerode Fuß faßte und 1743 Martin Heinrich Klaproth geboren wurde.

(VI, 12, 35, 41, 62, 78)

2. Ahnen und Familienkreis

Die fast gleich große wissenschaftliche Bedeutung der beiden Zeitgenossen Scheele [1] und Klaproth regt unwillkürlich an, die Umstände ihres Lebens und Schaffens miteinander zu vergleichen. Im Verlaufe unserer Untersuchung wird sich mehrfach Gelegenheit finden, festzustellen, daß die Versuche ihrer Mitwelt, ihre wissenschaftliche Arbeit in eine Linie zu bringen, verfehlt waren. Sie haben zwar beide ihre Leistungen im Gesamtgebiete der Chemie vollbracht. Jedoch sind sie bei dieser Arbeit von ganz verschiedenen Angriffspunkten ausgegangen und haben ihre Untersuchungen von verschiedenen Standpunkten aus und mit verschiedener Zielsetzung durchgeführt. Das wird im einzelnen bei der Erörterung der Bedeutung Klaproths für die Chemie (Kapitel II, 4) deutlich werden.

Aber auch nach ihrer Lebensführung, mit allem, was diese einschließt, waren sie völlig verschieden voneinander. Nur der eine Umstand eint sie, daß beide praktische Apotheker mit vergleichsweise ähnlicher Vorbildung waren. Ein Teil ihrer Verschiedenheit erklärt sich aus den Unterschieden ihrer familiären Herkunft. Als Zeitgenossen waren sie gleichaltrig. Scheele wurde 1742, Klaproth 1743 geboren. Scheele aber, früh vollendet, starb bereits, als Klaproth, langsam reifend, erst einige wenige Jahre eigener wissenschaftlicher Arbeit hinter sich hatte. Scheele war durch seine Entdeckungen unbewußt Wegbereiter für umwälzende neue wissenschaftliche Erkenntnisse; Klaproth wurde zum erfahrenen Führer der jungen Generation in Deutschland in das Neuland der Theorie Lavoisiers, die alle bisherigen Anschauungen umstürzte, die aber auf der anderen Seite ohne die Entdeckungen Scheeles (und anderer) sich nicht hätte entwickeln können.

Beide waren große Geister, die ihre Wissenschaft in neue Bahnen lenkten. Beide wurden schon uneingeschränkt anerkannt von der wissenschaftlichen Welt ihrer Zeit. Durch staatliche Ehrungen keineswegs verwöhnt, waren beide von großer persönlicher Bescheidenheit.

Aber wie verschieden waren sie doch in ihrer sonstigen Art! Scheele, der einsame Forscher, ohne eine geistig ihn anregende Umwelt, rastlos zu unablässigem „Experimentum" fieberhaft angetrieben durch das Feuer seines Genies, war ganz der Wissenschaft vermählt. Familie galt ihm nichts. Äußere Ehrungen waren ihm persönlich gleichgültig. Sie mit materiellen Schätzen als Grundlage für nicht vorhandene Nachkommen zu erwerben, war überflüssig. „Experimentum" war der Inhalt seines Lebens. Absterbender Ast am blühenden Baume einer alten Familie, gab er dieser nur durch den Glanz seines Ruhmes eine neue Verpflichtung auf den Weg, die für die Entwicklung eines Geschlechtes allerdings nicht unterschätzt werden darf.

Ganz anders Klaproth. Ein systematisch-exakt, sorgfältig-bedächtig arbeitender Wissenschaftler, der erst nach langer Reifezeit an die Öffentlichkeit trat. Immer neue Anregung nehmend und gebend in einem größeren Kreise von Gelehrten aller Disziplinen, mit denen er Umgang suchte und fand. Staatlich zwar nur mäßig geehrt, aber doch — bei aller persönlichen Bescheidenheit sicherlich nicht unbeabsichtigt — anerkanntes Mitglied der maßgebenden Gesellschaftskreise. Ein sorgfältiger Hausvater in der Sammlung und Erhaltung seines Vermögens.

Woher kam der Unterschied in der Lebensführung dieser Männer, die beide im Grunde doch lediglich ihre wissenschaftliche Arbeit als Zweck ihres Daseins empfanden?

Scheele war der Abkömmling einer Familie von alter Kultur. Er war „ein Scheele" (wird ihm solche Überlegung auch bewußt wahrscheinlich niemals gekommen sein) ob er nun besonderes leistete oder nicht. Seine Familie in die Höhe zu führen konnte ihm nicht Aufgabe sein. Eine „gesellschaftliche Stellung" zu erringen, mußte ihm unnötig erscheinen. Denn mit Selbstverständlichkeit durfte er sich ohne weiteres von Hause aus als Mitglied der Schicht betrachten, die die Kultur seiner Zeit vertrat. Aus verzweigter alter Familie stammend, konnte das Schicksal ihn (nur Repräsentanten, nicht Stammvater seines Geschlechtes) ganz auf große Leistung für die gesamte Menschheit einstellen. Er konnte die Entwicklung des im Vergleich dazu in seiner Bedeutung geringfügigen Familienkreises anderen Angehörigen desselben überlassen.

Nicht so Klaproth. Die Geschichte seines bis dahin ganz unbekannten Geschlechtes begann gewissermaßen erst mit ihm. Er war Stammvater künftiger Generationen, Mittelpunkt seines größeren Familienkreises, dem er durch seine Lebensführung Ansehen und Grundlage zur Hinaufentwicklung zu geben hatte. Keineswegs war er ein Emporkömmling in des Wortes schlechter Bedeutung. Davor bewahrte ihn seine Anspruchslosigkeit und Bescheidenheit. Durch und durch eine Persönlichkeit, wird er aber trotzdem (wenn auch unbewußt) eine innere Ehrfurcht besessen haben vor den Familien älterer Kultur, und (vielleicht ebenso unbewußt) von dem steten Wunsche erfüllt gewesen sein, sich diesen mit unbetonter Selbstverständlichkeit einzureihen. Fast alle Kleinbürger hegen diesen Wunsch, die aus dürftiger Jugend und aus begrenzten Verhältnissen in die größere Welt hineinwachsen. Manche vielleicht nur in unklarer Empfindung. Viele aber tragen ihn, trotz großer persönlicher Leistungen, geradezu wie eine Hemmung durch das ganze Leben, immer ängstlich bedacht, diese innere Unsicherheit nicht offenbar werden zu lassen.

Weder Scheele noch Klaproth werden derartige Überlegungen angestellt, noch bewußt nach solchen ihr Leben gestaltet haben. Man muß dieses Leben aber doch wohl auch von dem Standpunkt solcher inneren Notwendigkeit betrachten. Aus dieser Notwendigkeit heraus erfüllten beide auch im äußeren Ablauf ihres Daseins schicksalhaft ebenso die Aufgabe, die ihnen (kaum selbst empfunden) ihren Familien gegenüber zukam, wie sie im Wirken für die ganze Menschheit sie lösten.

Die Familie Klaproth entstammt dem Gebiet des Harzes. Der Name [2] ist und war dort und im Lande Braunschweig (in wechselnder Schreibweise) außerordentlich verbreitet, ohne daß sich bis jetzt nachweisen ließ, daß alle Stämme einer gemeinsamen Wurzel entwachsen sind.

Im ursprünglichen Verbreitungsgebiet des Namens hatten seine Träger meist nur bescheidene soziale Stellungen inne. Nur durch zufällige Ereignisse treten einzelne bisweilen kurz in das Blickfeld geschichtlicher Betrachtung. So werden im Anfang des 18. Jahrhunderts in der Gegend von Ilsenburg Angehörige von Familien Klaproth erwähnt, die wir in abergläubische Schatzgräberei und Goldsucherei verstrickt sehen. 1714 war, mit anderen, der 30jährige Soldat Wilhelm Klaproth, 1724 Jürgen Klaproth, ein Töpfersohn, in geheimnisvolles mittelalterliches Tun verwickelt. Dabei spielten Geistererscheinungen, die Wünschelrute, das Vaterunser und das Johannes-Evangelium eine Rolle (VI, 72).

Es ist nicht ohne Reiz, von diesen beiden in so tiefem Aberglauben befangenen Goldsuchern Klaproth zu erfahren, die dem Martin Heinrich Klaproth vielleicht gar nicht einmal so entfernt verwandt gewesen sind, wenn wir an dessen allem Aberglauben abgeneigte Haltung denken. Gerade er hat, zu Ende des gleichen Jahrhunderts, wie kaum ein anderer seiner Zeitgenossen, durch nüchterne wissenschaftliche Arbeit allgemein, wie auch in speziellen Fällen (siehe Kapitel III, 3) dazu beigetragen, das letzte Aufflackern der Alchemie und der Goldmacherei in Deutschland zu ersticken. Als Naturwissenschaftler hatte er Stellung zu nehmen zum „Mesmerismus“, der damals die Gelehrten bewegte, und zum „Spuk in Tegel“, der die große Öffentlichkeit lange erregte.

Einzelne Familien des Namens Klaproth haben sich aus den einfachen Verhältnissen, in denen jene Schatzgräber lebten, im Laufe der Jahrhunderte zu gewisser „Bürgerlichkeit“ entwickelt. Und in den auf jene abergläubischen Goldsucher folgenden Generationen befinden sich auch einige Gelehrte ihres Namens von zeitbedingter Bedeutung. So etwa die beiden Göttinger Professoren der Rechtswissenschaft Johann Christian Claproth (geboren 1715 in Osterode im Harz, gestorben 1748 in Göttingen) und Justus Claproth [3] (geboren 1728 in Kassel, gestorben 1805 in Göttingen) oder die beiden Mediziner Klaproth in Berlin zu Anfang des 19. Jahrhunderts [4].

Ein Zusammenhang aller dieser mit der Linie, der Martin Heinrich Klaproth entstammt, ist bis zum Jahre 1631 aber nicht nachweisbar. Die ältere Zeit wesentlich zu erhellen, dürfte kaum möglich sein. So müssen wir als seinen ältesten Ahnen einen Just Klaprodt betrachten, der, etwa 1631 geboren, in Düderode — unweit Seesen — 1713 starb und am 15. Mai dort begraben wurde. Seine Frau hieß Catharine Mühlmann. Weiter wissen wir über ihn nichts. Beruf und sonstige Lebensumstände liegen im Dunkeln. Kaum wird er über erhebliche irdische Güter verfügt haben. Denn seinen Sohn Johann Georg oder Jürg, wohl 1672 geboren, finden wir in der bescheidenen Stellung eines Kutschers bei der „Frau Amtmännin Barmanns“ in Zellerfeld, wo er sich 1701 mit einer Soldatentochter verheiratete. Die anscheinend kinderlose Ehe währte nur ein Jahr, da die Frau schon 1702 starb. Vielleicht war es sein Beruf als Kutscher, der ihn seine zweite Frau im benachbarten Goslar finden ließ, wo sie bedienstet gewesen sein mag. Sie hieß Elisabeth Oppermann und war die am 17. April 1678 geborene Tochter des Küsters an „Unserer Lieben Frauen“ Kirche in Wernigerode, Heinrich Oppermann, und seiner Ehefrau Elisabeth, geborenen Hilms. Möglicherweise hatte die Heirat, die am 18. November 1708 zu St. Peter und Paul in Goslar stattfand, auf die geistige Entwicklung dieser Familie Klaproth einen gewissen Einfluß. Denn bedeutendere Träger des Namens Oppermann aus jener Gegend sind mehrfach bekannt, freilich bisher ohne den Nachweis, ob sie dem gleichen oder nur einem gleichnamigen Geschlecht entstammen. Zunächst jedenfalls scheint die Heirat Anlaß zu einer Hebung der wirtschaftlichen Lage des bisherigen Kutschers gewesen zu sein. Er begegnet uns nunmehr, weiterhin in Zellerfeld ansässig, als selbständiger Pferdehändler. Doch setzte schon 1712, nach noch nicht vierjähriger Ehe, der Tod seinem Streben ein Ziel. Am Geburtstage seiner Frau wurde Jürg Klaproth zu Grabe gstragen. Die junge Witwe kehrte mit ihrem Söhnchen Heinrich Christoph [5] in ihre Vaterstadt Wernigerode zurück, wo sie ein bescheidenes Haus erwarb. Dort kam fünf Monate nach dem Tode ihres Mannes, am 28. September 1712, ein zweiter Sohn zur Welt, der die Namen Johann Julius erhielt. Er wurde der Vater Martin Heinrich Klaproths.

Johann Julius Klaproth wurde Schneider. Er übernahm späterhin das Haus seiner Mutter und scheint es zu einem bescheidenen Wohlstand gebracht zu haben, bis der verheerende Brand des Jahres 1751, der einen großen Teil der Stadt zerstörte, ihn in bedrückende Armut zurückwarf. Er hat sich von diesem Schlage wirtschaftlich nie völlig erholt, obgleich er sich guten bürgerlichen Ansehens erfreute; denn er scheint in späteren Jahren sogar die Würde eines Ratmannes der kleinen Stadt errungen zu haben. Er hat sich auch noch des sozialen Aufstieges seiner Kinder erfreuen dürfen, denn die Berufung seines ältesten Sohnes zum Pfarrer in Plaue an der Havel hatte er noch um vier Jahre überlebt, als er am 12. Dezember 1767 starb.

Seine Frau, Ursula Sophie Dehne, entstammte gleichen Handwerkerkreisen wie er selbst. Ihr Vater war der Schneidermeister und Waisenvater in Wernigerode, Theodor Julius Dehne. Über ihre Mutter wissen wir weiter nichts, als daß sie in jungen Jahren starb. Lediglich als „Meister Dehnes Ehefrau“ — ohne eigenen Namen — ist sie mit ihrer Todeseintragung im Kirchenbuch zu finden. Zwar ist noch festzustellen, daß der Vater dieses Meisters Dehne, Hans Jacob Dehne, gleichfalls Schneider war, aber damit ist die Kenntnis von diesen Ahnen Martin Heinrich Klaproths erschöpft.

Wir sahen seinen Vater als keinesfalls wohlhabenden, nach Aussagen des Sohnes sogar in Armut lebenden, kleinen Handwerksmeister, den Großvater väterlicherseits als Kutscher, dann Pferdehändler, und den mütterlicherseits als Schneider und Waisenvater. Von den vier Urgroßvätern, von denen nur drei bekannt sind, wissen wir den Beruf nur von zweien. Der eine war Küster, der andere war Schneider. Alles andere versinkt im Dunkel.

Erstaunlich ist die Entwicklung, die die drei Söhne des Schneidermeisters Klaproth durchmachten. Es muß eine zähe Energie in ihnen gesteckt haben. Denn alle wuchsen weit über ihren bisherigen Lebenskreis hinaus. Daß der älteste der Brüder, der 1739 geborene Julius Christoph Klaproth, unter Entbehrungen das Gymnasium besuchte, dann Theologie studierte und schließlich bereits mit 24 Jahren in eine Pfarre „einheiratete“, indem er im Amt und in der Ehe Nachfolger seines wesentlich älteren Vorgängers wurde, ist für seine Zeit allerdings kein so außergewöhnlicher Vorgang. Mit dem Wechsel vom Handwerker- oder Bauerntum zum geistlichen Beruf beginnt der Aufstieg sehr vieler Familien. Dieser Pfarrer hat ein rechtschaffenes Pastorenleben geführt, aber keine bemerkenswert großen Leistungen vollbracht. Seine Nachkommenschaft ist im Mannesstamme ausgestorben. Doch blühen die weiblichen Linien in zahlreichen Abkömmlingen. Gute Bürger, Beamte, Offiziere und Akademiker, hat keiner von ihnen Geniales geleistet, wenn auch einzelne Männer darunter sind, die in ihrem Fach hervorragend tüchtig waren. So z. B. der Erbauer beider Rheinbahnen und der Koblenzer Brücke, Emil Hartwich, Pastor Klaproths Enkel.

Noch weniger erstaunlich erscheint es nach näherer Kenntnis der Verhältnisse, daß der jüngste der Brüder, Christian August Ludewig Klaproth, 1757 geboren, es zum Geheimen Kriegsrat, Staats- und Kabinetts-Archivar brachte. Natürlich muß er die geistigen Qualitäten dazu von Hause aus besessen haben. Doch sein Bildungsgang war ihm schon wesentlich erleichtert. Denn der in Amt und Würden befindliche Bruder Pastor — um 18 Jahre älter — unterstützte ihn nicht nur während der Schulzeit, sondern auch während des Studiums. Er wandte sich zuerst der Theologie zu, wurde dann aber Historiker und ist auch mit wissenschaftlichen Arbeiten hervorgetreten. Als Leiter des Königlichen Archivs spielte er in Berlin eine gewisse Rolle. Er gehörte auch zu den Beamten, die 1806 den Hof nach Ostpreußen begleiteten [6].

Viel wunderbarer als der Lebensweg dieser beiden Brüder ist der Aufstieg Martin Heinrich Klaproths, des mittleren der drei Geschwister [7]. Mit unvollendeter Schulbildung, dürftiger Berufsausbildung, ohne jegliches Hochschulstudium, wurde er der geniale Forscher, Mitglied der Akademie der Wissenschaften, Ordinarius der Berliner Universität. Er allein kann als Wertmesser dienen für die besondere Begabung seines Geschlechts, die sich allerdings — wie es häufig zu beobachten ist — in ihm, als dem Größten der Familie, erschöpfte. Nur auf einen Enkel hat er sie vererbt, der selbst dann kinderlos starb.
(VII, 8, 9, 10, 12, 18, 19, 24; V, 8; VI, 72)

3. Kindheit und Schuljahre

Am 1. Dezember 1743, nachts um 3 Uhr, wurde Martin Heinrich Klaproth in den im vorhergehenden Kapitel geschilderten Familienkreis hineingeboren und zwei Tage später in der Liebfrauenkirche getauft. Die Vornamen gab ihm sein Pate „der Kirchenvorsteher Herr Martin Heinrich Peters“. Als weitere Taufzeugen dienten „der Kirchenvorsteher Herr Christoph Heinrich Felber“ und „des Custodis Herrn Johann Heinrich Kischs [7] Ehefrau Catharina Elisabeth geb. Riebecken“ (VII, 22). Aus diesen Paten, die alle drei zur Kirche in enger Beziehung standen (wie auch unter den Taufzeugen des im Jahre vorher geborenen Bruders Johann Gottfried sich

Abb. 1. Wernigerod

↓ Ruine der Liebfrauenkirche, in de

ein „Kirchenkämmerer“ befindet), möchte man schließen (auch wenn es sich nicht um Freunde, sondern nur um Kunden des Schneidermeisters handelte), daß die Familie Klaproth, wenn nicht unbedingt religiös, so doch ausgesprochen kirchlich gesinnt war. Kirchlich und pietistisch ist für diese Zeit in Wernigerode gleichzusetzen. Damit ist bereits das geistige Milieu gekennzeichnet, in dem das Kind Martin Heinrich aufwuchs. Auch dadurch wird es bestimmt gewesen sein, daß sein Großvater Dehne „Waisenvater“ war, also einer Einrichtung mit caritativen Aufgaben diente.

Die ersten Eindrücke vom Leben gab dem Knaben die Schneiderstube des Vaters wie auch die des Großvaters Dehne. In ausgeprägt kleinhandwerklicher Umgebung und in ärmlichen Verhältnissen wuchs er heran. Als sein Vater 1738 das Bürgerrecht erwerben mußte, ohne das er nicht selbständiger Handwerksmeister hätte sein

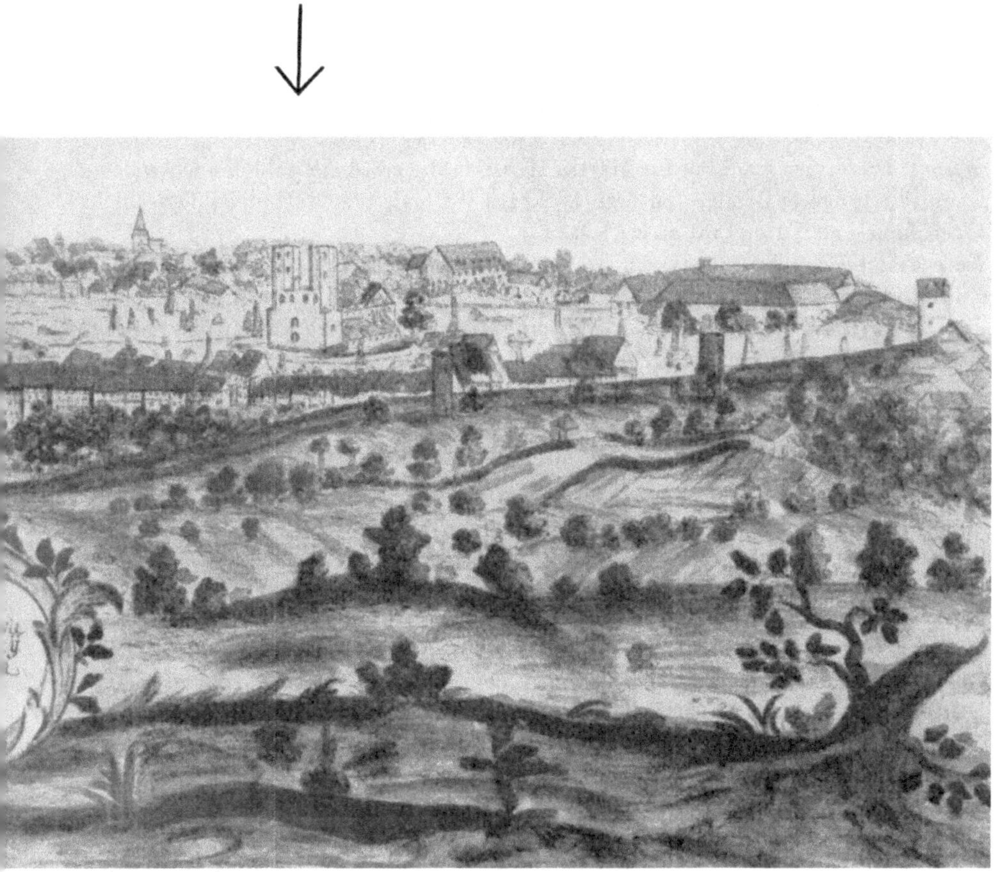

en Brande von 1751

er Nähe Klaproths Elternhaus stand

können, konnte er von der Gebühr von 11 Reichsthalern nur 6 Thaler anzahlen und mußte für den Rest Ratenzahlungen von jährlich einem Thaler erbitten. Auch diese konnte er nicht pünktlich einhalten. Als Martin Heinrich geboren wurde, war er noch immer mit einem Thaler im Rückstand, den er erst 1744 bezahlte (VII, 23a).
Martin Heinrichs Elternhaus, das sein Vater 1739 von seiner Mutter übernommen hatte [8], stand am Liebfrauenkirchplatz. Es war eine „Bude", ein sehr schmales zwei- (oder drei)stöckiges Gebäude, dessen Front (ca. 3 m) nur zwei Fenster breit war, und es lag im wahren Sinne des Wortes eingeklemmt zwischen einem größeren kirchlichen Verwaltungsgebäude, der Küsterei, auf der rechten und einem stattlichen Bürgerhause, „Herrn Schreibers Brauhause", auf der linken Seite.
Bei Martin Heinrichs Geburt war sein Vater 31, seine Mutter 27 und sein Bruder Julius Christoph 4 Jahre alt. Auch seine Großmutter Klaproth lebte im Hause ihres

Sohnes. Diese vier machten für Martin Heinrich die erste menschliche Umwelt aus. Denn sein jüngerer Bruder kam erst (1757) zur Welt, als er sich schon bald anschickte, Elternhaus und Vaterstadt zu verlassen.

Klaproths Eindrücke und Erlebnisse in seiner Knabenzeit entziehen sich in Einzelheiten unserer Kenntnis. Indessen fallen zwei große Ereignisse in diesen Zeitraum, die ihn mit ihrer einschneidenden Wirkung auf die gesamten Verhältnisse in seiner Vaterstadt ohne Zweifel weitgehend beeindruckt und beeinflußt haben werden. Am 30. Juni 1751, als Klaproth 7 Jahre alt war, wütete eine furchtbare Feuersbrunst in Wernigerode, die 280 Häuser zerstörte und auch die Liebfrauenkirche vernichtete. Auch Klaproths Elternhaus brannte ab. Die Familie wurde mit vielen anderen obdachlos. Hatten sich mit dem allgemein wachsenden Wohlstand Wernigerodes ihre wirtschaftlichen Verhältnisse in den letzten Jahren vielleicht ein wenig gebessert gehabt, so sank sie nunmehr in sicherlich doppelt empfundene Armut zurück. Der notwendige Wiederaufbau des Wohnhauses wird für den Schneidermeister um so schwieriger gewesen sein, als durch diese Katastrophe zunächst das gesamte Wirtschaftsleben der Stadt zum Erliegen kam, und die in so bedrückliche Not geratene Bevölkerung an die Beschaffung neuer Kleidung wahrscheinlich zuletzt dachte. Aus allen Teilen Deutschlands und aus Dänemark strömten Gaben in das zerstörte Wernigerode. Aber der Wiederaufbau war doch nicht möglich, ohne sich in langfristige Schulden zu stürzen. Schneidermeister Klaproth mußte sein neues Häuschen mit Hypotheken belasten, die erst nach seinem Tode wieder abgelöst werden konnten (VII, 20).

Wenige Jahre später, 1756, brach der 7jährige Krieg aus. Klaproth erlebte seine Einwirkung auf Wernigerode in den Lebensjahren, in denen ein heranwachsender Knabe mit besonders wachen Augen in die Umwelt sieht. Der Krieg brachte der Stadt und der Grafschaft Wernigerode Jahre lang feindliche Invasionen durch Franzosen und Reichstruppen, dazwischen aber auch von Seiten der Preußen Einquartierungen, Requisitionen und Aushebungen. Er hat dadurch in fühlbarer Weise lange Zeit das Gleichmaß im Tageslauf des friedlichen Bürgers gestört. Die nächste Umgebung Wernigerodes wurde mehrmals Kampfgebiet. Der Wohlstand der Stadt, der durch den Brand vernichtet worden war, begann sich wieder zu heben, da durch fortlaufende Getreidelieferungen an das Heer, durch gut bezahlte Fuhrleistungen und vor allem durch ausgedehnte Destillation von Branntwein, dem „Alten Wernigeröder", der an Freund und Feind geliefert wurde, für einen großen Teil der Bevölkerung erhebliche Einnahmequellen entstanden. Die im Verlaufe des Krieges in die Höhe kletternden Preise für die gesamte Lebenshaltung hatten auch eine wesentliche Steigerung der Löhne zur Folge. Die durch leichte Kriegsgewinne allgemein wachsende „Gier nach Geld ließ" — trotz des pietistischen Glaubensbekenntnisses — „die alten guten Sitten immer mehr schwinden. Während man einerseits Gott täglich um den edlen Frieden bat, fehlte es nicht an Leuten, die dem Krieg noch recht lange Dauer wünschten, während sie das dabei leicht gewonnene Geld vergeudeten" (VI, 44).

Auf den Schneidermeister Klaproth wird alles dies nur mittelbaren Einfluß gehabt haben. Er konnte weder Getreide liefern, noch Fuhrdienste leisten, noch Branntwein brennen. Aber das flüssiger gewordene Geld wird auch seiner Werkstatt ebenso

Abb. 2. Das Haus, das jetzt am Liebfrauenkirchplatz an der Stelle des Geburtshauses von Klaproth steht. Es trägt eine Tafel mit der Inschrift:

Geburtsstätte des berühmten Chemikers Martin Heinrich Klaproth * 1. Dezember 1743 † zu Berlin am 1. Januar 1817

Arbeit und Einnahmen gebracht haben, wie sich das gesamte wirtschaftliche Leben in der Stadt wieder hob. 1762 konnte dadurch auch die Liebfrauenkirche wieder aufgebaut werden.

Sicherlich war es trotzdem nicht besonderes wirtschaftliches Wohlergehen, das den Meister Klaproth veranlaßte, seine Söhne auf die Oberschule in Wernigerode zu schicken, die der ältere seit 1753, Martin Heinrich seit 1755 besuchte, sondern zweifellos eine sich im Elementarunterricht frühzeitig zeigende Begabung der Jungen. Daß für beide das spätere Studium der Theologie in Aussicht genommen war, erscheint nach dem Milieu, dem sie entstammten, nicht verwunderlich. Wesentliche Unterstützung haben die Brüder während ihrer Schulzeit vom Elternhause wohl kaum erhalten können. Sie werden sich unter den besser gestellten Mitschülern, die zum Teil dem begüterten Landadel der Umgegend entstammten, deshalb nicht allzu wohl gefühlt haben. Wir wissen, daß Klaproth (wie vermutlich auch sein Bruder) darauf angewiesen war, sich das für den Schulbesuch notwendige Bargeld als „Kurrendejunge" zu verdienen. Die Mitglieder dieser „Kurrende" und des „Chorus symphonicus" zahlten nicht nur niedrigeres Schulgeld, sondern sie hatten auch aus ihrer Mitwirkung als Sänger bei Umzügen, Hochzeiten, Leichenfeiern u. ä. Einnahmen, die zur Bestreitung der sonstigen Ausbildungskosten ausreichten. Als Martin Heinrich der Kurrende angehörte, beliefen sich ihre Jahreseinnahmen auf durchschnittlich 500 Taler, die unter 30 Chormitgliedern verteilt wurden (VI, 42).

Der Besuch der Wernigeröder Oberschule hat zweifellos in mehrfacher Hinsicht einen bedeutenden Einfluß auf Martin Heinrich Klaproths Entwicklung ausgeübt. Es handelte sich bei ihr um eine alte Lateinschule, die 1750 ihr 200jähriges Jubiläum beging, deren Anfänge aber bis in die Zeit vor der Reformation zurückreichten. Die fünfklassige Anstalt, die 1755 etwa 150 Schüler hatte, führte ihre Zöglinge bis zur Universitätsreife. Als Klaproth sie besuchte, befand sie sich unter der Leitung von Heinrich Karl Schütze [9], der ihr seit 1729 als Conrektor, und von 1738 bis 1781 als Rektor vorstand. Ebenso wie sein älterer Bruder und Amtsvorgänger Eustachius Friedrich Schütze [9] genoß er als Pädagoge bei seinen Zeitgenossen hohes Ansehen. Das verschaffte dem von ihm geleiteten Gymnasium einen guten Ruf. Auch andere tüchtige Mitglieder des Lehrerkollegiums und die besondere kirchliche Stellung Wernigerodes trugen dazu bei, die Schule zur bevorzugten Lehranstalt für die Kinder vornehmer pietistischer Familien werden zu lassen. Eine große Zahl tüchtiger Männer ist aus ihr hervorgegangen. Außer Martin Heinrich Klaproth und seinen Bruder Christian August Ludewig Klaproth, den Historiker, könnte man den Dichter Ludwig Gleim [10] nennen, den Pädagogen Johann Christian Meier [15], den Chemiker Delius [11], den Physiker Kratzenstein [12] und viele andere (VI, 35, 78). Allerdings hatte sie zur Zeit Klaproths den Höhepunkt ihrer Blüte fast schon überschritten [13]. In weltanschaulicher Hinsicht gewann damals gerade die „Aufklärung" sowohl in Lehrer- wie in Schülerkreisen ihre ersten Anhänger. Von ihren ausgeprägten Vertretern im Lehrerkollegium ist Johann Christian Meier [15] zu erwähnen, der zur Zeit Klaproths an der Schule unterrichtete, von den Schülern der geniale Dichter Ludwig August Unzer [14], ein nur wenig jüngerer Zeitgenosse von Martin Heinrich Klaproth.

K

8. Just Klaprodt
* 1631 (?)
▭ Düderode 15. 5. 1713

∞ 9. Cathar. Mühlmann
* ?
† ?

10. Heinr. Oppermann
* ?
† ?
Küster an der Liebfrauen-Kirche, Wernigerode

∞ 11. Elisa
Hilm
* 1647
† Wernig
21. 11.

4. Johann Georg (Jürg) Klaproth
(Klapperot, Klapprod)
* Düderode (?) 1672 (?)
▭ Zellerfeld 17. 4. 1712
Kutscher; Pferdehändler

∞ II.
Goslar 18. 11. 1708

5. Anna Elisabeth Oppermann
* Wernigerode 17. 4. 1678
† ? (nach 1747)

(∞ I. Zellerfeld 21. 11. 1701 Anna Maria Magdalena Grave, Tochter des Garde-Korporals Hans Grave, Wolfenbüttel)

(2a. Heinrich Christoph Klaproth
* Zellerfeld ?
† ?

?

)

2b. Johann Julius Klaproth
* Wernigerode 28. 9. 1712
† Wernigerode 12. 12. 1767
Schneidermeister

1a. Julius Christoph Klaproth
* Wernigerode 27. 4. 1739
† Plaue (Havel) 1804
Pfarrer in Plaue und Briest

1b. Johann Gottfried Klaproth
* Wernigerode 23. 3. 1742
† Wernigerode 11. 8. 1742

ann (Hans) ∞ 13. ? ?
akob * ?
Dehne † ?
* ?
† ?
idermeister

14. ? ?
* ? ?
† ? ?

∞ 15. ? ?
* ? ?
† ? ?

6. Theodor Julius
Dehne
* ? ?
† ? ?
Schneidermeister,
Waisenvater
in Wernigerode

∞ I.

7. ? ?
* ? ?
⚰ Wernigerode 7. 5. 1721

(∞ II. Wernigerode 13. 8. 1722 Barbara Sophie
Müller, Meister Wilh. Müllers Tochter)

13. 7. 1738

3. Ursula Sophie
Dehne
* Wernigerode 7. 7. 1716
† Wernigerode 1. 8. 1785

1c. Martin Heinrich
Klaproth
* Wernigerode 1. 12. 1743
† Berlin 1. 1. 1817
Apotheker; Dr. phil. h. c.,
Prof., Ober-Medizinal-
und Sanitätsrat

1d. Christian Aug.
Ludewig
Klaproth
* Wernigerode 19. 4. 1757
† Berlin 30. 3. 1812
Historiker; Staats- und
Kabinetts-Archivar;
Geh. Kriegsrat

Der Unterricht fand in einem vom Landesherrn neu erbauten Schulhause bei der Silvesterkirche statt. Dieses beherbergte auch die Schulbibliothek, welcher der Graf seine besondere Aufmerksamkeit schenkte. Er stellte daneben aber auch die Bestände seiner eigenen Bibliothek im Schlosse den Lehrern und älteren Schülern zur Verfügung, in der „keineswegs nur Bibeln und Gesangbücher gesammelt wurden, wie Lessing es behauptete, sondern auch ein nach dem damaligen Stande der Wissenschaften höchst ansehnlicher Vorrat von Schriften aus allen Zweigen des menschlichen Wissens, darunter auch insbesondere der Naturkunde“ vorhanden waren. Ihr Bibliothekar war damals Christoph Gottfried Jacobi, der vordem Conrektor der Oberschule gewesen war.

Der Lehrplan der Schule ähnelte stark dem des bekannten Franckeschen Pädagogiums in Halle. Ebenso wie dort wurde das Hauptgewicht auf Latein gelegt und die Unterweisung in den alten Sprachen als Kernpunkt aller Bildung betrachtet. Doch aber mutet der Unterricht in Wernigerode in mancher Hinsicht fast modern an. Im Deutschen wurde der freie Vortrag geübt, was gewiß für Klaproths spätere Lehrtätigkeit wichtig war.

In der Geographie und Geschichte wurden Heraldik und Genealogie behandelt. Mathematik und Physik kamen zu ihrem Recht. Philosophie, Logik und Religion waren Unterrichtsfächer. Musik wurde gepflegt. Daneben gab es wahlfreien Unterricht, wie etwa im Französischen, oder in den Handfertigkeiten, wie im Drechseln, Pappen und ähnlichem. Diese für die damalige Zeit ganz ungewöhnlichen Lehrfächer erfuhren noch eine fast revolutionierende Erweiterung, als Johann Christian Meier, der selbst Schüler der Anstalt gewesen war, 1758 Lehrer der Oberschule wurde. Er führte englische und italienische Konversationsübungen ein und unternahm mit seinen Zöglingen naturwissenschaftliche Exkursionen, mit denen er die Schüler ebenso gewann wie mit seiner der Aufklärung huldigenden Weltanschauung, die zum Pietismus, dem kirchlichen Leben in Wernigerode und dem Geist der Schule in schroffem Gegensatz stand (VI, 42, 78). Es läßt sich nicht feststellen, ob Meier, der ein Jahr vor Klaproths Abgang nach Wernigerode kam, ihn auch tatsächlich unterrichtet hat, doch darf man es annehmen. Ohne Einfluß auf ihn kann dieses jungen Lehrers Wirksamkeit jedenfalls nicht gewesen sein. Ja, ich bin geneigt, ihr wesentliche Bedeutung zuzumessen, selbst wenn der Einfluß sich vielleicht nur mittelbar, durch den älteren Bruder oder andere Mitschüler, ergeben hat. Meiers Methoden waren zu ungewöhnlich, das Gerede um ihn in der kleinen Stadt und in der Schule zu groß, als daß nicht auch jeder Schüler irgendwie in den Streit der Meinungen hätte gezogen werden müssen.

Bei dem Versuch, Klaproths Charakter, seine spätere Lebensauffassung und Haltung zu verstehen (siehe Kapitel III, 3) wird sich zeigen, welche Folgen es nach meiner Ansicht gehabt hat, daß er, in früher Jugend von der Enge des Pietismus umgeben, in den Jahren beginnender Reife mit der Wirksamkeit eines so ausgeprägten Vertreters des Rationalismus in Berührung kam. Zunächst darf sich indessen hier die Vermutung hervorwagen, daß Meier es vielleicht war, der durch seinen Unterricht und seine naturwissenschaftlichen Exkursionen bei Klaproth den Anstoß dazu gegeben hat, Apotheker zu werden. Denn warum wurde er — dessen Familie ohne jede sonstige Beziehung zur Pharmazie war — nicht Handwerker wie Vater und Großvater es waren, als er auf der Schule scheiterte, und die Theologie, deren Studium durch Stipendien weitgehend gesichert gewesen wäre, ihm nicht mehr Berufsziel sein konnte? Warum Apotheker, was dem völlig mittellosen Jungen doch materiell kaum Aussichten eröffnete? Denn eine Apotheke erforderte damals wie heute ein erhebliches Anlagekapitel, und das Los der angestellten Apothekergesellen war nicht beneidens- und nicht erstrebenswert. Diese Berufswahl ist nur verständlich, wenn man sie in Verbindung setzt mit plötzlich erwachten oder [durch Meier?] erweckten naturwissenschaftlichen Neigungen. Trotzdem war sie zunächst ein Notbehelf. Die für ihn in der Pharmazie liegenden Möglichkeiten erkannte, suchte und erwartete Klaproth wohl bei seinem Entschluß kaum. Warum er plötzlich darauf verzichtete, die Schule zu beenden und einen durch Stipendien gesicherten Weg zu gehen, wie sein älterer Bruder es tat [16], entzieht sich vollkommen unserer Kenntnis. Er selbst erwähnt „eine unverdient harte Behandlung" auf dem Gymnasium. Worin diese bestand und warum sie erfolgte, wissen wir nicht. Hing auch sie etwa mit Meiers Einfluß auf die Schüler zusammen? Hatte Klaproth, von dem man als Kurrendejunge ganz besonders Einordnung in den Geist der Schule erwartete, Anstoß erregt, weil er sich für den Lehrer begeisterte, den das Lehrerkollegium eifersüchtig ablehnte? Ganz von der Hand zu weisen ist solche Möglichkeit vielleicht nicht.

Klaproth war 15 Jahre alt, als er die Schule nach fast vierjährigem Besuch plötzlich (und anscheinend vor Schluß des Schuljahres) Ende 1758 verließ (oder verlassen mußte?). Er ging nach heutiger Bezeichnung etwa als Sekundaner ab und war nur ein gutes Jahr von dem erstrebten Ziele entfernt. Damit hatte er eine Vorbildung, die er selbst später als unvollkommen bezeichnete, die aber trotzdem, besonders wenn man den erörterten Lehrplan berücksichtigt, weit über der des Durchschnitts bei damaligen Apothekerlehrlingen lag, die häufig schon im Alter von 12 bis 14 Jahren aus der Volksschule heraus in den Beruf eintraten. Es müssen wirklich Vorgänge gewesen sein, die Klaproth im Innersten seines Wesens getroffen hatten. Denn ohne jede Ahnung der großen Laufbahn, die vor ihm lag, noch unbewußt der tiefen Neigung zu chemischer Forschung, die ihn erst viel später allmählich erfaßte und erfüllte, verzichtete er kurz vor dem ersten Ziele überraschend auf eine verhältnismäßig gesicherte Zukunft und eine spätere soziale Stellung, die einem armen Handwerkersohne immerhin erstrebenswert sein konnte, zugunsten eines Berufes mit unsicheren Aussichten. Zunächst jedenfalls tauschte er die Würde des Wernigeröder Oberschülers, der bei den Bürgern der kleinen Stadt immerhin schon die Achtung des zukünftigen Gelehrten genoß, mit der unbeachteten, von seinen bisherigen Mitschülern wahrscheinlich sogar mißachteten Stellung des Lehrburschen in einer Apotheke, wie sie damals jeder Volksschüler erlangen konnte. Wir können uns vorstellen, daß auch seine Eltern alle Hoffnungen schwinden sahen, die sie auf ihren Sohn gesetzt hatten.

(V, 12; VI, 42, 45, 71, 73, 78; VII, 21, 23b, c)

Abb. 3. Friedrich Viktor Bollmann
(Nach einem Gemälde, früher im Besitz seines Nachkommen, des Apothekers Ernst Schulz †, Nordhausen)

4. Apotheker-Junge

Als Klaproth Ostern 1759 als Lehrling in die Rats-Apotheke zu Quedlinburg eintrat, war er 15½ Jahre alt. Durch wessen Vermittlung er diese Lehrstelle erhalten hatte, entzieht sich der Feststellung. Ob alte Beziehungen seines nunmehrigen Lehrherren zu Wernigerode die Verbindungen hergestellt hatten, ist fraglich. Er hatte zwar seine eigene praktische Ausbildung einst in der dortigen Rats-Apotheke empfangen, doch lag das bereits drei Jahrzehnte zurück, als er Klaproth einstellte.

Dieser Lehrherr, Friedrich Victor Bollmann [17], war Sohn, Enkel und Neffe von Quedlinburger Ärzten, entstammte also einer Gelehrtenfamilie. Er war aber als Apotheker selbst noch durchaus handwerklich gebildet. Kaum 14 Jahre alt, war er für 6 Jahre als „Discipel“ zum Apotheker Möller nach Wernigerode (VI, 58, 61) gekommen. Als „Geselle“ hatte er dann je ein Jahr in der gleichen Apotheke, in Braunschweig, in Halle, in Nordhausen und in Zittau, fast 10 Jahre aber in der Hof-Apotheke zu Halberstadt „serviert“ gehabt, ehe er 1746 die Pacht der Quedlinburger Rats-Apotheke erhielt. Sie befand sich in städtischem Besitz, wie dies damals noch häufig der Fall war. Nach so langen Wanderjahren war Bollmann sicherlich ein guter praktischer Apotheker geworden, wie denn verschiedene tüchtige Pharmazeuten aus seinem Betrieb hervorgingen. Aber die wissenschaftliche Grundlage seines Berufes war ihm wohl fremd (V, 9).

Krünitz — Flörke gaben 1807 in ihrer „Encyklopädie“ (VI, 86) folgende Schilderung der Verhältnisse, wie sie damals in der Pharmazie herrschten: „Kaum haben die jungen Leute das 15. Jahr zurückgelegt, so werden sie bei einem Apotheker in die Lehre getan, wo sie oft als gemeine Handwerkslehrlinge vom frühen Morgen bis in die Nacht körperlich arbeiten müssen und nur so nebenher empirisch von ihrer Kunst etwas auffassen können. Von den Wissenschaften, die dem Apotheker so höchst notwendig sind, versteht der Herr oder der Provisor der Officin oft selbst kaum die Anfangsgründe, und wenn er auch besser unterrichtet ist, so fehlt es ihm oft an Zeit und Neigung, sich mit der Bildung des Lehrlings ernsthaft abzugeben. Der junge Mensch reift also heran, aber nicht an Kenntnissen, sondern nur an Jahren und empirischer Kunstfertigkeit und treibt sein Geschäft in der Folge ebenso mechanisch als es sein Lehrherr tat.“

Bestanden, wenn auch mit rühmlichen Ausnahmen, noch um die Jahrhundertwende solche Verhältnisse, so dürfen wir sie auf Bollmanns eigene Ausbildung, auf sein Verhalten als Lehrherr und auch auf Klaproths Lehrzeit, also auf eine fast 50 Jahre frühere Zeit, umsomehr beziehen, als Klaproth selbst über die Umstände folgendermaßen berichtet:

„Eines von meinem Lehrherrn genossenen Unterrichts kann ich mich nicht rühmen, sondern ich mußte mich nach damaliger Sitte mit demjenigen begnügen, was ich von dem handwerksmäßigen Verfahren meiner älteren Mitgenossen absah und durch sparsames Lesen eines oder des anderen veralteten Apothekerbuches, wozu aber überhaupt wenig Muße vergönnt war, mir zu eigen machen Gelegenheit fand“ (V, 12).

Und wenn Liphardt [18], der später bei Bollmann lernte, über „die schlechten Lehrherren“ (VI, 29, 117) klagte, dann dürfen wir wohl aus diesen beiden Auslassungen schließen, daß Bollmann keine Ausnahme bildete.
Nach den einer systematisch wissenschaftlichen Ausbildung gewidmeten Schuljahren in Wernigerode wird die Umstellung auf eine fast rein handwerksmäßige Tätigkeit dem jungen Klaproth nicht leicht geworden sein, zumal daneben eine weitgehende Beschränkung der persönlichen Freiheit trat, die über allen Schulzwang weit hinausging.
Friedrich Wilhelm Martius [19], ein etwas jüngerer Zeitgenosse Klaproths, berichtet über die Lehrzeit, wie sie damals üblich war, folgendes: „Nach dem damaligen Herkommen war sie eine Zeit der Prüfung für einen lebensfrohen der Freiheit gewohnten Knaben. Man mußte eine mehrjährige Knechtschaft und mancherlei Demütigungen ertragen. Mein Lehrherr sprach mich nicht anders an als „Ihr“. Bei Tisch erhielt ich keine Serviette und keinen silbernen Löffel, mein jugendliches Haupt war noch nicht würdig, Haarpuder, das Symbol der freien Mannheit, zu empfangen. Wenn ich in Diensten des Hauses ausgeschickt wurde, durfte ich die Schürze nicht ablegen, welche mich als den Lernenden und Dienenden bezeichnete. Was aber das Ärgste für mich war, so gab es für mich, die Frühstunden des Sonntags abgerechnet, wo ich die Kirche besuchen durfte, keinen freien Ausgang. Mein Dienst verlangte zunächst lauter mechanische Arbeiten, wie stoßen, Wurzel schneiden und dergleichen. Den wissenschaftlichen Anteil des Geschäftes mußte ich weniger durch persönliche Unterweisung als durch sorgsames Zusehen und Aufmerksamkeit auf die Handgriffe und Handlungsweisen der übrigen Arbeiter erlernen. Der Arzneischatz war damals reicher als jetzt. Der Lehrling hatte daher viel zu tun, um sich mit der deutschen und lateinischen Nomenklatur so zahlreicher Rohstoffe und zusammengesetzter Arzneien vertraut zu machen. Zu diesem Ende gab man mir einige Arzneitaxen in die Hand. Um mich in die Geschäfte des Receptarius einzuüben, mußte ich demselben als Handlanger dienen. Auch war diesem schon deswegen ein Gehülfe notwendig, weil er manchmal in einem Rezept 10 und 20 Ingredienzien vereinigen mußte; diese also hatte ich zusammenzutragen“ (VI, 96). Die Behandlung von Martius erscheint uns trotzdem milde, wenn wir damit die Erinnerungen eines Ungenannten aus dem Jahre 1750 vergleichen. Er sagt: „Zu meiner Zeit nannte man die Lehrjungen Du, und spielte nicht mit den Jungen wie Püppgen. Potz Stern! da waren sie in der Flucht, der Patron legte aber auch den Stock nicht aus der Hand. Da gingen sie noch in Schürzen, stunden bey Tische und mußten brav stoßen und scheueren.“
Noch aus späterer Zeit berichtet Beissenhirtz [20], daß er (ebenso wie Klaproth), unter der Treppe in einer sog. „Butze“ schlafen und sich auf dem Flur aus- und anziehen mußte. Und Schacht [21] erzählt aus seiner Lehrzeit: „Mein Lehrherr ließ seine Lehrlinge öfter aus unbedeutender Veranlassung den Stock oder die Reitpeitsche fühlen. Meine Mitlehrlinge hatten diese schlechte Behandlung ertragen und, da mein Vater [ein Zeitgenosse Klaproths] während seiner Lehrzeit nicht besser behandelt worden war, mußte auch ich mich in mein Schicksal fügen. Dabei war die Lehrzeit eine sehr harte; der jüngste Lehrling mußte die Apotheke ausfegen, ein-

Abb. 4. Die Ratsapotheke zu Quedlinburg
(Nach einem Bilde des Jahres 1928. Ihr Aussehen damals weicht aber kaum von dem zur Zeit Klaproths ab)

heizen; Mörser und Colatorien waschen, Kessel scheuern u. s. w. Außer alle 14 Tage sonntags wurde keine Feierstunde bewilligt; selbst die Abende mußten zum Abfassen und Anfertigen von Düten u. s. w. verwendet werden" (VI, 2).

Diese Schilderung wird von einem Zeitgenossen bestätigt, wenn er sich beklagt, daß er während der Lehrzeit „Apothekerjunge, Krämerjunge, Hausmagd, Kindsmagd, Koch, Kräutersammler und Pferdeknecht" hätte sein müssen, wobei es „Prügel ohne Zahl regnete".

Da auch Klaproth selbst seine Lehrjahre als „mühevolle" bezeichnete, so dürfen wir alle diese übereinstimmenden Angaben für die Regel zutreffend betrachten und uns in ähnlicher Weise die Verhältnisse in seiner Lehrapotheke vorstellen, wenn man auch in Quedlinburg kultivierter gewesen sein mag, als es der letztgenannte Berichterstatter vielleicht etwas zu kraß darstellt.

Wie bedrücklich muß Klaproth das Leben auf der Schule und die „ungerechtfertigt harte Behandlung" dort empfunden haben, wenn er sich nunmehr in solche Zustände einfügte!

Die praktische Ausbildung des Lehrlings wird dabei indessen billigen Ansprüchen genügt haben. Denn die Rats-Apotheke war ein für jene Zeit gut eingerichteter großer und wahrscheinlich vielseitiger Betrieb, in dem der Materialwarenhandel als Nebengeschäft wohl nicht die Rolle spielte, wie in kleineren Apotheken jener Zeit.

Quedlinburg war eine lebhafte Stadt von etwa 8000 Einwohnern. In politischer Hinsicht waren die Verhältnisse ähnlich wie in Klaproths Heimat Wernigerode. Wie dort der Graf als ein Landesherr ohne volle Souveränität in beschränkter Weise das Regiment führte, so unterstand Quedlinburg unmittelbar der Äbtissin des dortigen „Freiweltlichen Reichsstiftes", das seinerseits aber der „Schutzherrschaft" Preußens unterworfen war. Von 1756 bis 1787, also zu Klaproths Zeit, war Anna Amalia, die Schwester Friedrich des Großen, Äbtissin in Quedlinburg (VI, 79).

Die Apotheke hatte nicht nur die Stadt, sondern auch eine weite Umgebung mit vielen Dörfern zu versorgen. In Quedlinburg praktizierten wenigstens 4 Ärzte. Unter ihnen die erste wissenschaftlich gebildete und promovierte Ärztin Deutschlands, Dorothea Christiana Erxleben [22] eine interessante Frau, mit der auch Klaproth ohne Zweifel in Berührung gekommen sein wird (VI, 131).

Der Apothekenbetrieb wickelte sich in einem sehr stattlichen Gebäude ab, über dessen Geschichte wir durch die Arbeiten von Lorenz (VI, 94) und Grünhagen (VI, 63) genau unterrichtet sind. Ich lasse Grünhagens zusammenfassende Beschreibung, etwas gekürzt, hier folgen, da sie etwa den Zustand schildert, wie er in Klaproths Lehrjahren bestand:

„Das Haus ist ein massiver Steinbau aus gotischer Zeit, an welchen man ungefähr um 1600 zwei schlichte Fachwerkerker heranbaute. 1615 kaufte der Rat von Quedlinburg das Haus, um hier die Ratsapotheke und die Ratswaage unterzubringen.

Die Offizin wurde als wichtigster Teil der Apotheke in die Mitte des Hauses gelegt. Die Decke war ausgemalt und mit „vergüldeter Sonne, Mond und Sternen bezieret". An dem großen Fenster stand ein Tisch, „wo die Ärzte, Chirurgen und der Provisor schreiben", sowie ein großer Rezeptiertisch. Zum Gang führte eine Tür und

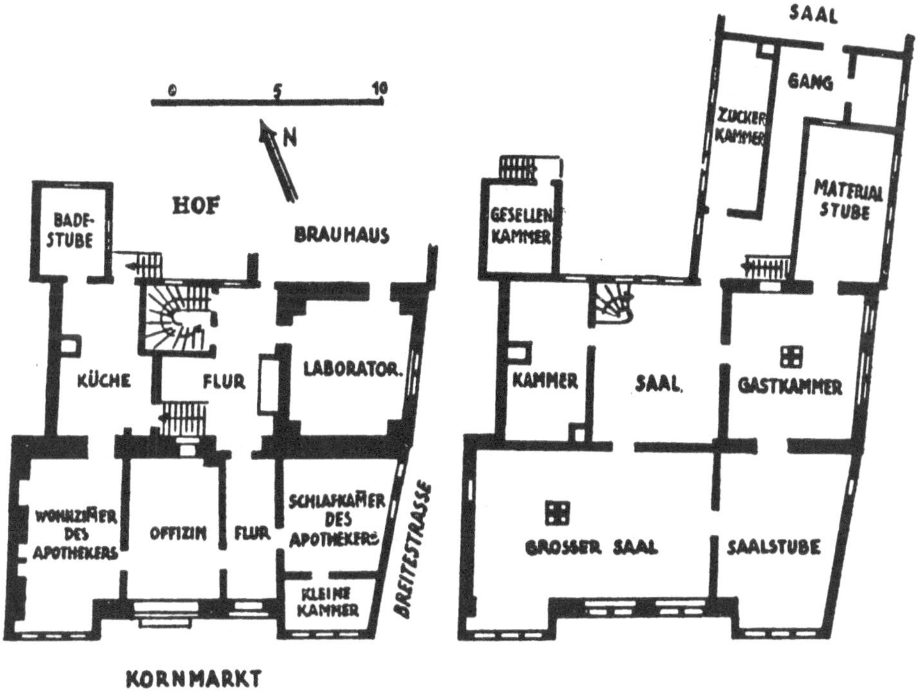

Abb. 5. Unter- und Obergeschoß der Rats-Apotheke zu Quedlinburg zur Zeit Klaproths (nach Grünhagen — VI, 63 —)

ein Fenster mit „4 Feldten", durch welches ursprünglich der Verkauf stattgefunden haben dürfte, wobei der Flur als Warteraum diente. Die Offizin ist nicht unterkellert und liegt nur wenig über Straßenhöhe, während die danebenliegende „Apothekenstube" (der westliche Erkerraum) 1,20 m höher liegt. Diese Apothekenstube war zugleich Wohnraum und Kontor des Apothekers und mit der Offizin nur durch ein Guckfenster verbunden. Ein zweites befand sich an der Treppe, wohl um den sonst dunklen Flur zu erhellen. Ein Wandschrank diente zur Aufbewahrung der Rezepte.

Das Laboratorium der Quedlinburger Apotheke lag in dem einzigen überwölbten Raum des Erdgeschosses am Südostgiebel. Die übrigen Räume im Erdgeschoß bildeten die Privatwohnung des Apothekers. Hinter der vorerwähnten Apothekenstube lag die Küche und die Badestube; die Schlafräume dagegen jenseits des Flures an der Breiten Straße hinter dem östlichen Erker. Der Provisor schlief in einer Kammer im Obergeschoß, zu der vom Hof eine Treppe emporführte, während sich der Lehrjunge mit dem großen Wandschrank im Flur neben dem Laboratorium begnügen mußte (im Protokoll 1754 ausdrücklich erwähnt). Im Treppenhaus zwischen Küche und Labor führte eine Wendeltreppe zum Obergeschoß; 1766 (also gerade als Klaproth in dieser Apotheke tätig war) wurde sie durch die heutige gradläufige Treppe ersetzt. Das Obergeschoß diente noch einem besonderen Zweck. In den hier befindlichen Sälen wurden vornehme Gäste der Stadt untergebracht, denn das Apothekenhaus war zugleich das Gästehaus der Stadt. Die übrigen Räume des Obergeschosses gehörten wieder zur Apotheke. Im Flügel an der Breiten Straße lag die Materialstube, die „etzliche Repositoria" enthielt, sowie die Zuckerkammer, die daran erinnert, daß der Apotheker jener Zeit nicht nur die Arzneien mit Zucker versüßte, sondern auch allerlei appetitanregende Leckereien und Zuckerwaren zu bereiten wußte. Wahrscheinlich lag dieser Raum auf der Hofseite; die Inventarien lassen dies nicht klar erkennen. Daran schließt sich der „Hintere Saal", der seit 1723 (also auch zu Klaproths Zeiten) als eigentliche Materialstube diente.

Auf dem Dachboden waren die Kräuterkammer mit dem Trockenboden und auch die Glaskammer untergebracht.

An Kellerräumen werden außer dem Keller unter der Apothekenstube ein „Wasserkeller" für die Destillate, der Weinkeller für Süßweine, Aquavit und Branntwein erwähnt.

Von alters her lag auf dem Hause eine Braugerechtigkeit, die von dem Apotheker im Allgemeinen weiterverpachtet wurde. Zum Braubetrieb gehörten ein Lagerkeller und das Brauhaus im Erdgeschoß des Seitenflügels."

Die hier beigefügten Bauzeichnungen und eine Abbildung des Apothekenhauses, das im wesentlichen noch unverändert erhalten ist, erläutern den Bericht von Grünhagen.

Diese Darstellung zeigt, daß es sich bei der Rats-Apotheke um einen verhältnismäßig großen und gut eingerichteten Betrieb gehandelt hat, der als Mittelpunkt städtischen Lebens auch dem Lehrling über die berufliche Arbeit hinaus sicherlich mancherlei interessante Erlebnisse brachte und seinen Blick weitete. Es ist aber daraus auch ersichtlich, daß die Arbeit des „Jungen", die sich auf die weit auseinanderliegenden Betriebsräume verteilte, nicht leicht gewesen sein kann.

Für den Arzneischatz, in dessen Kenntnis Klaproth nunmehr langsam hineinwuchs, war für Quedlinburg das „Dispensatorium Regium & Electorale Borusso-Brandenburgicum“ von 1731 maßgeblich. Sicherlich wurde es in der täglichen Arbeit durch andere Arzneibücher der Zeit und durch ein betriebseigenes handschriftliches Manuale ergänzt. Als Taxe war die erneuerte preußische Taxe vom Jahre 1751 damals gültig.

Zweifellos wird bei dem langsamen Entwicklungsschritt jener Zeit neben diesen Büchern aber auch die „Officina Pharmaceutica Quedlinburgica“ von 1701 (VI, 113) noch eine wichtige Rolle gespielt haben, wenn ihre Herausgabe auch über 50 Jahre zurücklag. Sie führt in 57 Abteilungen, lateinisch und deutsch, mit Preisen, fast 2500 Arzneimittel auf, die in der Apotheke vorhanden sein sollten und zu Klaproths Zeit sicher auch noch vorrätig waren.

Neben wenigen Chemikalien und Mineralien dominieren darin die Vegetabilien mit 768 Mitteln. Animalia (und Humana) aller Art spielten fast eine gleich große Rolle und vielerlei galenische Zubereitungen, häufig aus zahlreichen Bestandteilen zusammengesetzt, stellten an die Geschicklichkeit des Defektars und an die Ausbildung des zukünftigen Apothekers hohe Anforderungen. Es ist anzunehmen, daß diese umfassende Liste Klaproth als Vokabularium in seiner Lehrzeit gedient hat. Auch Martius mußte die Arzneimittelnamen nach alten Taxen lernen und auch anderwärts war dies üblich.

Um welche Handbücher es sich bei den von Klaproth erwähnten „veralteten Apothekerbüchern“ gehandelt hat, wissen wir nicht. [165]

Klaproth hat eine Lehrzeit von 5 Jahren in Quedlinburg „ausgestanden“. Da sie üblicherweise 6 Jahre dauerte, wie lange auch Liphardt später noch bei Bollmann „disciplinierte“, so hat Klaproth eine Vergünstigung genossen, die ihm entweder gewährt wurde, weil er eine bessere Schulbildung hatte und schon älter war als die meisten Apotheker-Lehrjungen zu seiner Zeit, oder aber — was weniger wahrscheinlich ist — weil er an Bollmann ein Lehrgeld gezahlt hatte, wodurch sich üblicherweise die Lehrzeit entsprechend verkürzen ließ. Wenn der oben erwähnte Johann Christian Meier als Kurrendejunge der Oberschule in Wernigerode sich soviel ersungen hatte, daß er davon 100 Thaler mit auf die Universität nehmen konnte, so wäre es immerhin möglich, daß auch Klaproth in gleicher Weise eine Sparsumme gesammelt hatte, die er zur Verkürzung seiner Lehrzeit hätte anwenden können.

Nicht (wie in Preußen seit 1801) durch eine Abschlußprüfung, sondern (noch nach den Bestimmungen des Medizinalediktes von 1725) lediglich durch ein Zeugnis Bollmanns fand *Klaproths Lehrzeit Ostern 1764* ihr Ende.

Die Apotheker standen in solcher Hinsicht damals fast unter den Handwerkern, deren Zünfte oder Innungen von jeher eine Prüfung der Lehrlinge durchführten. Klaproths Zeugnis ist nicht erhalten geblieben. Wir wissen deshalb nicht, wie Bollmann seine Kenntnisse und Fertigkeiten sowie sein persönliches Verhalten, das damals eine große Rolle spielte, beurteilte. Wir können nur daraus, daß Klaproth auch als Geselle noch in Quedlinburg blieb, schließen, daß Lehrherr und Lehrjunge miteinander zufrieden waren.

(V, 9, 12, 20; VI, 2, 29, 54, 58, 60, 61, 63, 86, 94, 96, 98, 99, 113, 117, 126, 131)

5. Apotheker-Geselle

In Quedlinburg

„Fünf Jahre hatte ich in dieser Weise als lernbegieriger Schüler des Aesculapius meine Lehrzeit durchgemacht, als endlich die Stunde der Erlösung schlug, und ich die Auslernung erhielt. Zugleich mit dem kostbar auf Pergament geschriebenen Lehrbrief übereichte man mir einen Degen, und ich war nun ein gemachter Mann, der auf das Wort „Herr" und die Anrede „Sie" Anspruch hatte. Es stand mir zu, mit Stock und Degen auszugehen, das Haar zu pudern und einen Haarbeutel zu tragen" (VI, 96).

Diese Worte von Martius hätte Klaproth nur bedingt niederschreiben können. Denn sie sind durchaus nicht allgemeingültig für jene Zeit. Der Anspruch auf die Bewertung als „Herr" und auf den Degen war für den Apothekergesellen doch recht umstritten [23], und wenn er Martius zuerkannt und ihm auch wirklich zuteil wurde, so hing das vermutlich mehr mit seiner Herkunft aus einem altangesehenen Bürgerhause zusammen als mit der neuen Würde eines Apothekergesellen. Vielleicht sind auch die mehr aufgelockerten Verhältnisse Süddeutschlands zu berücksichtigen, in denen Martius lebte. Immerhin durfte auch Klaproth als Geselle das Bett im Flurschrank mit dem in einer Schlafkammer vertauschen. Er verdiente jetzt so viel Geld, daß er in bescheidener Weise für sich selbst sorgen konnte, wobei er, wie alles Personal der Apotheke, im Haushalt seines „Prinzipals" verpflegt wurde. Und im Betriebe war er aus der demütigenden Stellung des „Discipels" nun selbst zum Vorgesetzten — und Vorbild — der Lehrjungen aufgerückt.

Stolz nannte er sich „studiosus pharmaciae", wie es aus dem ältest bekannten Schriftstück aus seiner Hand, einem Albumblatt aus dem Jahre 1765, ersichtlich ist. Aber trotz dieser titulativen Selbsterhöhung (die durchaus nicht besagt, daß er etwa Studierender einer Hochschule gewesen sei) hatte sich seine soziale Stellung außerhalb der Apotheke kaum wesentlich geändert. Der gleichaltrige Friedrich Ehrhart [24], der etwa zu derselben Zeit Geselle der Andreaeschen Apotheke in Hannover war, erzählte, daß er „mit der Schürze hinter dem Rezeptiertische stand" und „Leute, die sich mit Gnaden und Exzellenzen titulieren ließen, den Apothekergesellen, gleich ihren Schuhputzern und Reitknechten, mit Er anredeten".

Auch die Länge der täglichen Arbeitszeit hatte sich nach Beendigung der Lehrzeit kaum allzusehr vermindert. Auch die Gesellen „durften kaum alle 14 Tage einmal aus dem Hause, mußten Sonntags hübsch in die Kirche gehen und die Predigt nachschreiben, und gingen in ihren Kleidern recht und schlecht".

Daß auch für Klaproth in der neuen Würde nicht alles so war, wie er es wünschte, drückt sich kurz aber eindeutig in dem Seufzer aus, den er auf das erwähnte Albumblatt schrieb: „Souffrir et espérer".

Er fand aber doch wohl mehr Gelegenheit auch zu geselligem Umgang. Eine Anzahl seiner Kameraden lernen wir aus dem Freundschaftsalbum kennen. Das Buch gehörte Johann Christian Mewes aus Tangermünde, dem Sohn und Bruder von Schwarzfärbern. Er war 1742 geboren, also fast gleichaltrig mit Klaproth. Wahrscheinlich selbst Färber, war er wohl auf der „Wanderschaft" eine zeitlang in Quedlinburg als

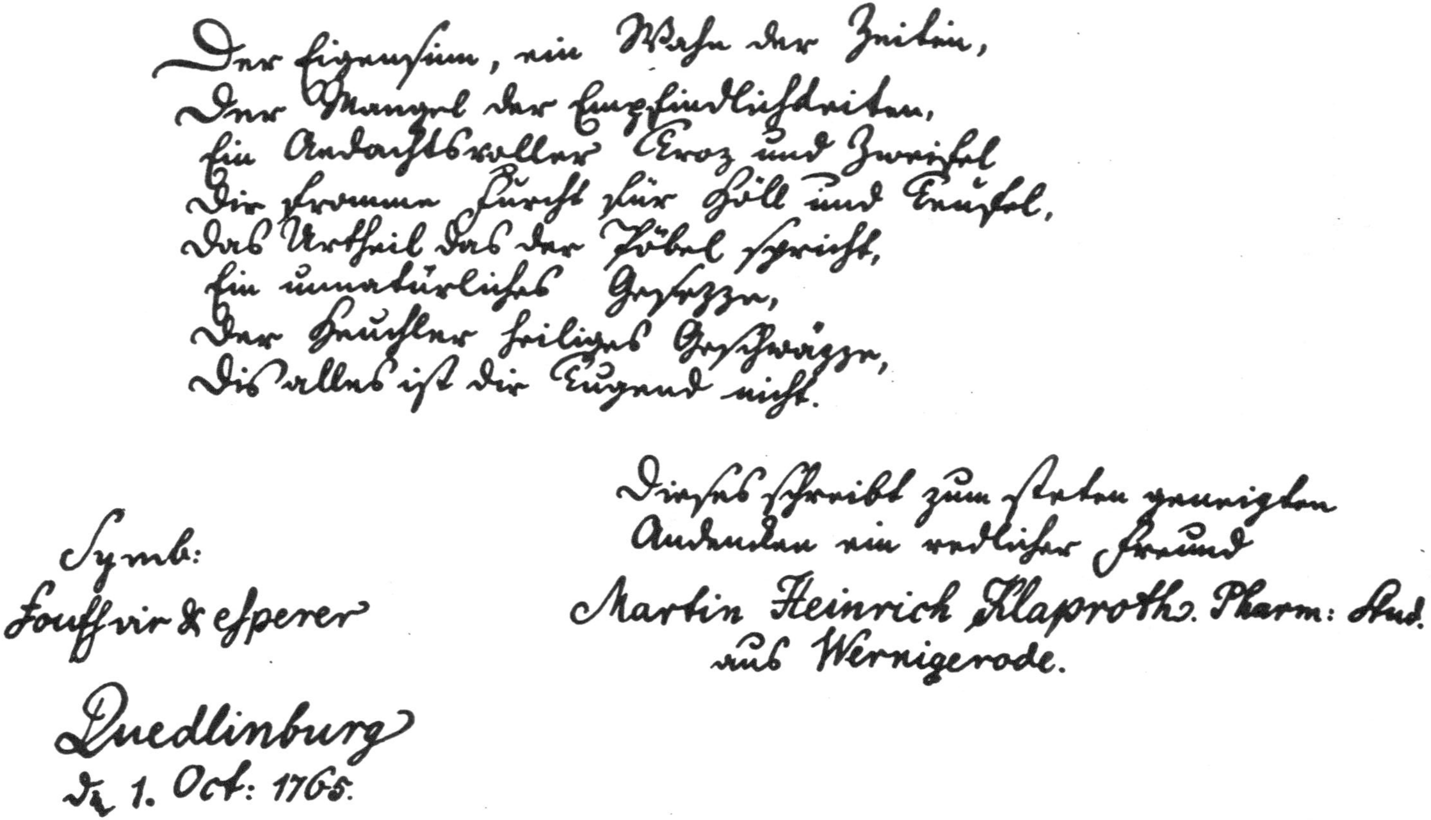

Der Eigensinn, ein Wahn der Zeiten,
Der Mangel der Empfindlichkeiten,
Ein Andachtsvoller Trotz und Zweifel
Die fromme Furcht für Höll und Teufel,
Das Urtheil das der Pöbel spricht,
Ein unnatürliches Gesetze,
Der Heuchler heiliges Geschwätze,
Dies alles ist die Tugend nicht.

Symb:
Souffrir & esperer

Quedlinburg
d. 1. Oct: 1765.

Dieses schreibt zum steten geneigten
Andenken ein redlicher Freund
Martin Heinrich Klaproth. Pharm: Stud.
aus Wernigerode.

Abb. 6. Handschrift Klaproths aus seiner Gesellenzeit in Quedlinburg (1765)
(Blatt aus dem Freundschaftsalbum des Färbergesellen Johann Christian Mewes)

Geselle tätig. Leider hat nur Klaproth seinen Beruf bei den Eintragungen vermerkt. Doch scheinen sie meist von vorübergehend in Quedlinburg arbeitenden Handwerksgesellen zu stammen. Nur bei einem, Christian Andreas Wahlmann, ist ein „Ph. aus Quedlinburg" beigefügt. Vielleicht war auch er Pharmazeut und damit einer der sonst unbekannten Mitgenossen von Klaproth in der Ratsapotheke. Immerhin ist es bezeichnend für diesen Lebensabschnitt, daß ihm damals die Kreise offenbar fernstanden, die ihm als Oberschüler in Wernigerode mehr oder weniger zugänglich gewesen waren und denen er sich später in Berlin mit Selbstverständlichkeit anschloß. Er war ja auch in Quedlinburg nichts als ein Schneidersohn ärmlicher Herkunft und Apothekergeselle. Was in ihm schlummerte, trat damals noch nicht zu Tage.

In Hannover

Ostern 1766, nach 7jährigem Aufenthalte, *verließ* Klaproth die Rats-Apotheke, um eine gleichartige Stellung in der Kgl. Hof-Apotheke in Hannover anzunehmen. Er kam damit in einen Ort, der mit etwa 12000 Einwohnern und 2 Apotheken zwar auch nicht als „Großstadt" zu bezeichnen, aber doch als Residenz eines damals einflußreichen Herrscherhauses von größerer Bedeutung als Wernigerode oder Quedlinburg war. Einem aufgeschlossenen jungen Mann konnte er wohl mancherlei Anregungen bieten, soweit die berufliche Tätigkeit ihm Zeit dazu ließ. Von besonderem Interesse für einen Apotheker war der botanische Garten im nahegelegenen Herrenhausen.

Den Aufenthalt in Hannover bezeichnete Klaproth selbst (nach Fischer) als entscheidend für seine weitere Entwicklung. Er arbeitete dort in der Tat unter Verhältnissen, die geeignet waren, sein Blickfeld zu weiten. Die Hof-Apotheke war 1638 begründet, 1668 als „öffentliche" Apotheke privilegiert worden, und zeichnete „sich von jeher musterhaft aus". Sie wurde im Hause Cahlenberger Straße 16 betrieben, in dem Klaproth als Angestellter der Apotheke nach dem damaligen Brauch auch gewohnt haben wird.

Die seit 1714 durch das Welfenhaus bestehende Personalunion zwischen England und Hannover schuf auch persönliche Beziehungen zwischen den Hof-Apotheken in London und Hannover. Während August Hermann Brande (1708—1783) seit 1740 Hof-Apotheker in Hannover war, gehörte seinem Bruder Christian die Hof-Apotheke in London. Aber auch August Hermann Brande lebte zeitweilig dort. Er wurde 1752 (war sein Bruder gestorben?) zur Leitung der Hof-Apotheke nach London berufen und kehrte erst 1772 nach Hannover zurück. Inzwischen lag die Verwaltung seiner Apotheke in Hannover in der Hand eines Provisors, der 1766 Zimmermann hieß. Während Klaproths Tätigkeit wurde er durch den Verwalter Stuhr abgelöst. Über den Einfluß dieser beiden Männer auf ihn läßt sich nichts vermuten, da über ihr Leben und ihre Leistungen nichts zu ermitteln war. Man kann aber auch Firsching (VI, 52, 53) in der Annahme nicht beipflichten, daß Klaproths Neigung zu mineralogischer Arbeit auf seine Tätigkeit in der Hof-Apotheke in Hannover deshalb zurückzuführen sei, weil August Hermann Brande (der einer mehrfach wissenschaftlich in Deutschland (VI, 115) und England (VI, 37) hervorgetretenen Apothekerfamilie angehörte) zugleich „Oberbergkommissar" gewesen sei. Damit hätte er allerdings einen Titel getragen, der bisweilen Apothekern verliehen wurde, die sich durch chemische Untersuchungen um das Berg- und Hüttenwesen verdient gemacht hatten. Und man könnte sich dann vorstellen, daß Brande seinen jungen Gesellen Klaproth gelegentlich oder regelmäßig zu seinen im Auftrage eines Bergwerkse ausgeführten mineralogischen Arbeiten herangezogen und ihn dadurch auf einen Weg geführt hätte, den er später selbständig so erfolgreich weiterging.

Nach einer Mitteilung des Niedersächsischen Staatsarchivs in Hannover gab es indessen damals in Hannover den Titel eines Bergkommissars noch nicht. Er hätte Brande allerdings von einem anderen Staate verliehen sein können, in dem er zu jener Zeit bereits gebräuchlich war. Aber die Theorie entfällt überhaupt, weil Brande — wie erwähnt — während der ganzen Dauer von Klaproths Aufenthalt gar nicht in Hannover, sondern in London weilte (VII, 13).

Auch die Version, daß Klaproth (nach Fischer) lediglich durch einige chemische Werke, die er in der Apotheke vorfand, zu wissenschaftlicher Arbeit angeregt worden sei, erscheint nicht recht überzeugend. Damit soll nicht bestritten werden, daß die Hof-Apotheke nach den geschilderten Umständen sicherlich besser mit wissenschaftlicher Literatur versehen war, als es der Betrieb in Quedlinburg verlangte, dessen Inhaber zwar ein guter praktischer Pharmazeut war, jedoch besondere wissenschaftliche Ambitionen nicht hegte. Dabei ist zu berücksichtigen, daß gerade in jenen Jahren die chemische Literatur durch Veröffentlichungen vermehrt wurde, die bei Klaproths Eintritt in die Quedlinburger Apotheke dort noch nicht vorhanden sein konnten. Das von Fischer ausdrücklich erwähnte Buch von Jacob Reinbold Spielmann [25]: „Institutiones Chemiae" erschien erstmals 1763, das von Johann Friedrich Cartheuser [26]: „Elementa Chymiae" war in erster Auflage zwar schon 1736 gedruckt, doch wird es schon die 3. Auflage von 1766 gewesen sein, die Klaproth in Hannover benutzte. Klaproth selbst nennt in seinen eigenen Aufzeichnungen dann noch die „Opuscula physico-chemica", von Torbern Bergman [27]. Doch ist dies ein Irrtum. Das Buch erschien erst 1779.

Wir besitzen indessen das Zeugnis eines anderen bedeutenden Pharmazeuten, der seine Lehrzeit in der Hof-Apotheke fast schon beendet hatte, als Klaproth in sie als Geselle eintrat: Johann Friedrich Westrumb [28]. Und aus ihm geht hervor, daß Klaproth wohl in den dort vorhandenen Büchern die Möglichkeit fand, sich weiterzubilden, daß der Trieb dazu aber kaum damals erst plötzlich in ihm erwacht sein kann, daß er vielmehr gerade die Stelle in der gut beleumundeten Hof-Apotheke vielleicht von vornherein in der Hoffnung auf bessere Fortbildungsmöglichkeiten angenommen haben wird. Westrumb sagt in seinen Lebenserinnerungen wörtlich (VI, 129): „Das gütige Geschick führte kurz vor Ablauf meiner Lehrzeit einen äußerst geschickten und fleißigen Mann, den jetztigen Herrn Prof. Klaproth zu Berlin, (als Geselle) in unser Haus. Das Beispiel dieses mir werten Mannes, der sich fast beständig — was keiner seiner Vorgänger getan hatte und was selbst seine Mitarbeiter unterließen — mit dem Studio der lateinischen Schriften eines Cartheusers, Spielmanns u. a. beschäftigte, und manchen Versuch machte, den die sog. Defekttafel nicht gerade vorschrieb, reizte mich zur Nachfolge; ich lag nun emsig dem Lernen dieser und anderer wissenschaftlicher Werke ob"!

Dieser Bericht zeigt deutlich, daß Klaproth von niemand in der Hof-Apotheke Anregung zu seinem Streben erhalten hat. Er beschritt aus eigener Initiative einen Weg, von dem er dann nie wieder abgewichen ist.

(V, 12; VI, 52, 53, 79, 96, 115, 129; VII, 13, 14).

In Berlin

Wenn Klaproth von Hannover nach Berlin strebte, weil er sich, wie Fischer meint, dort eine besondere Förderung seines wachsenden wissenschaftlichen Interesses erhoffte, so drückt das schon die überlegende Zielstrebigkeit aus, die ihm zu eigen war. Wernigerode — Quedlinburg — Hannover — Berlin. Die durch diese Orte gekennzeichnete Entwicklung war nicht sprunghaft. Klaproth wuchs langsam, in genügend großen Abständen und deshalb mit schritthaltendem Verständnis und der Fähigkeit, alle Anforderungen zu erfüllen, aus den kleineren Verhältnissen in die jeweils größeren hinein. Er ging seinen Lebensweg, vom Schicksal darin begünstigt, ebenso gradlinig ansteigend, wie er sich als Wissenschaftler sorgsam und zielstrebig ohne halbbildende Übereilung systematisch die Kenntnisse erwarb, die er (im Gegensatz zu vielen gelehrten Zeitgenossen, die auf sehr unsicherer wissenschaftlicher Grundlage arbeiteten) als notwendig empfand, um als Forscher sich betätigen, bestehen und an die Öffentlichkeit treten zu können.

Gewiß war Hannover Landeshauptstadt, Residenz und ein Kulturmittelpunkt. Aber mit Berlin, das damals mit den Vorstädten schon rund 100000, einschließlich des Militärs und seiner Angehörigen sogar etwa 120000 Einwohner zählte, konnte es doch nicht verglichen werden. Besonders in wissenschaftlicher Hinsicht bot die preußische Landeshauptstadt viel mehr.

Die königliche Bibliothek verfügte über einen Bestand von etwa 100000 Bänden. Daneben gab es eine Anzahl kleinerer und viele private Büchersammlungen von Bedeutung. Die Akademie der Wissenschaften mit hervorragenden Gelehrten aller Gebiete mußte als Mittelpunkt des geistigen Lebens im preußischen Staate gelten. Durch regelmäßige öffentliche Vorträge ließ sie auch die Allgemeinheit an den Ergebnissen ihrer Arbeit teilnehmen. Auch in industrieller Hinsicht war für einen chemisch interessierten Apotheker Anregung zu erwarten. Denn unter den Fabriken, die insgesamt über 8000 Arbeiter beschäftigten, fanden sich auch Betriebe zur Herstellung von Bleiweiß, von Berliner Blau und von Schwefelsäure, vor allem aber die Porzellanmanufaktur. In 22 Apotheken arbeiteten neben den Inhabern 52 Gesellen und 35 Lehrjungen (VI, 108).

Es war das Berlin Friedrich II. in der Zeit nach seinen erfolgreichen Kriegen, die Hauptstadt des mächtig gewordenen Preußen, in dem die Pflege der Wissenschaften sich aller Freiheit und bevorzugter Förderung erfreute. Zumal für den Apotheker und Chemiker war es von einzigartiger Bedeutung, denn nur dort bestand eine Hochschule, die, als erste Deutschlands, dem Pharmazeuten eine akademische Fachausbildung ermöglichte und geeignet war, ihn beruflich und sozial über den Stand des Handwerkers zu heben. Das war das von Friedrich Wilhelm I.

Abb. 7. Andreas Sigismund Marggraf
(Nach einer Abbildung unbekannter Herkunft in dem Buch
„Hirneves Gyógyszerészek" von János Studény und Antal Vondra) [VI, 124]

1723/24 begründete Collegium medico-chirurgicum. Für den praktischen Unterricht der Besucher dieser Akademie stand das vorzüglich eingerichtete Laboratorium der Königl. Hof-Apotheke zur Verfügung. Berlin bot damit eine Ausbildungsmöglichkeit für den Pharmazeuten, wie sie sich an keiner Universität damals fand. Denn an diesen wurde ein chemisches oder gar ein pharmazeutisches Praktikum der Studierenden erst viel später zur Regel (VI, 89).

Als Klaproth 1768 nach Berlin kam, wirkte als Chemielehrer am Collegium medico-chirurgicum Johann Heinrich Pott [29], ein hervorragender Gelehrter und Forscher seiner Zeit, und Carl Philipp Brandes [30], ein Wissenschaftler minderer Bedeutung. Pott war allerdings schon 76 Jahre alt und kaum noch fähig, Vorlesungen zu halten. Das Collegium zehrte damals mehr von seinem Ruhm als von seinem Wirken.

Die Botanik aber hatte in Johann Gottlieb Gleditsch [31] einen ebenso tatkräftigen wie hervorragenden Vertreter.

Mehr als diese Lehrer des Collegiums mußte einen wissensdurstigen Pharmazeuten aber eine Persönlichkeit wie Andreas Sigismund Marggraf [32] locken, dessen Ruhm als „Scheidekünstler" weithin strahlte. Er war der Leiter des chemischen Laboratoriums der Akademie der Wissenschaften und mußte einem jungen Apotheker um so mehr als Vorbild erscheinen, weil er selbst aus der Pharmazie hervorgegangen war, während die drei vorher genannten Lehrer des Collegiums ursprünglich Mediziner waren.

Wenn Fischer außerdem unter den Namen, die Klaproth nach Berlin zogen, „Henkel" nennt, so beruht das vermutlich auf einer Verwechselung. Ein bedeutender Berliner Chemiker dieses Namens ist nicht bekannt. Der hervorragende Lehrer Marggrafs, Johann Friedrich Henkel [33] war Mineraloge in Freiberg gewesen und damals längst tot. Joachim Friedrich Henckel aber, der zu jener Zeit (bis 1779) Professor am Collegium medico-chirurgicum war, war ausschließlich Chirurg und Gynaekologe [34].

Alle diese bedeutenden Männer kamen allerdings für Klaproth als Lehrer, auch bei seiner Übersiedlung nach Berlin, doch zunächst kaum in Betracht. Er war auf den Erwerb des Lebensunterhaltes und damit auf die Tätigkeit in einer Apotheke angewiesen, die nach den damaligen Verhältnissen keinerlei Freizeit für ein etwa nebenher betriebenes Studium am Collegium medico-chirurgicum bot. Marggraf war zudem dort nicht Dozent. Seinen Unterricht konnte man nur als Famulus im Akademie-Laboratorium genießen [35]. Es blieb also zunächst für Klaproth nur die Hoffnung, durch den Aufenthalt in Berlin doch wenigstens die Möglichkeit zu persönlicher Fühlungnahme mit allen diesen berühmten Gelehrten zu gewinnen.

Klaproth fand eine Stelle als Geselle, oder wie es nunmehr schon häufiger hieß, als Gehilfe (offiziell wurde diese Bezeichnung erst 1801 durch die „Revidierte Apothekerordnung" eingeführt, an der Klaproth selbst mitgearbeitet hatte) in der „Apotheke zum Engel". Diese gehörte offenbar zu den größeren Apotheken Berlins, und man darf vermuten, daß es sich bei ihr um einen für die damalige Zeit „modernen" Betrieb handelte. Denn sie bestand erst 30 Jahre, als Klaproth dort arbeitete und befand sich in einem bei ihrer Gründung neu erbauten Hause, Mohrenstraße 5, Ecke Mauerstraße, am Zietenplatz. Ihr Inhaber war Gabriel Heinrich Wendland [36], der 1756,

erst 25 Jahre alt, die Witwe des Gründers Johann Friedrich Junge geheiratet und 1758 die Apotheke übernommen hatte (VI, 3, 59).
Wendland hat in wissenschaftlicher Hinsicht kaum irgend einen Einfluß auf Klaproth ausgeübt. Er nahm indessen innerhalb der Apothekerschaft Berlins eine außerordentlich geachtete Stellung ein. Deshalb dürfen wir vermuten, daß Klaproths Ziele in seiner Apotheke doch mittelbar gefördert wurden, weil er wahrscheinlich Gelegenheit hatte, dort Valentin Rose [37] (der später für ihn von so ausschlaggebender Bedeutung werden sollte) kennenzulernen, und durch ihn vielleicht auch schon Marggraf, der mit Rose verwandt war, der aber als Apothekersohn und ehemaliger Pharmazeut auch selbst enge Beziehungen zu den früheren Kollegen pflegte. Wieweit Klaproth, vielleicht angeregt durch den Verkehr mit diesen Männern, sich damals, wenn auch autodidaktisch, einem vertieften Studium der Chemie und eigenen chemischen Arbeiten widmetete, ist nicht feststellbar. Es ist aber bezeichnend für ihn, daß er bemüht war, sich, als ihm unentbehrlich erscheinende Grundlage für alle wissenschaftliche Arbeit, zunächst einmal erweiterte Kenntnisse der griechischen und lateinischen Sprache zu verschaffen. Er fand dafür einen ihn fördernden Freund, in dem gelehrten Theologen Dr. Gottlieb Pappelbaum [38], der damals junger Lehrer am Schindlerschen Waisenhause war und ihm in seinen Freistunden altsprachlichen Unterricht erteilte.

In Danzig

Wenn Klaproth nach 2½ Jahren Berlin verließ, um Michaelis 1770 als Rezepter in die Rats-Apotheke nach Danzig zu gehen, dann erscheint uns das als ein Abweichen von dem Weg, den ihm das Schicksal vorgezeichnet hatte. Wir kennen die Beweggründe nicht. Daß „ein vortreffliches Angebot" ihn lockte, wie Fischer meint, erscheint nicht recht überzeugend. Zweifellos hatte Klaproth damals bereits wissenschaftliche Ziele, mag er sie auch noch nicht klar erkannt haben. Sein ernsthaftes Bemühen, Lücken des Schulwissens auszufüllen und darüber hinaus allgemein seine Kenntnisse zu erweitern, deuten darauf hin, daß es ihm nicht nur — oder sogar weniger — darum zu tun war, schnell wirtschaftlich vorwärtszukommen. Danzig war als lebhafte und bedeutende damals noch staatlich selbständige Handelsstadt zwar ein Tor zur großen Welt und mit seiner alten Kultur ein Ort von allgemeinem großen Interesse, aber es war in der traditionsbewußten, ausgeprägt hansisch-patrizischen Haltung seiner oberen Schicht für den Fremdling ohne Rang und Namen sicherlich voller Widerstände mancherlei Art. Jedenfalls konnte es Klaproth in wissenschaftlicher Hinsicht nichts, und in speziell pharmazeutischer Hinsicht nicht mehr bieten als Berlin. Es sei denn, das erwähnte vorteilhafte Angebot habe ihm die spätere Leitung der Rats-Apotheke als Provisor in Aussicht gestellt. Dieses wäre wohl möglich gewesen, weil der Inhaber der Apotheke (damals am Schnüffelmarkt 637, spätere Bezeichnung Jopengasse 37), Johann Alexander Hevelke (1731—1806; ein Angehöriger der Familie des großen Astronomen Johann Hevelius (V, 9); er besaß die Apotheke von 1765—1800) zugleich Dr. med. und Arzt war. Er bedurfte deshalb eines Vertreters in der Apotheke. Ob die Hoffnung, vom Rezeptar zum Provisor aufzusteigen für Klaproth bestand,

Abb. 8. Valentin Rose d. Ä.
(nach einem Gemälde im Besitz der Familie Rose)

sich dann aber zerschlug, oder ob er den Aufenthalt in Danzig von vornherein nur als einen kurzen Übergang betrachtete, weil in Berlin eine Stellung, die seinen Wünschen entsprach, nicht sofort frei war, muß dahin gestellt bleiben. Jedenfalls kehrte er schon vor Ablauf eines halben Jahres im März 1771 nach Berlin zurück, um in der „Apotheke zum weißen Schwan" der Mitarbeiter von Valentin Rose [37] zu werden.

Klaproths Aufenthalt in Danzig war für seine wissenschaftliche Entwicklung wohl ohne Bedeutung. Aber trotz der Kürze seines Wirkens scheinen sich doch dauerhafte persönliche Beziehungen zur Rats-Apotheke aus ihm ergeben zu haben: Sein späterer Lehrbursche Friedrich David Lichtenberg [39] wurde 1806 Inhaber der Apotheke, in der sein Lehrherr Klaproth einst Rezeptar gewesen war. Und bei Lichtenberg wiederum arbeiteten Heinrich und Wilhelm Rose, die Söhne von Klaproths Mündel, späterem Neffen und Freund, Valentin Rose d. J.

Wieder in Berlin

Klaproths Rückkehr nach Berlin war die große Wende in seinem Leben. Sie geschah sicher nicht zufällig. Wir müssen nach allem annehmen, daß er schon während seiner Tätigkeit in der Engel-Apotheke Fühlung mit Valentin Rose gesucht und gefunden hatte, denn ohne vorherige Bekanntschaft hätte sich kaum in der Zusammenarbeit von so wenigen Wochen ein solches Vertrauensverhältnis zwischen den beiden Männern ergeben, wie es sie verband [40].

Rose war nur 7 Jahre älter als Klaproth. Er war nicht nur ein tüchtiger Apotheker, sondern auch ein experimentell forschender Chemiker. Fischer nennt seinen Namen unter denen, die Klaproth schon in Hannover (1766—1768) nach Berlin gelockt hätten. Das ist aber sicher falsch. Roses Ruhm als Chemiker, der sich durch die von ihm erfundene leicht schmelzbare Legierung, das „Rosesche Metall", in bescheidener Weise bis heute erhalten hat, ist — im wesentlichen eben durch diese Erfindung — erst nach seinem Tode begründet worden, da die Arbeit darüber (und andere) erst über ein Jahr nach seinem Ableben veröffentlicht wurden. Wir dürfen vielleicht sogar vermuten, daß Klaproth es erst war, der die posthume Publikation veranlaßte, um damit dem verstorbenen Freund ein Denkmal zu setzen. Das ist soweit gelungen, daß bis in die neueste Zeit hinein jeder Schuljunge im Chemieunterricht vom Roseschen Metall hört, während Klaproth selbst im chemischen Elementarunterricht wohl kaum erwähnt wird.

In Berlin freilich nahm Rose unter seinen Fachgenossen auch schon zu Lebzeiten eine besonders geachtete Stellung ein. Bereits mit 34 Jahren, 1770, wurde er Medizinalassessor am Obercollegium medicum. Und durch seine experimentellen Arbeiten erwarb er sich als „bester Schüler Marggrafs" in Berliner Apothekerkreisen auch wissenschaftliches Ansehen. Bei der Begründung der „Bergschule", der späteren Bergakademie, im Jahre 1770 wurde er mit dem Unterricht der Chemie beauftragt. Er hat ihn allerdings infolge baldiger Erkrankung nicht durchführen können.

Aus der von ihm und Klaproth mit dessen Eintritt in die Apotheke erhofften Zusammenarbeit wurde nichts. Schon am 28. April 1771, als Klaproth erst etwa 4 Wochen bei ihm tätig war, starb Rose, noch nicht 35 Jahre alt. Auf dem Sterbebette

hatte er den eben gewonnenen Freund mit dessen Einverständnis zum Verwalter seiner Apotheke und seines Vermögens und zum Vormund seiner Kinder eingesetzt.
Klaproth übernahm dadurch mit 27 Jahren eine große Verpflichtung: menschlich, wirtschaftlich und wissenschaftlich. Er gewann mit ihr aber auch die Grundlage für die Entwicklung zu den Aufgaben, die das Schicksal ihm selbst stellte.
Der Lebensabschnitt „Apotheker-Geselle" war nach 7 Jahren für ihn damit zu Ende. Zufällig hatte er dabei gerade die „Servierzeit" erfüllt, welche das Medizinaledikt von 1725 jedem Apotheker vorschrieb.
(V, 12; VI, 2, 3, 5, 26, 28, 59, 89; VII, 2, 7)

6. Apotheken-Provisor

Die „Apotheke zum weißen Schwan" in der Spandauer Straße, Ecke Heydenberg-Straße, in Berlin, wo Klaproth in der Folge fast ein Jahrzehnt arbeitete, war 1701 begründet worden. Sie bestand also bei seinem Eintritt in den Betrieb schon 70 Jahre (VI, 26; VII, 2).
Valentin Rose hatte sie 1761 erworben. Nach Gelder nahm die Apotheke unter seiner Leitung „einen großen Aufschwung". Ohne nähere Begründung dieser Feststellung schließt er dies anscheinend aus dem Ansehen, das Rose unter den Apothekern Berlins genoß. Sicher ist indessen, daß sie auch schon vorher zu den größeren Apotheken Berlins gehörte. Denn nach Gelders eigenen Angaben stand sie in der Rentabilität 1732/33 — also vor Roses Zeit — an vierter Stelle, zu Anfang des 19. Jahrhunderts aber an 6. Stelle unter den Berliner Apotheken. Es ist also im Laufe dieser Jahre eher ein ganz leichter Rückgang zu verzeichnen, ohne daß allerdings feststellbar wäre, wann dieser eingesetzt hat.
Nach einem Verzeichnis des Jahres 1798 (VI, 2) wurden in ihr neben dem Apothekenleiter 2 Gehilfen (und vermutlich ebensoviele Lehrlinge) beschäftigt. 5 von den Berliner Apotheken hatten damals drei Gehilfen. Das würde der oben angegebenen Rentabilitätsordnung entsprechen. Man darf nach diesen Verhältnissen annehmen, daß auch Klaproth, als er dort Provisor war, 2 Gehilfen und einige Lehrlinge zur Seite standen. Leider wissen wir nur von wenigen die Namen. Johann Anton Merck [41], der Vater des Begründers der chemischen Fabrik E. Merck, Darmstadt, und David Friedrich Lichtenberg [39], später Medizinalassessor in Danzig, haben dort unter Klaproth gearbeitet, der erste als Gehilfe, der andere als Lehrling.
Über die räumlichen Verhältnisse der Schwan-Apotheke und ihre Einrichtung zu Klaproths Zeiten, über die Lage und Ausstattung des Laboratoriums, in dem er sich bildete und arbeitete, ist nichts bekannt. Vom Gebäude ist ein Bild aus etwas späterer Zeit überliefert. Es zeigt das Haus, wie es in seinem vorderen Teil schon ausgesehen haben wird, als Klaproth dort tätig war (VII, 7).
Zur offiziellen Bestellung als Verwalter der Apotheke hatte Klaproth, entsprechend den Bestimmungen des Medizinal-Ediktes von 1725, eine Prüfung als „Provisor" abzulegen, die er „rühmlichst" bestand. Seine Examinatoren dürften die Apotheker Georg Friedrich Aschenborn und Christian Fabricius (vgl. Tafel VII) gewesen sein, die damals Medizinal-Assessoren waren. Er mußte auch vereidigt werden.

Abb. 9. Apotheke zum weißen Schwan

Das größere Nebengebäude mit Turm ist erst nach Klaproths Zeit errichtet worden

(Nach einem Gemälde im Besitz der Familie Rose)

Jedenfalls hatte er mit der Annahme seines Amtes die Hütung eines Erbes übernommen, das eine dreifache Verpflichtung in sich schloß, die zu erfüllen nur eine starke Persönlichkeit fähig war:

Er hatte das Ansehen zu erhalten, das Valentin Rose der Schwan-Apotheke erworben hatte und dabei den Betrieb wirtschaftlich und für die Familie nutzbringend zu führen;

er hatte an den 4 Kindern, insbesondere den beiden Söhnen, seines Freundes Vaterstelle zu vertreten;

und er hatte in wissenschaftlicher Hinsicht Roses Pläne weiterzuentwickeln.

Über die eigentliche Verwaltung der Apotheke durch Klaproth wissen wir nichts Näheres. Es läßt sich nur Fischers Urteil anführen, nach dem er die „Offizin mit der musterhaftesten Treue und Gewissenhaftigkeit" geführt hat (V, 12).

Daß Klaproth sich der Erziehung der Roseschen Kinder, insbesondere des ältesten Sohnes Valentin, „wie ein zweiter Vater" annahm, bezeugt nicht nur gleichfalls die Mitteilung Fischers, sondern es beweist, neben vielen Dokumenten des Roseschen Familienarchivs, die literaturbekannte enge menschliche und berufliche Verbundenheit, die Pflegevater und Mündel bis an des letzten frühen Tode miteinander verknüpfte. Das gute Verhältnis zur Familie Rose wird dadurch bestätigt, daß Klaproth selbst schließlich durch seine Heirat in verwandtschaftliche Beziehungen zum Roseschen Familienkreis trat, dessen Angehörige „mit kindlicher Anhänglichkeit ihn als ihr Oberhaupt bis an sein Lebensende achteten".

Es erscheint nötig, zum Verständnis der Zusammenhänge hier an Hand einer Tafel eine beschränkte Übersicht über die Gelehrtenfamilie Rose zu geben.

Aus der Tafel geht hervor, daß Valentin Rose d. Ä. verheiratet war mit der Nichte (Schwester-Tochter) von Andreas Sigismund Marggraf [32]; daß Klaproth späterhin eine andere Nichte Marggrafs heiratete; daß Valentin Rose d. Ä. zwei Söhne hatte: Valentin Rose d. J. — später Apotheker —, und Christian Rose — als Chirurg jung verstorben —, sowie zwei Töchter: Magdalena Rose, verheiratet mit dem Apotheker und Professor Hermbstaedt [42], und Charlotte Rose, verheiratet mit dem Apotheker Thiemann [43].

Für Klaproth bedeutete dies, daß er durch seine Heirat der angeheiratete Neffe Marggrafs [32], der angeheiratete Vetter von Valentin Rose d. Ä. Witwe und der angeheiratete Onkel seiner Mündel und damit gewissermaßen auch des Professors Hermbstaedt [42] wurde.

Klaproth hat die Erziehung seiner beiden Pflegesöhne sorgfältig überwacht. Der eine starb als Militär-Chirurgus in jüngeren Jahren. Der ältere, Valentin, wuchs Klaproth besonders ans Herz. Fischers Angabe, daß er ihn veranlaßt habe, von der Theologie zur Pharmazie „überzugehen", kann indessen nur so verstanden werden, daß er die Neigung des Knaben vielleicht in solcher Hinsicht beeinflußte. Denn er wurde bereits mit 15 Jahren Apothekerlehrling in Frankfurt am Main, also in einem Alter, in dem er das Theologie-Studium noch keineswegs begonnen haben konnte. Als er 1782 nach Berlin zurückkehrte, hatte Klaproth schon sein Elternhaus verlassen. Gleichwohl beriet er ihn in seinem weiteren Bildungsgange und „stand auch späterhin mit ihm in innigsten freundschaftlichen und wissenschaftlichen Verhält-

Abb. 10. Sigismund Friedrich Hermbstaedt
(Nach einem Stich unbekannter Herkunft)

Verwandtschaft

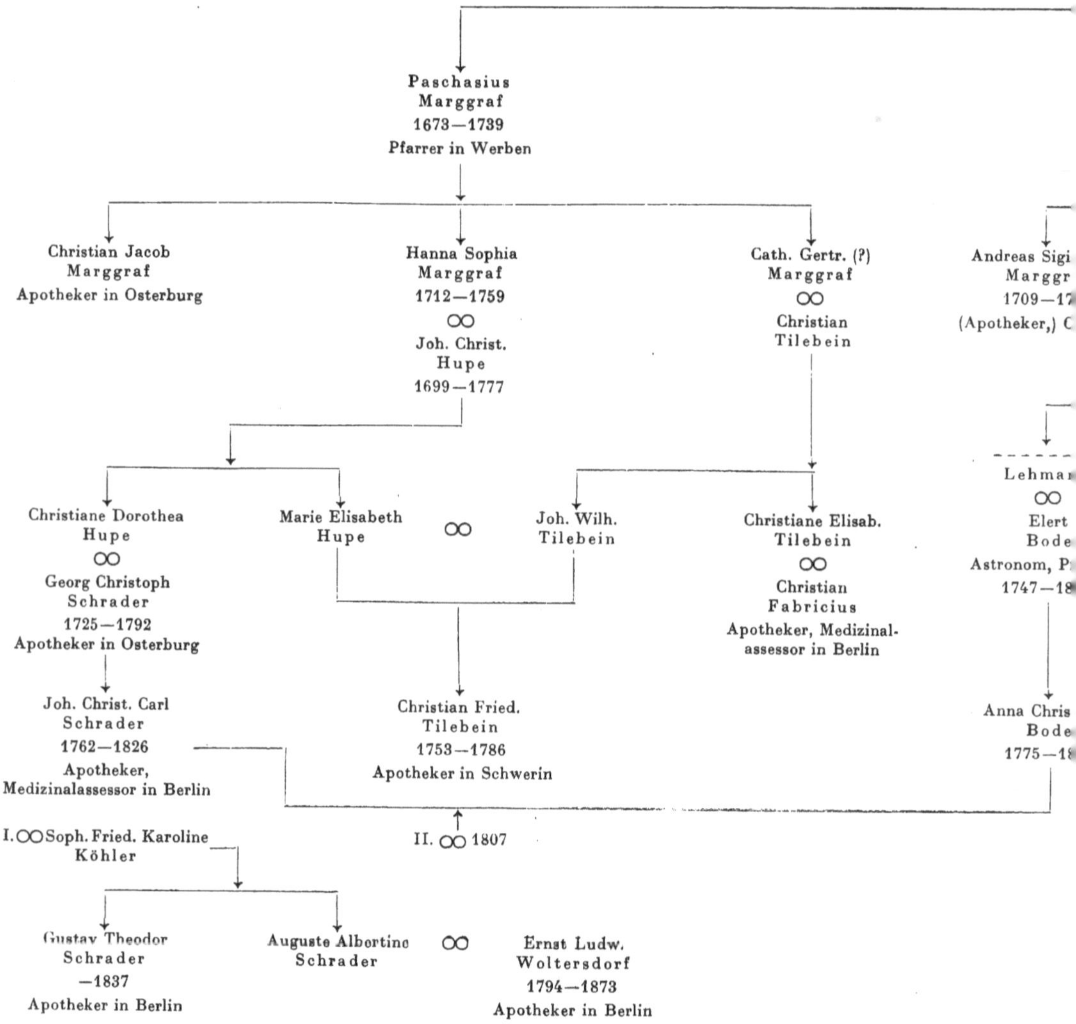

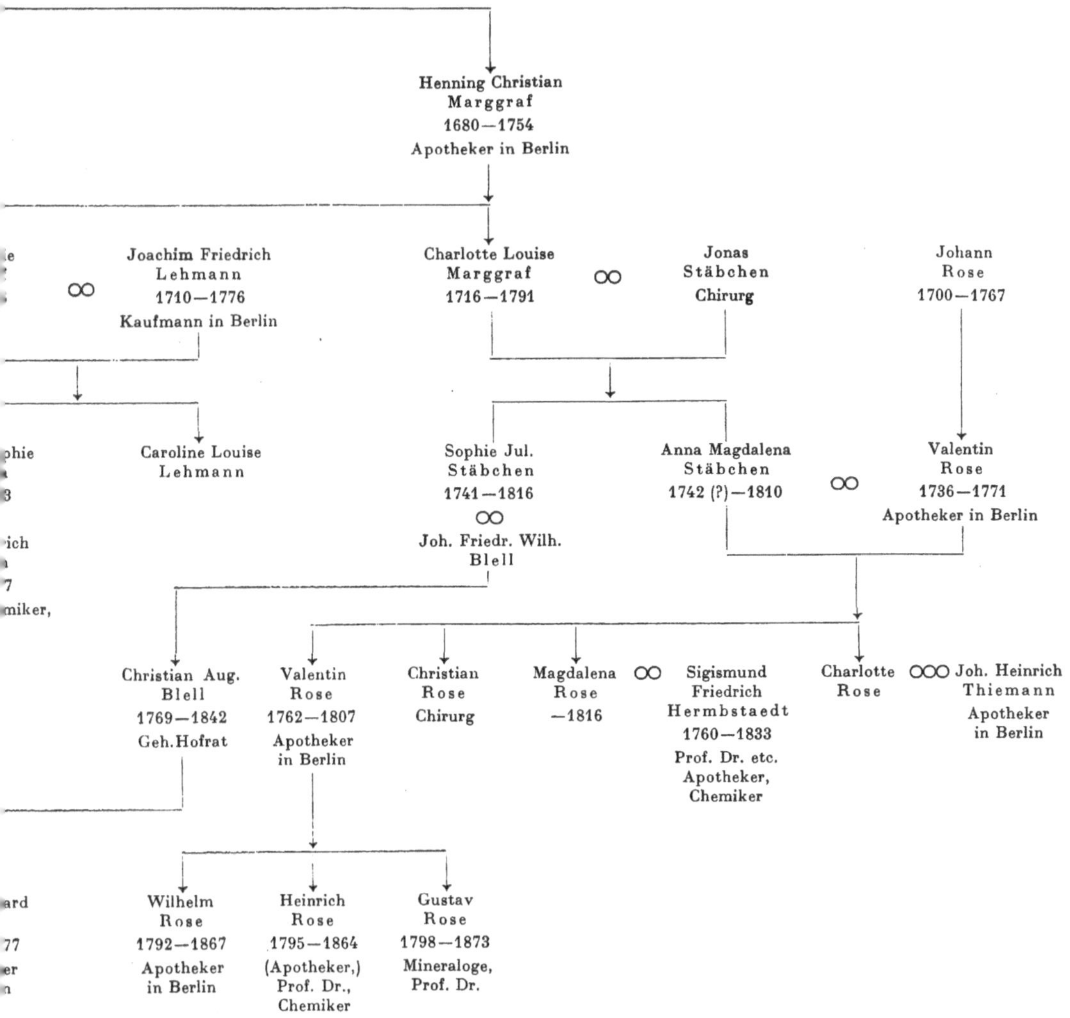
Henning Christian
Marggraf
1680—1754
Apotheker in Berlin
Joachim Friedrich
Lehmann
1710—1776
Kaufmann in Berlin
Charlotte Louise
Marggraf
1716—1791
Jonas
Stäbchen
Chirurg
Johann
Rose
1700—1767
Caroline Louise
Lehmann
Sophie Jul.
Stäbchen
1741—1816
Joh. Friedr. Wilh.
Blell
Anna Magdalena
Stäbchen
1742 (?)—1810
Valentin
Rose
1736—1771
Apotheker in Berlin
Christian Aug.
Blell
1769—1842
Geh.Hofrat
Valentin
Rose
1762—1807
Apotheker
in Berlin
Christian
Rose
Chirurg
Magdalena
Rose
—1816
Sigismund
Friedrich
Hermbstaedt
1760—1833
Prof. Dr. etc.
Apotheker,
Chemiker
Charlotte
Rose
Joh. Heinrich
Thiemann
Apotheker
in Berlin
Wilhelm
Rose
1792—1867
Apotheker
in Berlin
Heinrich
Rose
1795—1864
(Apotheker,)
Prof. Dr.,
Chemiker
Gustav
Rose
1798—1873
Mineraloge,
Prof. Dr.

Abb. 11. Valentin Rose d. J.
(Nach einem Gemälde im Besitz der Familie Rose)

nissen". Fischer (V, 12) berichtet wörtlich: „Sie arbeiteten fast immer gemeinschaftlich, und Klaproth gab sich mit den Resultaten seiner eigenen Versuche selten zufrieden, ehe sie sich nicht durch Rosens Wiederholung bestätigt hatten. Klaproth äußerte sich selbst öfters, daß er bei manchen seiner Entdeckungen, namentlich bei der so wichtigen Scheidungsart durch Baryt, kaum wisse, ob mehr ihm selbst oder Rosen das Verdienst der Entdeckung gebührte" [44].

Nach dem Tode von Valentin Rose, der, wie sein Vater, jung (schon 1807) starb, hat Klaproth — wenn man so sagen darf — seine adoptivgroßväterliche Fürsorge wieder dessen Söhnen gewidmet. Es ist bekannt, daß auch noch Heinrich Rose [45] (1795—1864), zunächst Pharmazeut, von Klaproth in die wissenschaftliche Chemie eingeführt wurde. Später Professor an der Universität Berlin, hat er als einer der hervorragendsten Analytiker seiner Zeit Klaproths Arbeit fortgesetzt. Er teilte sich dabei gewissermaßen mit seinem Bruder Gustav Rose, ebenfalls Professor an der Universität Berlin, in das Arbeitsgebiet seines großen Lehrers. Denn Gustav Rose [46] war ein hervorragender Mineraloge.

Natürlich muß die Familie Rose die Fähigkeit zu geistiger Leistung als Erbgut besessen haben, ein Talent, das vielleicht durch das Erbe der Familie Marggraf verstärkt worden war.

Aber man darf vielleicht doch sagen, daß für die Entwicklung zu einer Familie von Gelehrten der Naturwissenschaften Klaproths Einfluß, den er auf zwei Generationen ausgeübt hat, nicht ohne Bedeutung war.

In der Literatur ist die Bedeutung der Berliner Apotheke zum weißen Schwan für die wissenschaftliche Chemie mehrfach behandelt worden. Dabei entsteht meist der Eindruck, als sei diese Bedeutung auf Valentin Rose d. Ä. zurückzuführen. Wir hatten indessen gesehen, daß dieser starb, ehe sein Ruf über Berlin wesentlich hinausgewachsen war, ja ehe die Arbeiten, die seinen Namen bekannt gemacht haben, überhaupt veröffentlicht waren. Er selbst kann also zur Begründung und zur Festigung des wissenschaftlichen Ansehens der Apotheke in der großen Öffentlichkeit selbst gar nicht beigetragen haben. Vielmehr ist beides auf Klaproths Arbeit zurückzuführen, der sich bemühte, auch das wissenschaftliche Vermächtnis seines jung verstorbenen Freundes zu erfüllen. Er wuchs dabei in seiner Leistung allerdings sehr weit über ihn hinaus. Gewiß war Klaproth damals selbst noch ein Lernender. Man darf als wahrscheinlich annehmen, daß er erst in jener Zeit in engere Verbindung zu Marggraf trat oder doch damals erst die vielleicht schon bestehenden flüchtigeren Beziehungen vertiefen konnte. Denn sicherlich wird dieser Gelehrte, der alleinstehend und unverheiratet war, mit seinen Nichten, insbesondere mit der, die seinen „besten Schüler" Valentin Rose geheiratet hatte, in engerem Verkehr gestanden haben. Er wird ihr (der Klaproth ja im Anfang verhältnismäßig fremd war) nach ihres Mannes frühem Tode mit seinem Rat geholfen haben. Dadurch mußte er zwangsläufig auch zu Klaproth, als dem Verwalter der Apotheke und Vormund der Kinder, in nähere Beziehungen treten, die sich schließlich auch auf wissenschaftliche Fragen erstreckt haben werden, wenn solche auch mit der Apotheke selbst nicht ohne weiteres zusammenhingen.

Freilich läßt sich dieses, mangels aller schriftlichen Überlieferung nur aus den ganzen

Umständen folgern. Die Annahme eines engeren Verkehrs zwischen Marggraf und Klaproth findet aber vielleicht auch eine Stütze darin, daß Klaproth noch zu Lebzeiten Marggrafs eine seiner Nichten heiratete.

Daß Klaproth sich in der Schwan-Apotheke — wie wir annehmen unter der Förderung Marggrafs — wissenschaftlichen Arbeiten widmete, daß er aber bezeichnender Weise noch nicht mit selbständigen Veröffentlichungen hervortrat, ersehen wir aus der ersten Mitteilung in der Literatur über eine von ihm durchgeführte chemische Untersuchung größerer Art. Sie bildet einen Unterabschnitt in Blochs [47] „Beitrag zur Naturgeschichte des Kopals", der 1776 — als Klaproth 33 Jahre alt und schon 5 Jahre Prosivor der Schwan-Apotheke war — veröffentlicht wurde. Aber lediglich in einer Anmerkung wird vom Verfasser gesagt: „Diese mit vieler Aufmerksamkeit angestellten chymischen Versuche rühren von einem jungen geschickten Scheidekünstler her, dem Herrn Klaproth, welcher allhier der Roseschen Apotheke vorsteht." Das beweist, daß Klaproth damals auch innerhalb Berlins noch wenig bekannt war, und daß er keineswegs größeres wissenschaftliches Ansehen besaß. Denn sonst hätte sich die Erläuterung in dieser Anmerkung erübrigt. Die Anmerkung wäre vielmehr überhaupt nicht in Frage gekommen, und er wäre als wesentlicher Mitarbeiter in gehöriger Weise im Titel der Abhandlung genannt worden. Daß er selbst dies offenbar nicht verlangt hatte, ist aber auch ein Zeichen seiner Bescheidenheit und ein Ausdruck dafür, daß er sich damals noch immer als Lernender fühlte. Er hat auch die nächsten Jahre offenbar noch mehr benutzt, sich selbst gründlich mit der Wissenschaft der Chemie und mit experimentellen Arbeiten sorgfältig vertraut zu machen, als mit vorzeitigen und daher vielleicht unzulänglichen Ergebnissen an die Öffentlichkeit zu treten. Solange er Provisor der Schwan-Apotheke war, hat er keine weitere Arbeit publiziert, wenn wohl auch vermutlich in Berlin in Fachkreisen allmählich mehr und mehr bekannt wurde, daß Klaproth ein hervorragender Chemiker sei. In seinem Verhalten liegt jedenfalls eine Zurückhaltung, wie sie nicht vielen seiner Zeitgenossen eigen war, die häufig vorschnell mit vermeintlichen Entdeckungen an die Öffentlichkeit traten, die sie später widerrufen mußten, oder die von anderen widerlegt wurden.

Auch nachdem Klaproth 1780 die Verwaltung der Schwan-Apotheke abgegeben hatte, um nunmehr im Alter von 37 Jahren selbständig zu werden, hat er vermutlich doch auch weiterhin ihr seine Sorge geschenkt. Es ist anzunehmen, daß er nicht nur seinen unmittelbaren Nachfolger bestimmte, sondern auch bei der Wahl späterer Provisoren zu Rate gezogen wurde.

Zunächst legte er die Verantwortung in die Hand eines Mannes, der wahrscheinlich schon unter ihm in der Apotheke als Gehilfe gearbeitet hatte: Johann Jacob Bindheim [48]. Es läßt sich zwar nicht eindeutig nachweisen, daß dieser tatsächlich in solcher Weise ein Schüler Klaproths war. Man möchte es jedoch aus seinen späteren wissenschaftlichen Arbeiten schließen. Denn sie waren — wie die Klaproths — überwiegend mineralogisch-chemischer Art.

Durch die sorgfältige Auswahl der späteren meist wissenschaftlich interessierten Verwalter festigte sich der nach Valentin Rose d. Ä. frühem Tode erst eigentlich durch Klaproths Aufenthalt begründete Ruf einer besonderen wissenschaftlichen

Bedeutung der Schwan-Apotheke. Es ist tatsächlich so, wie Fischer sagt, daß sich in ihr „mehr ausgezeichnete Chemiker, als in irgend einer anderen gebildet haben". Nur ist hinzuzufügen, daß es eben Klaproth gewesen ist, der dieses Ansehen geschaffen hat. Dies zog natürlich strebsame Pharmazeuten von allenthalben her an. Es war erwähnt worden, daß Merck [41] und Lichtenberg [39] in der Apotheke gearbeitet haben, in der unter Klaproth der Geist Valentin Roses d. Ä. fortwirkte. Zu ihnen trat Bindheim [48], späterhin Hermbstaedt und dann Valentin Rose d. J. Nachher waren Soltmann und Riedel ihre Verwalter [49].
(V, 12; VI, 2, 3, 19, 25, 26, 27, 28, 31, 32, 49, 59, 64, 111; VII, 2, 7)

7. Privilegierter Apotheker

Am 13. Februar 1780 verheiratete sich Klaproth, 37 Jahre alt, mit der 32jährigen Christiane Sophie Lehmann, einer Nichte Marggrafs (VII, 5). Diese Heirat gab ihm nicht nur den Anlaß, sondern auch die Möglichkeit, als Apotheker in Berlin selbständig zu werden. Christiane Sophie Lehmann, Tochter des damals nicht mehr lebenden Kaufmannes (Materialisten) Joachim Friedrich Lehmann und der Anna Amalie, geborenen Marggraf, war die Enkelin des Apothekers und Medizinal-Assessors Henning Christian Marggraf [50], einstigen Gründers und Besitzers der Apotheke zum Bären, die in der Spandauer Straße 17, Ecke Probststraße lag, also der Roseschen Schwan-Apotheke benachbart war (VII, 2; VI, 27).
Die Apotheke befand sich damals allerdings schon seit längerer Zeit nicht mehr im Besitz der Familie. Sie war bereits 1753, ein Jahr vor dem Tode von Henning Christian Marggraf (der sie 1707 gegründet hatte) zunächst an den Schwiegersohn Lehmann verkauft worden. Da dieser nicht Apotheker war und sich für ihn deshalb wohl keine Möglichkeit ergab, das Privileg bestätigt zu erhalten, und da Andreas Sigismund Marggraf (der inzwischen ordentlicher Chemiker der Akademie der Wissenschaften geworden war) offenbar auf die Übernahme des väterlichen Betriebes völlig verzichtet hatte, war sie im gleichen Jahr an den Apotheker Johann Christian Flemming weiter verkauft worden. Das zur Apotheke gehörige Nachbarhaus indessen behielt Lehmann, um darin seine (vielleicht auch von Marggraf begründete) Materialhandlung (vermutlich nach heutiger Auffassung eine Drogengroßhandlung) zu betreiben. Schon durch diese Nachbarschaft bestanden sicherlich auch 1780 mindestens noch persönliche Beziehungen zur Bären-Apotheke, die fast ein halbes Jahrhundert in Marggrafschem Besitz gewesen und damit das Geburts- und Elternhaus von Frau Lehmann war. Vielleicht waren die Beziehungen dadurch verstärkt, daß auch noch hypothekarische Eintragungen zugunsten der Familie Marggraf — Lehmann unter Flemming bestehen geblieben waren [51].
Klaproth war von Hause aus völlig vermögenslos, und seine bisherige Tätigkeit als angestellter Apotheker konnte ihm kaum die Möglichkeit gegeben haben, auch nur ein bescheidenes Kapital zu sammeln. Man muß deshalb aus den ganzen Umständen schließen, daß der Kauf der Apotheke nicht nur durch den oben geschilderten Umstand (und eine gewisse Verschuldung des Betriebes) begünstigt wurde, sondern auch, daß der Erwerb mit dem Vermögen seiner Frau oder seiner Schwiegermutter, also mit Marggraf-Lehmannschem Geld erfolgte [51]. Der Kaufpreis betrug 9500 Thaler.

Zur Übernahme einer eigenen Apotheke hatte sich Klaproth nunmehr auch dem nach dem Medizinaledikt von 1725 für den Apotheker größerer Städte vorgeschriebenen pharmazeutischen Staatsexamen zu unterziehen.

Über die Durchführung dieser Prüfung liegt aus dem Jahre 1796 eine Schilderung vor, welche den knappen Gesetzestext erläutert. Sie dürfte auch für Klaproths Examen im Jahr 1780 zutreffen, da die Bestimmungen inzwischen nicht geändert worden waren. Nach diesem Bericht hatte die Meldung zur Prüfung bei der obersten Medizinalbehörde Preußens, dem Ober-Collegium medicum, zu erfolgen. Dem zugelassenen Kandidaten, heißt es weiter, „wird ein chemisch-pharmazeutisches Thema vom Professor der Chemie und ein oder zwei vegetabilische Substanzen vom Professor der Botanik zur chemischen Untersuchung aufgegeben. Beides arbeitet er im Laboratorio der Königlichen Hof-Apotheke aus und trägt sie dann öffentlich, mit Vorzeigung der erforderlichen Präparate, vor, wobei er zugleich eine chemische Operation verrichten und sich einer Prüfung der gedachten beiden Professoren unterwerfen muß. Nach verrichtetem Cursus ist noch das Examen übrig. Die Apotheker werden (dabei) privatim von einem Mitglied des Obercollegium medicum, dem Professor der Chemie des Collegium medico-chirurgicum [52] und den beiden Assessoren der Pharmazie geprüft". Hat sich — was anzunehmen ist — Klaproths Prüfung in gleicher Weise abgespielt, so müssen seine Examinatoren Heinrich Christian Pein [97] als Professor der Chemie, Johann Gottlieb Gleditsch [31] als Professor der Botanik und der Apotheker Johann Friedrich Bell [53] als pharmazeutischer Assessor des Obercollegium medicum gewesen sein. Der Name des zweiten pharmazeutischen Assessors ist unbekannt.

Klaproths schriftliche Ausarbeitung seiner Examensaufgabe wurde als „Abhandlung von den Phosphoren nebst einem Anhang von der besten Art und Weise destillierte Wässer zu bereiten" (als zweite von ihm überhaupt veröffentlichte Abhandlung) 1782 in den „Allerneusten Mannigfaltigkeiten" abgedruckt [54]. Sie bestand aus einem chemischen und einem galenisch-pharmazeutischen Teil. Ihr Inhalt wird uns später noch bei der Besprechung seiner wissenschaftlichen Arbeiten beschäftigen.

Klaproth bestand das Examen [55], dessen genaues Datum unbekannt ist, „mit ausgezeichnetem Ruhme". Die folgende Vereidigung als Apotheker unterschied sich nicht wesentlich von der als Provisor. Erst jetzt empfand Klaproth wenigstens die Grundlage seiner wissenschaftlichen Ausbildung als abgeschlossen. Er war in dieser Autodidakt, aber einer im besten Sinne. 22 Jahre waren vergangen, seit er in den Beruf des Apothekers eingetreten war, 16 seit er sich erstmalig wissenschaftlichen Fragen zugewandt hatte. Sie waren ausgefüllt gewesen mit ernster Arbeit an sich selbst. Und erst jetzt fühlte er sich befugt, als Forscher auch an die Öffentlichkeit zu treten. Dazu kam, daß die Möglichkeit zu eigenen experimentellen Arbeiten in der abhängigen Stellung in der Schwan-Apotheke (so selbständig er dort als Verwalter gewesen sein mag) doch räumlich und zeitlich begrenzt gewesen sein werden. Nunmehr Herr im eigenen Hause, schuf er sich neben dem eigentlichen Apotheken-Laboratorium ein kleines Privatlaboratorium. Aus ihm nahmen nach und nach alle Berichte über die dort ausgeführten Experimentaluntersuchungen ihren Weg in die Öffentlichkeit. Es gab, nachdem Scheele in Köping 1786 gestorben war, keine Apotheke in der damaligen Welt, in der gleich viele und gleich bedeutende Arbeiten von so einschneidender wissenschaftlicher Wichtigkeit durch einen praktischen Apotheker ausgeführt wurden.

Zunächst indessen wandte sich Klaproth der Aufgabe zu, die alte Einrichtung und Ordnung der Bären-Apotheke nach seiner Berufsauffassung umzugestalten und auch den Betrieb in wirtschaftlicher Hinsicht zu heben. Über die Einteilung der Räumlichkeiten und ihre Einrichtung sind wir nicht unterrichtet [56]. Kein Bericht hat sich darüber erhalten. Über die Führung der Apotheke durch ihn sind wir im wesentlichen wieder auf Fischers Angaben angewiesen. Er betont, sie sei „unter seiner Leitung stets ein Muster einer vortrefflich und mit strenger Gewissenhaftigkeit verwalteten Apotheke" gewesen. Dabei ist bemerkenswert, daß der Betrieb auch noch in der Zeit, als Klaproth bereits durch seine wissenschaftlichen Arbeiten, durch die Tätigkeit als Lehrer an verschiedenen Instituten und durch mehrere öffentliche Ämter anderweit stark in Anspruch genommen war, seiner persönlichen Aufsicht und Leitung unterstand. Wie er sich trotz aller dieser Inanspruchnahme auch mit Sorgfalt der Ausbildung der bei ihm arbeitenden Berufsanwärter widmete, so kümmerte er sich offenbar auch um den täglichen Ablauf der Geschäfte persönlich. Arzneirechnungen von seiner Hand, die erhalten geblieben waren, bezeugen dies [57].

Der wirtschaftliche Erfolg seiner Bemühungen blieb nicht aus. War bei der Übernahme durch ihn die Apotheke (welche 1732/33, unter Marggraf, die zweitgrößte in Berlin gewesen war) als verschuldet bezeichnet worden, so gehörte sie unter Klaproth bald zu den angesehensten (und damit den wirtschaftlich gesicherten) der preußischen Hauptstadt. 1798 (also am Ausgang der Besitzzeit Klaproths) war nach der Zahl der Angestellten nur die Apotheke von Dr. Hempel in der Jerusalemer Straße mit 4 Gehilfen größer. Bei Klaproth arbeiteten 3 Gehilfen und vermutlich ebensoviel Lehrlinge (VI, 2). Als er schließlich im Jahre 1800 die Apotheke an seinen Mitarbeiter Georg Wilhelm Friedrich verkaufte, konnte er einen Preis von 28500 Thalern erzielen. Das war dreimal so viel, wie er 20 Jahre vorher zu zahlen gehabt hatte. Für einen so kurzen Zeitraum läßt sich diese Preiserhöhung nicht durch eine allgemeine Wertsteigerung der Apotheken erklären. Sie zeigt vielmehr deutlich eine echte Werterhöhung des auch wirtschaftlich von Klaproth in die Höhe geführten Betriebes an [58].

(VI, 2, 4, 17, 27, 29, 59, 80, 98; VII, 2, 5, 6a, c)

8. Ordentlicher Chemiker der Akademie der Wissenschaften

Als Klaproth 1788 zum ordentlichen Mitgliede der „Akademie der Wissenschaften" gewählt wurde, war diese Ehrung zunächst nicht viel mehr als eine formale, mit der weder eine Besoldung noch auch ein bestimmter Forschungs- oder gar Lehrauftrag verbunden war.

Die Akademie, am 11. Juli 1700 auf Veranlassung der Kurfürstin Sophie Charlotte nach einem Plane des Philosophen Leibniz [59] als „Sozietät der Wissenschaften" begründet, während der Regierungszeit Friedrich Wilhelm I. nahezu ganz verkümmert, war 1743 unter dem Namen einer „Akademie der Wissenschaften" durch Friedrich II. wieder hergestellt worden. Sie bekam ihre Statuten, wurde der Oberaufsicht von vier Staatsministern als Kuratoren unterstellt und in vier Klassen geteilt: Physik, Mathematik, spekulative Philosophie, Geschichte und Philologie, deren jede aus sechs ordentlichen Mitgliedern bestand. Außerdem wurden 16 Plätze für Ehrenmitglieder geschaffen (VI, 136).

Es ist unzweifelhaft, daß nach der Reorganisation durch Friedrich II. für einige Jahrzehnte die Akademie tatsächlich hervorragendste Gelehrte zu ihren Mitgliedern zählte — wir denken hinsichtlich der Chemie an den überragenden Marggraf [32] und den tüchtigen Pott [29] —, die den hohen wissenschaftlichen Ruf der Gesellschaft begründeten. Ihr Ansehen ließ den Nimbus der Akademie auch nach ihrem Tode weiter bestehen, als innerhalb der Sozietät selbst längst vieles „morsch und eitler Schein" geworden war.

Als Klaproth Mitglied dieser Akademie wurde, litt sie unter den gleichen Verfallserscheinungen, an denen das gesamte Berliner geistige Leben jener Zeit krankte. Wie im staatlichen Gefüge, so hinderte auch im Bereiche der Wissenschaften eine Überalterung der sie offiziell repräsentierenden Persönlichkeiten eine fortschreitende Entwicklung der Erkenntnis. Auf der anderen Seite machte sich ein zum Teil betrügerischer Mystizismus breit, der das geistige Leben nach allen Richtungen und auf allen Gebieten zu durchdringen suchte, vielfach in regelrechte Scharlatanerie ausartete und der exakten wissenschaftlichen Forschung hindernd im Wege stand. Nur so ist es verständlich, daß z. B., wie Fischer schreibt, der königliche Oberkonsistorialrat Silberschlag [60] in der Akademie Vorlesungen über die Sonne gehalten habe. Fischer sagt wörtlich: „Das Resultat seiner vermutlich unwidersprechlichen Gründe ist kürzlich dieses: Die Sonne ist ein wirkliches wahres Küchenfeuer, und die Flecken derselben sind Rauchwolken und große Rußhaufen; consequenter: wo Küchenfeuer ist, müssen Braten sein, nämlich die Gottlosen, Deisten, Naturalisten und Atheisten, und der Teufel ist der Koch, der sie am Bratspieße umwendet" (VI, 21).

Solche Vorträge kennzeichnen das Niveau der Akademie ebenso, wie die ernsthafte Entgegennahme der Entdeckung der Goldherstellung durch einen in seinem Fachgebiet sonst durchaus tüchtigen Wissenschaftler, den Theologen Semler [61]. Von der Akademie mit der Nachprüfung beauftragt, konnte Klaproth nachweisen, daß das Gold erst nachträglich hinzugefügt worden war, und zwar von einem Bedienten Semlers, der seinen Herrn erfreuen wollte.

„Dies alles geschah vor dem Forum der Gesellschaft, die eine Auslese unter den geistigen Größen des Staates sein sollte und sich als solche fühlte." So nimmt es nicht wunder, wenn Alexander von Humboldt die Akademie „ein Siechenhaus" nennt, „ein Hospital, in dem die Kranken besser schlafen als die Gesunden" (VI, 21).

Während trotz alledem eine junge Generation sich strebend mühte, und zunächst abseits der offiziellen Vertretung des Gelehrtentums die Grundlagen schuf für jene gewaltige Entwicklung der Wissenschaften, wie sie im 19. Jahrhundert vor sich ging, „trieben Quacksalber, Wunderdoctoren, Adepten und Magnetiseure im königlichen Krankenzimmer des Marmorpalais in Potsdam trügerische Heikünste mit magnetischen Frauenhänden, jungen Katzen und Gedärmen ungeborener Kälber" (VI, 21).

Klaproth ist, zwar nicht nach seinem Alter, so doch nach seinen wissenschaftlichen Leistungen, unbedingt dieser jüngeren Generation zuzuzählen, der er kraft seiner Autorität die Bahn in Deutschland frei machte und der er geistiger Führer in seinem Gebiete wurde.

So entsteht fast die Frage, ob die tatsächliche Ehre für die Akademie nicht größer war als für Klaproth, wenn der bahnbrechende Gelehrte, der eine Aufgabe von hohem wissenschaftlichem Ernst zu erfüllen hatte, die Mitgliedschaft einer Gesellschaft annahm, deren wissenschaftlicher Ruf wenigstens in mancher Hinsicht im Wanken war.

Die Wahl der neuaufzunehmenden Mitglieder bedurfte königlicher Bestätigung. So berichtete Minister v. Hertzberg dem König am 20. Januar 1788, daß die physikalische Klasse der Akademie anläßlich der öffentlichen Versammlung an ihrem Stiftungstage, dem 24. Januar, feierliche Aufnahme als ordentliche Mitglieder wünsche für den

„Bekannten hiesigen großen Chymicus Assessor Klaproth" und den „Doctor Hernstaedt (!) [42], der sich durch merkwürdige Erfindungen in der Chymie und durch gute Schriften bekannt gemacht hat", ferner als Ehrenmitglied für

„den berühmten Chymicum und Apotheker Meyer [63] zu Stettin" (VII, 1b).

Der Vorschlag dieser Männer mußte trotz allem als hohe Genugtuung für den Apothekerstand damaliger Zeit empfunden werden, denn alle drei waren nicht nur Pharmazeuten, sondern als solche auch weiterhin praktisch tätig. Ihre Nominierung ist der sichtbare Ausdruck für das hohe wissenschaftliche Streben, das zu Ende des 18. Jahrhunderts die deutsche Pharmazie beseelte, zu jener Zeit, die die Grundlage dafür schuf, daß aus dem handwerksmäßigen, innig mit Materialhandel verquickten Apothekenbetrieb die auf wissenschaftlicher Grundlage ruhende deutsche Apotheke erwachsen konnte.

Als Klaproth die höchste Ehre zuteil wurde, die ihm als Gelehrten in Deutschland zu bieten war, Anerkennung, die um so mehr wog, als er betontermaßen bestimmt war, die durch den Tod Marggrafs entstandene Lücke in der Akademie auszufüllen, war er bereits 45 Jahre alt, also keineswegs so jung mehr, daß man die Auszeichnung eine besonders frühe nennen könnte. Der gleichzeitig mit ihm vorgeschlagene Hermbstaedt hatte das 28. Lebensjahr noch nicht vollendet! Wie auch sonst beim Vergleich des Lebensganges dieser beiden Gelehrten, die Zeitgenossen waren, demselben Berufe entstammten, in freundschaftlichen und entfernt verwandtschaftlichen Beziehungen zu einander standen, in ihrer Bedeutung aber doch sehr verschieden zu werten sind, zeigt sich auch hier, daß die ihnen bei Lebzeiten zuteil gewordene Ehrung und Anerkennung der großen Allgemeinheit und des Staates bei Hermbstaedt weit überwog. Kein bahnbrechender Forscher, sondern mehr ein Gelehrter, der durch umfassende schriftstellerische Arbeit die neuesten Ergebnisse der Wissenschaft in fruchtbarer Weise der Praxis, der Technik und dem gewerblichen Leben nutzbar zu machen wußte, wurde er bereits in jungen Jahren mit Ämtern, Titeln, Orden überhäuft. Klaproth dagegen, der große Forscher, der seine unvergänglichen

Leistungen als Frucht einer langen vorbereitenden Reifezeit vollbrachte, in seiner ganzen Art von anspruchsloser Bescheidenheit, die ihn zu Lebzeiten nur in der wissenschaftlich unterrichteten Welt als den Großen bekannt sein ließ, der er war, mußte sich mit späten und weniger glänzenden Auszeichnungen begnügen. Sie entsprachen zwar seiner eigenen Bescheidenheit, aber nicht seiner Bedeutung.

Übrigens muß der Vorschlag Hermbstaedts, der damals noch keine Leistungen aufzuweisen hatte, die nach heutiger Auffassung seine Berufung zum Mitgliede der Akademie rechtfertigen könnten, um so mehr überraschen, wenn wir erfahren, daß er am 12. März des gleichen Jahres bei einem Examen, das ihn zum Dozenten am „Collegium medico-chirurgicum" in Berlin qualifizieren sollte, nicht bestand. Es mag dahingestellt bleiben, ob daran die Selbstsucht des Examinators schuld war. Immerhin erlitt die Akademie dadurch die Blamage, daß einer ihrer Kandidaten das amtliche Zeugnis erhielt, er habe „nicht einmal die nötige Kenntnis und Geschicklichkeit" in seiner Wissenschaft (VI, 89).

An seiner äußeren Stellung änderte sich für Klaproth durch die Wahl in die Akademie zunächst nichts. Er blieb der praktischen Pharmazie auch weiterhin treu, die ihm auch Mittel zum Broterwerb war. Deshalb hatte Minister v. Hertzberg dem König berichten können, daß Klaproths Berufung die Akademie nichts kosten würde, er vielmehr eine „Vacanz" abwarten müßte, aber „durch seine Schriften und Bemühungen nützlich sein und die durch den Tod des berühmten Chemikers Marggraf entstandene Lücke ausfüllen würde".

Auf die Vakanz, die ihm die Stellung des ordentlichen Chemikers der Akademie — und damit Besoldung und Dienstwohnung — bringen sollte, mußte der Gelehrte dann noch länger als ein Jahrzehnt warten. Einstweilen füllte Achard [64] diesen Posten aus, der seine Arbeit fast nur den Versuchen zur fabrikatorischen Gewinnung des Rübenzuckers widmete.

Die Akademie der Wissenschaften hielt seit 1749 ihre regelmäßigen Sitzungen an jedem Donnerstag in dem ihr zugeteilten oberen Stockwerk des königlichen Marstalles Unter den Linden ab, wo sich auch die Bibliothek, eine Sammlung von mathematischen Instrumenten, Naturalien und Modellen befand. Die von den ordentlichen Mitgliedern regelmäßig zu haltenden Vorträge fanden wie die Verhandlungen in französischer Sprache statt. Der Akademie gehörte der große Botanische Garten in Schöneberg, die Sternwarte in der Dorotheenstraße (alte Nr. 64) und geradeüber das chemische Laboratorium, im Hause Nr. 7, der heutigen Nr. 10. Dieses Grundstück war bereits 1707 von der alten Sozietät angekauft worden. Es bestand damals lediglich aus einem kleinen Hause im Hintergrunde — das 1708 vom Astronomen Christfried Kirch bezogen wurde — und war groß genug, um für die Errichtung eines umfangreicheren Vordergebäudes, das Druckerei, Laboratorium und Repräsentationszimmer enthalten sollte, Platz zu bieten. Trotz der ablehnenden Haltung Friedrich Wilhelms I. der Sozietät gegenüber, ging man 1723 mit dem Plane um, dort ein Laboratorium mit Hörsaal zu bauen. Erst 1752 jedoch kam es zur Errichtung eines solchen, das mit einer kleinen Dienstwohnung für den ordentlichen Chemiker der Akademie verbunden und 1753 von Marggraf in Besitz genommen wurde. Unter ihm wurde es 1764/65 durch Oberbaudirektor Boumann umgebaut und erweitert, so daß außer dem Astronomen und dem Chemiker zeitweilig noch ein dritter Akademiker, Bernoulli [65], dort wohnte. Die Wohnung und das Laboratorium waren sehr bescheiden und die Mittel zur Instandhaltung sehr geringfügig. Sie betrugen jährlich 250 Taler, einschließlich der dem ordentlichen Chemiker der Akademie zustehenden Besoldung, der davon alles Nötige zu bestreiten hatte. Achard hatte sich um eine Erhöhung des Etats bemüht, 1786 jährlich 800 Taler verlangt, aber nur eine Besserung auf 400 erreicht. So lagen die Dinge, als er im Jahre 1800 Klaproth seine Stelle als ordentlicher Chemiker der Akademie und die Aufgabe überließ, aus dem dürftig Vorhandenen ein der Akademie würdiges Laboratorium erst zu schaffen. Im Vorderhaus standen Klaproth ein „Cabinett“ und eine Wohnung von vier Stuben mit Küche (mit Steinfußboden!) zur Verfügung, die verwohnt, schadhaft und durch und durch reparaturbedürftig war. Klaproth mußte deshalb zunächst eine Interimswohnung — wir wissen nicht, wo — außerhalb beziehen. Denn seine Apotheke, in der er bisher gewohnt hatte, hatte er infolge Achards Rücktritt bereits 1800 verkauft, während die Räumung des Laboratoriums sich dann viel länger hinzog, als er hatte annehmen können. Noch am 21. Mai 1801 beklagte er sich über die fortdauernde Verzögerung und stellte Antrag auf Mietserstattung. Doch erst zu Michaelis 1801 war die Wohnung beziehbar fertig. In den bescheidenen Räumen hat sich des Gelehrten ferneres Leben abgespielt. Dort starb seine Frau, aus ihnen heraus verheirateten sich seine Töchter, zog sein Sohn als Weltreisender und Sprachforscher in die Ferne, schloß er selbst 1817 die Augen. Es ist nahezu unfaßbar für heutige Begriffe, daß ein Mann der Öffentlichkeit wie Klaproth, der auch Pflichten der Repräsentation zu erfüllen hatte, mit Frau und drei bis vier erwachsenen Kindern sich in genügsamer Bescheidenheit auf so enge Wohnräume beschränken konnte.

Schlimmer noch als der Zustand der Wohnung war der des Laboratoriums, das auf dem Hofe lag, und zu dem eine weitere kleine Wohnung von zwei Zimmern und Küche — für den Laboratoriumsdiener — gehörte. Es war durch die „wohllöbliche Runkel-Rüben-Roh-Zucker-Fabrikationsversuchs-Commission“, so sagt Klaproth in einer Eingabe selbst, vollkommen verdorben worden.

Zu dieser Versuchskommission stand Klaproth übrigens in engsten Beziehungen. Zucker aus den Rüben fabrikatorisch in großem Maßstabe zu gewinnen, hatte ja Achard sich zur Lebensaufgabe gemacht. Um für sein Vorhaben die unbedingt notwendige Hilfe des Staates zu erhalten, hatte er schon 1789 Klaproth zur Nachprüfung seiner Angaben über die Zuckergewinnung aus der Runkelrübe veranlaßt. So konnte er seiner Eingabe zu Anfang des Jahres 1799 zwei Gutachten Klaproths, vom 24. Dezember 1789 und 11. Januar 1799, beifügen, die auf Grund eigener Versuche Achards Behauptungen bestätigten. Sie führten zu dem Erfolg, daß auf Grund einer Kabinettsorder vom 19. Januar 1799 vom Generaldirektorium eine Kommission ernannt wurde, die die Möglichkeiten einer fabrikatorischen Rübenzuckergewinnung eingehend prüfen sollte (VI, 1, 136; VII, 1a; V, 6). Dieser Kommission gehörte, neben den Geheimen Finanzräten Gerhard, Borgstede, v. Schütz, Eichmann, als einziger Fachmann der Chemie Klaproth an. Auf Achards besonderen Wunsch fanden die Versuche unter Assistenz fachkundiger Beamter der „Berlinischen

Zucker-Siederei-Compagnie" im Laboratorium Klaproths, also in seiner Apotheke, statt. Sie ergaben im allgemeinen ein günstiges Resultat. Da sie in den beschränkten Räumlichkeiten jedoch nur in kleinem Maßstabe hatten durchgeführt werden können, gewisse Fragen deshalb nicht mit hinlänglicher Sicherheit beantwortet werden konnten, so wurden die Versuche in das größere Laboratorium der Akademie, das ja Achard unterstand, verlegt. Die fachliche Leitung der Versuche blieb natürlich in Klaproths Händen. Als nach dem Ergebnis dieser Experimente Achard sein Ziel erreicht hatte, sich mit staatlicher Hilfe nunmehr gänzlich der industriellen Zuckergewinnung widmen und damit Klaproth seinen Platz als Chemiker der Akademie freimachen konnte, war das Laboratorium kaum mehr als ein solches zu bezeichnen. Man hatte die Experimentaluntersuchung in so großem Maßstabe ausgeführt, daß 16 Zentner Rohzucker aus Runkelrüben gewonnen wurden. Solchem Fabrikationsbetriebe war natürlich das Laboratorium nicht gewachsen. Die Sache hatte aber das Gute, daß ein Neubau, nach Klaproths Angaben, bewilligt werden mußte.

Der Bau wurde von Maurermeister Piltz und Zimmermeister Oertell ausgeführt. Von der ursprünglich vorgesehenen Wölbung des im Erdgeschoß liegenden eigentlichen Laboratoriums wurde abgesehen, da Klaproth betonte, daß „weit mehr Rücksicht als auf Feuer-Gefahr, auf einen schnellen Abzug schädlicher Dämpfe zu nehmen sei; und dazu ein Mantelschornstein besser geeignet sei, als ein Gewölbe". Auch dieser Bau zog sich mehr in die Länge, als vorgesehen war, und war erst im Juni 1803 fertig.

Hinsichtlich der Inneneinrichtung hatte Klaproth berichten müssen, daß er bei der Übernahme „keine einzige, zum akademischen Laboratorio gehörige Gerätschaft, kein Instrument, oder Gefäß, kein chemisches Präparat, überhaupt gar kein Inventarium-Stück, einen unbrauchbaren Blasebalg ausgenommen" vorgefunden habe. Er war deshalb genötigt, bis zu der nur nach und nach möglichen Anschaffung einer neuen Ausstattung seine eigene Privatapparatur zu benutzen. Für deren Abnutzung, den Chemikalien- und Materialverbrauch beantragte er eine vierteljährliche Entschädigungssumme von 64 Talern, wobei auf eine ins Einzelne gehende Spezifikation, die bei chemischen Arbeitern nicht möglich sei, verzichtet werden sollte. Doch nicht einmal diese wurden ihm zugestanden. Er erhielt schließlich eine Pauschalsumme von jährlich 200 Rtl. für die Unterhaltung des Laboratoriums bewilligt. Davon hatte er, ohne Einzelnachweis des Verbrauchs, den Bedarf an Chemikalien, den Ersatz zerbrochener Gläser, die Brennmaterialien und den Lohn des Laboratoriumsdieners zu bestreiten. Da auch Klaproths Gehalt 200 Taler betrug, so war es bei dem alten Etat von 400 Talern verblieben.

Es mag von Interesse sein, hier die damaligen Einkommensverhältnisse Klaproths zu erwähnen, und die seines Vorgängers Achard zum Vergleich heranzuziehen. Außer seiner mit 200 Rtl. bewerteten Dienstwohnung bekam er als Chemiker der Akademie 200 Rtl., als Mitglied der Hofapothekenkommission 160 Rtl., als Mitglied des Obercollegium medicum 150 Rtl. und als Professor der Chemie an der Artillerieschule 600 Rtl., von denen er nach seiner Angabe aber 200 Rtl. zur Bestreitung der Experimentalkosten benötigte. Dazu kam ein Honorar als Lehrer der Bergakademie

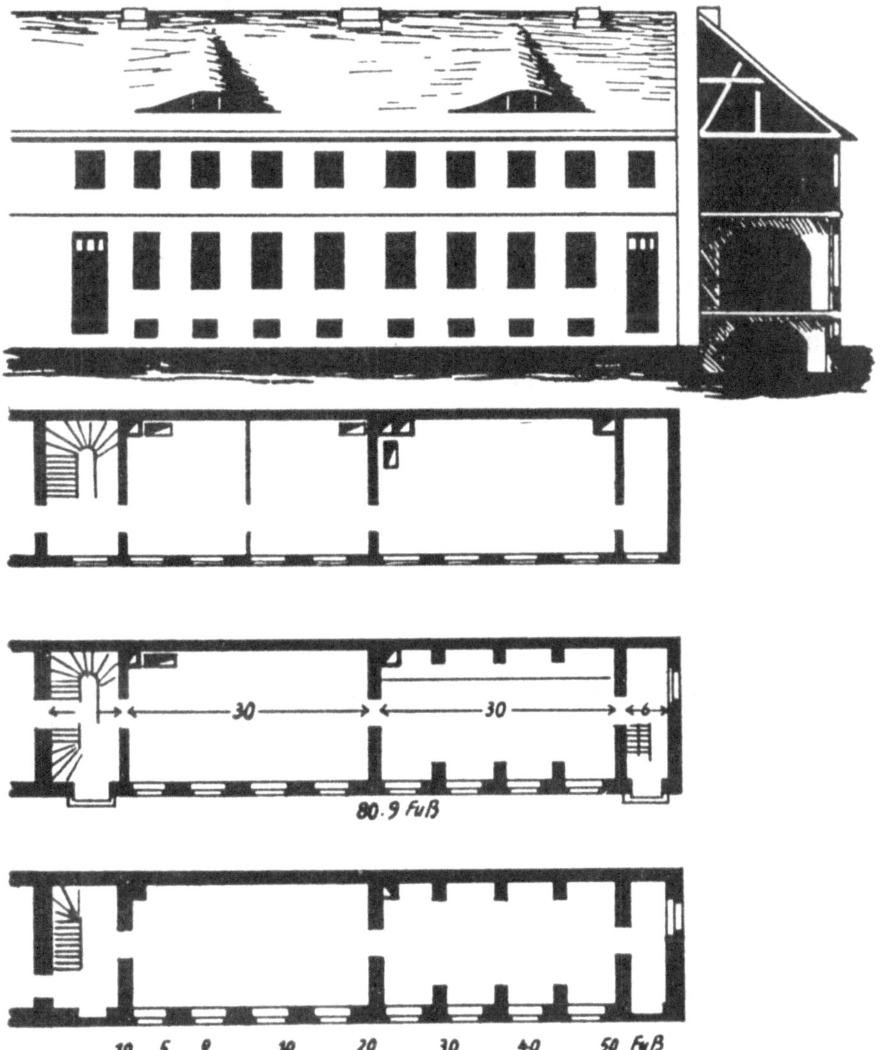

Abb. 12. Bauzeichnung für das von Klaproth errichtete Laboratorium der Akademie (VII, 1a)

von 200 Rtl. Das Nettogehalt aus seinen amtlichen Stellungen betrug also insgesamt 1310 Rtl. jährlich (VII, 1b).
Achard dagegen bezog den Wert der Dienstwohnung mit 200 Rtl., als Direktor der physikalischen Klasse der Akademie 1500 Rtl., für Anstellung der meteorologischen Beobachtungen 200 Rtl. und aus der „Extraordinarienkasse" 500 Rtl. als Prämie für Verbesserung der inländischen Tabakskultur. Als er seine Stellung als Mitglied der Akademie zur Verfügung stellte, wurde ihm eine Pension von 500 Talern zugesagt. Kein Zweifel, daß Achard hohe, insbesondere industriell-technische Verdienste hat. Als bahnbrechender Gelehrter steht Klaproth dennoch über ihm. Trotzdem versuchte man, in Achards Stelle als Akademiker einen Gelehrten aus Göttingen [66] herbeizuziehen und Klaproth zu übergehen. Vielleicht rückte dieser dann nur deshalb in die Stelle ein, weil er mittlerweile infolge der Rübenzuckerexperimente bereits die tatsächliche Leitung des Laboratoriums übernommen hatte.
Für die Inneneinrichtung des Laboratoriums hatte Klaproth als immobile Apparate lediglich gefordert:

1. einen Destillierkessel von Kupfer mit zinnernem Balneum, Helm und Rohr;
2. eine Presse;
3. ein Gebläse;
4. einen massiven Schmelzofen und ein paar ordinärer gemauerter Öfen.

Die Räume im zweiten Stock des Gebäudes waren für die Aufbewahrung chemischer Präparate, Instrumente usw. bestimmt. Diese Sammlungen waren größtenteils Klaproths Privatbesitz. Insonderheit gehörte dazu seine umfassende mineralogische Sammlung mit den wichtigsten Belegstücken seiner sämtlichen Analysen. Diese kam 1817 für den Preis von 6000 Talern in den Besitz des mineralogischen Museums der Universität, wo sie allmählich in dem Gesamtbestand vollständig aufging, also geschlossen nicht mehr vorhanden ist. Ursprünglich bestand sie aus 3139 nichtmetallischen und 1486 metallischen Mineralien, 23 Meteoriten und 183 größeren Stücken. Darüber hinaus hatte Klaproth eine bedeutende Sammlung von chemischen Präparaten und ein umfassendes Herbarium, die Nicolai schon 1786 und 1799 als Sehenswürdigkeiten für Berlin erwähnt.
Da auch ein Vorlesungsraum in dem neuen Laboratoriumsgebäude vorhanden war, so dürfen wir sagen, daß Klaproth mit dessen Bau und Einrichtung ein chemisches Institut im heutigen Sinne schuf und damit der Begründer des ersten chemischen Instituts der Universität Berlin gewesen ist. Denn nach dem neuen Statut der Akademie der Wissenschaften, vom König am 24. Januar 1812 bestätigt, mußte diese zugunsten der neugestifteten Universität Berlin auf die bisher ausschließlich unter ihrer Leitung stehenden großen wissenschaftlichen Institute, die Königliche Bibliothek, den Botanischen Garten, das Observatorium und das chemische Laboratorium, verzichten, wobei ihr allerdings das volle Benutzungsrecht gewahrt blieb.
Infolge der Doppelstellung Klaproths als Chemiker der Akademie und als Ordinarius der Chemie an der Universität scheint jedoch gerade hinsichtlich des chemischen Laboratoriums eine reinliche Scheidung nicht alsbald stattgefunden zu haben. Denn

Link [67] versuchte in seinem Gutachten zur Reorganisation der Akademie im Jahre 1819 noch einmal, wenn auch vergeblich, das Klaprothsche Institut der Akademie zu erhalten.

Der Posten des ordentlichen Chemikers der Akademie blieb nach Klaproths Tode über fünf Jahre unbesetzt. Erst am 7. Februar 1822 wurde Mitscherlich zu seinem Nachfolger ernannt (vgl. S. 49).

Mehr als in seiner Tätigkeit als Begründer des chemischen Institutes ist natürlich Klaproths Bedeutung für die Akademie der Wissenschaften darin zu sehen, daß er als ein in der ganzen Welt anerkannter hervorragender Forscher das Ansehen der Akademie, die gleichzeitig nur wenige Gelehrte mit Leistungen von gleicher Qualität in ihren Reihen hatte, außerordentlich festigte. Klaproth hat einen großen Teil seiner bedeutendsten Arbeiten in den 20 Jahren seiner Zugehörigkeit zur Akademie ausgeführt, wenn die wichtigsten auch in die Zeit fallen, als er dabei noch praktischer Apotheker war. Immerhin konnte sich auch da schon die Akademie rühmen, daß es einer der ihren war, der diese Taten vollbrachte. Seine Entdeckung des Urans hat er der Akademie vorgetragen. Auch die nähere Erforschung und Benennung des von Müller von Reichenstein zwar vermuteten, von Klaproth aber erst gelegentlich entdeckten, benannten und charakterisierten Tellurs gab er in einer Vorlesung der Akademie bekannt.

Von Wichtigkeit ist auch, daß sich Klaproth im Jahre 1792 in einer Sitzung der Akademie mit der Lehre Lavoisiers auseinandersetzte, sich bedingt zu ihr bekannte und ihr damit den Weg in Deutschland endgültig ebnete (vgl. S. 78).

Eine Bedeutung für die Entwicklung der „Akademie der Wissenschaften“ über die Zeit seines eigenen Wirkens hinaus hat Klaproth dadurch, daß er dem im Jahre 1807 gewählten Reorganisationskomitee präsidierte. In der Zeit des Neuaufbaues des preußischen Staates und der Reform aller seiner Einrichtungen begann auch die Akademie unter Alexander von Humboldts Leitung und Initiative an einer neuen Verfassung zu arbeiten. Am 29. Oktober 1807 wurde ein Ausschuß gewählt, dessen Vorsitz Humboldt [62] selbst übernahm. Da er indessen schon im nächsten Monat nach Paris ging, trat Klaproth an seine Stelle. War er auch, nach Harnack (für dieses Gebiet) vielleicht kein „führender Geist“, so wurden unter ihm die Arbeiten doch unbeirrt durchgeführt, was um so wichtiger war, als die Gründung der Berliner Universität bevorstand und die Gefahr nahe lag, daß in ihr die Akademie aufgehen und damit dann wohl allmählich verschwinden würde (VI, 136).

Der Statutenentwurf, wie er 1809 von der Akademie angenommen und dem König eingereicht wurde, forderte auch für die Zukunft eine völlige Selbständigkeit der Akademie. Mit der neuen Universität wollte man nicht einmal die wissenschaftlichen Anstalten gemeinsam haben. Sie sollten sämtlich der Akademie verbleiben. Im einzelnen sind die Statuten hier ohne Interesse. Erwähnt mag lediglich sein, daß für das chemische Laboratorium, ohne das Gehalt des Chemikers, 1200 Taler gefordert wurden, also der sechsfache Betrag der Summe, die Klaproth bei der Einrichtung zugebilligt worden war.

Zwar sind, wie wir bereits sahen, die Wünsche des Reorganisationskomitees hin-

sichtlich der Institute, die später doch an die Universität fielen, nicht erfüllt worden. Die Erhaltung der Akademie als selbständige Körperschaft ist aber ihr Werk, an dem auch Klaproth seinen Teil hat. Daß die Trennung der Institute von der Akademie zunächst nicht allzu fühlbar in Erscheinung trat, ist den innigen persönlichen Wechselbeziehungen zu verdanken: wie Klaproth und Hermbstaedt als Chemiker, so gehörten auch in anderen Fakultäten Mitglieder der Akademie gleichzeitig dem Lehrkörper der Universität an. Und wie vorher schon, hat Klaproth auch als Universitätslehrer in dem Gebäude der Akademie (das dieser 1810 ja noch unzweifelhaft gehörte) seine Experimentalvorlesungen gehalten.
(V, 6; VI, 1, 7, 21, 82, 91, 108, 107, 136; VII, 1a, b, 16)

9. Ordentlicher Professor der Universität Berlin

Der letzte Lebensabschnitt brachte für Klaproth die Krönung seiner Bemühung, auch als Lehrer seine Wissenschaft zu fördern und in akademischer Weise die Ergebnisse seiner Forschungsarbeit und ihre Methodik an die kommende Generation weiterzugeben. Gewiß war er auch vorher schon, seit fast drei Jahrzehnten, Lehrer gewesen. Aber alle Institute, denen er als Dozent diente, waren doch im eigentlichen Sinne höhere Fachschulen, deren Aufgabe in der Vermittlung einer bestimmten Berufsbildung sich erschöpfte. Seine Forschungsstätte aber, das chemische Laboratorium der Akademie der Wissenschaften, war als solches nicht für Lehrzwecke und die Heranbildung eines wissenschaftlichen Nachwuchses gedacht, auch wenn Klaproth die Räumlichkeiten des Institutes von Anfang an teilweise für seine Vorträge (nicht einen systematischen wissenschaftlichen Unterricht) benutzte. Erst seine Berufung auf den Lehrstuhl einer Universität schloß die Möglichkeit in sich, in seiner Arbeit nunmehr Forschung und Lehre zu verknüpfen.
Pläne zur Schaffung einer Universität in Berlin waren bereits seit dem Ende des 18. Jahrhunderts erörtert worden. Aber erst als Preußen durch den Tilsiter Frieden 1807 die Universität Halle verlor, gewannen diese Pläne feste Gestalt. Die verschiedenen Hochschulen Berlins (dabei als eine der wichtigsten das Collegium medico-chirurgicum), die Institute der Akademie der Wissenschaften und verschiedene höhere Fachschulen boten die Möglichkeit, die Gründung einer Universität mit der Zusammenfassung und Erweiterung aller dieser Einrichtungen verhältnismäßig schnell durchzuführen. Bevor die äußere Form (erst in Folge der Cabinettsorder vom 16. 8. 1809 mit der offiziellen Eröffnung im Herbst 1810) sich ergab, begannen schon 1807 verschiedene der in Aussicht genommenen Professoren regelrechte Vorlesungen für Studenten zu halten, die sich von den öffentlichen Vortragsreihen Berliner Gelehrter (wie sie seit Mitte des 18. Jahrhunderts sich eingeführt hatten, s. Seite 66) durch ihre hochschulmäßige Gestaltung und Durchführung unterschieden. Fehlte es Klaproth weder an der Vaterlandliebe noch an dem wissenschaftlichen Eifer, welche diese Professoren beseelte, so entsprach es doch nicht seinem bedächtigen Wesen, sich bereits vor der offiziellen Eröffnung der Universität in solcher Weise zu betätigen. Er setzte deshalb zunächst seine privaten Vorträge in der alten Form fort.

In seiner Eigenschaft als Dozent am Collegium medico-chirurgicum, als Professor der Militärakademie und als Lehrer des Berg- und Hütteninstitutes, vor allem aber als Mitglied der Akademie der Wissenschaften, deren chemisches Laboratorium er leitete, gehörte er indessen von Anfang an zu den Gelehrten, die als Professoren für die neue Universität in Betracht kamen. Wolf [68] hatte ihn 1807 in seiner Liste der künftigen Honorarprofessoren („für die Chemie überhaupt") aufgenommen. Hufeland [69] berücksichtigte ihn in seinen Vorschlägen für die Besetzung der Lehrstühle als ordentlichen Lehrer der Chemie. Wilhelm v. Humboldt [70], der seit dem 20. Februar 1809 als Geheimer Staatsrat die Sektion für Cultus und öffentlichen Unterricht im Ministerium des Innern leitete und mit Entschiedenheit die Konstituierung der Universität endgültig durchführte, schlug am 9. März dem Könige Klaproth mit folgenden Worten für die ordentliche Professur in der Chemie mit einem Gehalt von 1200 Thalern [71] vor: „Er hat seine Wissenschaft durch wahre Entdeckungen bereichert und sich dadurch auch im Auslande einen Namen erworben, in dem sich nur wenige Gelehrte in E. K. Majestät Staaten mit ihm vergleichen können. Ich würde geglaubt haben, eine meiner ersten Pflichten zu versäumen, wenn ich nicht gesucht hätte, einen solchen Mann auf eine Weise hier zu fixieren, die ihm eine sorgenfreie Beschäftigung mit seiner Wissenschaft verstattete." Und am 9. Mai 1810 (nachdem Klaproth sich im März zur Annahme des Lehrstuhls bereit erklärt hatte) zählte er ihn unter den Gelehrten auf, an denen „die noch nicht gegründete Universität schon jetzt Männer besitzt, die man billigerweise den Ersten ihrer Fächer beizählen muß".

Während der offizielle Beginn der Vorlesungen durch Beschluß des Senats in seiner ersten Sitzung am 10. Oktober 1810 vom 15. auf den 29. Oktober verschoben werden mußte, weil erst dann die neu hergerichteten Auditorien (im Palais des Prinzen Heinrich, Unter den Linden, das der Universität zur Verfügung gestellt worden war) „trocken und fertig" wären, konnte Klaproth seine Vorlesungen, die er im chemischen Laboratorium der Akademie hielt, unabhängig von dieser Verzögerung als einer der ersten pünktlich aufnehmen. Schon hieraus geht hervor, daß sich äußerlich an Klaproths Tätigkeit durch die Annahme des Lehramtes wenig änderte. Lenz weist darauf hin, „daß der Charakter der Vorlesungen als reine Privatveranstaltungen der Lehrer noch beibehalten wurde und ihre Auffassung als ein öffentliches Amt erst in den Anfängen der Entwicklung stand". „Es war auch jedem Lehrer freigestellt, die Höhe des Kolleggeldes selbst zu bestimmen" und „es war den Professoren überlassen, sich mit den Hörern über die Kosten für Heizung und Beleuchtung zu verständigen". Dieser Sorgen war Klaproth enthoben, da er über ein eigenes Institut verfügte.

Über die Vorlesungen, die Klaproth hielt, sind wir durch das Vorlesungsverzeichnis der Universität seit dem SS 1811 unterrichtet. Folgende sind darin angezeigt:

SS 1811 : Die Kunst der chemischen Analyse stellt durch Versuche dar, Herr Professor Klaproth.

WS 1811/12: Die Experimentalchemie wird Herr Prof. Klaproth, Montags und Freitags von 3 bis 5 Uhr vortragen.

SS 1812 : Chemische Analysen wird Herr Prof. Klaproth, Montags und Freitags von 3 bis 5 Uhr in den Monaten Mai bis August, im akademischen Laboratorio anstellen.

WS 1812/13: Experimentalchemie Herr Prof. Klaproth, Montags und Freitags 3 bis 5 Uhr.

SS 1813 : Anleitung zur chemischen Analyse ertheilt Herr Prof. Klaproth, Montags und Freitags von 3 bis 5 Uhr.

WS 1813/14: Die allgemeine Experimentalchemie lehrt Herr Prof. Klaproth, Montags und Freitags von 3 — 5 Uhr.

SS 1814 : Anleitung zur chemischen Analyse ertheilt Herr Prof. Klaproth Montags und Freitags von 3 — 5 Uhr.
Über die preußische Pharmacopöie lieset auch Herr Prof. Klaproth Mittwochs und Sonnabends von 4 bis 6 Uhr.

WS 1814/15: Die Experimentalchemie lieset Hr. Prof. Klaproth, Montags und Freitags von 3 bis 5 Uhr.

SS 1815 : Anleitung zur chemischen Analyse, Montags und Freitags von 3 bis 5 Uhr. Herr Prof. Klaproth.

WS 1815/16: Die Experimental-Chemie. Herr Prof. Klaproth, Montags und Freitags von 3 bis 5 Uhr.

Ob Klaproth neben den allerdings von Experimenten begleiteten Vorlesungen ein allgemeines oder privates chemisches Praktikum für Studierende durchführte, ist zweifelhaft. Er scheint in diesen Jahren (so sehr sein Ruf als Forscher Hörer allgemein anlocken mochte) keinen Schüler gehabt zu haben, den er persönlich in direktem Unterricht förderte. Ein Doktorand von ihm ist nicht bekannt.

Klaproths Lehrtätigkeit an der Universität beschränkte sich also im wesentlichen auf 4 Wochenstunden eines rein chemischen Kollegs. Nur einmal hat er in speziell pharmazeutischer Richtung darüber hinausgegriffen, als er im SS 1814 eine Vorlesung über die preußische Pharmacopöe ankündigte. Doch hat er sie vielleicht nicht einmal durchgeführt, da er in diesem Jahre den ersten Schlaganfall erlitt und lange Zeit krank war.

Es liegt eine gewisse Tragik darin, daß Klaproth bei der Übernahme des Ordinariats bereits 67 Jahre alt war, daß schon 4 Jahre später seine Wirksamkeit durch Krankheit praktisch ihr Ende fand, und daß in der Zwischenzeit der Besuch der jungen Universität, wie wir sehen werden, so gering war, daß seine Lehrtätigkeit nicht zur vollen Entfaltung kommen konnte.

Klaproth hat als Hochschullehrer deshalb keine „Schule" bilden können, so sehr gerade die Neuartigkeit seiner wissenschaftlichen Methode die Voraussetzung dafür bot. Er hat auf der Universität zwar Hörer aber keine Schüler gehabt. Allerdings ist gleichwohl aus früherer Zeit der eine oder andere im wahren Sinne des Wortes als sein Schüler zu bezeichnen. Aber es handelte sich dabei eben nur um einzelne, die er sich attachierte und in ihrem wissenschaftlichen Streben förderte, als er noch in der Roseschen Apotheke arbeitete, und später, als er seine Forschungsarbeiten im eigenen Apotheken-Laboratorium durchführte. Es waren deshalb meist Pharmazeuten, die zu ihm zunächst in seiner Eigenschaft als Apotheker (nicht als Lehrer) in Beziehung traten, also um Verbindungen, die in der Regel beruflicher, privater und ausgesprochen persönlicher Art waren [72]. Gab das Amt als Universitätsprofessor ihm nunmehr die formale Möglichkeit, den wissenschaftlichen Nachwuchs für die Hochschullaufbahn zu fördern, so verhinderten es doch die sonstigen Umstände dabei. Zunächst war im Anfang die Zahl der Studenten noch sehr klein. Im WS 1810/11 waren 57, im SS 1811 gar nur 21, im WS 1811/12 51 Hörer in der gesamten philosophischen Fakultät immatrikuliert. Davon wird nur ein sehr kleiner Teil speziell Chemie studiert haben, wenn auch Klaproths Hörerzahl sich durch Studenten der Medizin erhöht haben wird.

In den Freiheitskriegen sank vom WS 1812/13 bis zum SS 1814 die Frequenz auf 23, 57, 14, 18 Inskribierte der philosophischen Fakultät, da jeder Student, der die Waffe tragen konnte, sich freiwillig zum Heeresdienst meldete. Die Professoren standen, soweit sie nicht selbst irgendwie im Kriegsdienst Verwendung fanden (wofür Klaproth zu alt war), vor leeren Bänken. Als WS 1814/15 die Zahl der Hörer wieder wuchs (in der philosophischen Fakultät waren damals insgesamt 70 Studenten immatrikuliert), war Klaproth bereits so leidend, daß er seine Vorlesung kaum mehr regelmäßig — wenn überhaupt — durchführen konnte. Er hat die letzte für das WS 1815/16 angekündigt, hat also in den beiden letzten Semestern seines Lebens bestimmt keine mehr gehalten.

Aus allem ergibt sich, daß Klaproths Leistung als Universitätslehrer nur eng begrenzt sein konnte, daß die Berufung in seinem hohen Alter zwar eine verdiente Ehrung und in der Besoldung als Ordinarius für ihn materiall vorteilhaft war (ganz wie es Humboldt formuliert hatte), daß er aber der Universität nur noch durch seinen Ruf, nicht aber mehr in wesentlicher Weise durch sein Wirken nützlich sein konnte.

Daß er keine eigentlichen Schüler im akademischen Nachwuchs hatte, das zeigte sich deutlich bei seinem Tode. Es war niemand da, der an seiner Stelle sein Werk hätte fortsetzen können. Sein bester Schüler aus der Apothekerzeit, der ihm persönlich und in der wissenschaftlichen Arbeit in engster Weise verbunden gewesen war und wie kein anderer zur kontinuierlichen Fortführung seiner Forschung prädestiniert gewesen wäre, Valentin Rose [44] d. J., war tot. Einen anderen qualifizierten Schüler gab es offenbar nicht.

Berzelius [73], der sich in seiner Arbeit in vielfacher Hinsicht auf Klaproth stützte, lehnte die Übernahme seines Lehrstuhles ab. Pläne zur Berufung von Chemikern anderer Richtungen (wie z. B. von Trommsdorff [74]) wurden nicht verwirklicht. Erst nach 5 Jahren, 1822, wurde Eilhart Mitscherlich, ein junger Gelehrter, der sich erst nach Klaproths Tode der Chemie zugewandt hatte, auf Empfehlung von Berzelius zwar auf Klaproths Lehrstuhl als a. o. (seit 1825 o.) Professor berufen, doch vertrat er als Chemiker im wesentlichen ein anderes Spezialgebiet.

Vielleicht hätte man erwarten sollen, daß Heinrich Rose [45], ein Sohn von Valentin Rose, der nur ein Jahr jünger war als Mitscherlich, aber ein viel längeres wissenschaftlich-chemisches Studium absolviert hatte, den Vorrang gehabt hätte. Er war der Rose-Klaprothschen Tradition verbunden, hatte noch von Klaproth Anregungen

empfangen, auch einige Zeit wissenschaftlich unter ihm arbeiten dürfen und war von ihm für die analytische Chemie gewonnen worden. Gleichzeitig mit Mitscherlich hatte er seine Ausbildung bei Berzelius in Stockholm abgeschlossen, als Mitscherlichs Berufung nach Berlin — ohne vorhergehende Habilitation — wahrscheinlich seinen eigenen Plänen und Hoffnungen zuvorkam. Es versöhnt indessen, daß Heinrich Rose, nachdem er noch im gleichen Jahr sich in Berlin regelrecht habilitiert hatte, schon 1823 gleichfalls zum a. o. (1835 zum o.) Professor ernannt wurde, und daß er damit, wenn auch nicht formal, so doch in seinem Arbeitsgebiete als Analytiker der Nachfolger Klaproths wurde. Mit Mitscherlich in bester Freundschaft verbunden, hat er zusammen mit seinem Bruder Gustav Rose [46] (unter dessen Verwaltung später Klaproths große Mineraliensammlung im mineralogischen Museum der Universität stand) Klaproths wissenschaftliche Arbeit in erfolgreichster Weise fortgeführt.
(VI, 82, 91, 136, 137; VII, 16)

10. Kinder und Nachkommen

Als Klaproth am 13. Februar 1780 Christiane Sophie Lehmann heiratete, trat er damit, wie es bereits erörtert wurde, in enge verwandtschaftliche Beziehungen zu den Familien Marggraf und Rose. Er wurde zugleich aber auch der Schwager des Astronomen Johann Elert Bode [76], dessen Gattin eine Schwester von Klaproths Frau war. Diese familiären Bindungen, die Klaproth gewann, waren für seine weitere Laufbahn ohne Zweifel von großer Bedeutung. Denn er trat damit in einen Kreis von zum Teil bedeutenden Männern in einflußreichen Positionen. Gewiß wäre er als Forscher auch ohne solche „Beziehungen" seinen wissenschaftlichen Weg sicherlich erfolgreich weitergegangen. Ob er aber ohne seine Heirat die gleiche soziale Stellung erlangt, ob man ihm in gleicher schneller Folge die verschiedensten Ämter und Ehrenämter übertragen hätte, ja ob er, wie schon erwähnt, die Möglichkeit gehabt hätte, durch die Übernahme einer eigenen (großen!) Apotheke wirtschaftlich unabhängig und damit frei für andere Aufgaben zu werden, erscheint doch fraglich. Diese Überlegung nimmt Klaproth nichts von seinen Verdiensten. Denn sie waren ja die unerläßliche Voraussetzung für seinen weiteren Aufstieg, und ihr Mangel wäre durch eine vorteilhafte Heirat allein nicht auszugleichen gewesen. Aber ohne Förderung von gesellschaftlich maßgebenden Kreisen konnte damals auch ein hervorragender Forscher trotz bedeutenden wissenschaftlichen Rufes in der großen Welt leicht unbeachtet und ungeehrt bleiben, konnte unter Umständen ein Leben in Dürftigkeit führen und beschließen, wie es bei Scheele, Richter und vielen anderen der Fall war.
Denn es ist zu beachten und für die damaligen sozialen Verhältnisse entsprechend zu bewerten, daß Klaproth, als er sich 1780 verheiratete, nichts war, als ein schon älterer vermögensloser Provisor ohne Rang und Würden in abhängiger Stellung. Daß er unter seinen Kollegen in Berlin als „ein geschickter Scheidekünstler" galt, war nicht viel. Seine spätere große wissenschaftliche Bedeutung deutete sich vielleicht schon an, aber sie war doch noch nicht Realität. Jeder gesellschaftliche Rückhalt aus der eigenen Familie fehlte ihm. Seine Mutter lebte als Witwe eines Schneiders in sehr be-

scheidenen Verhältnissen in Wernigerode, und mit entfernten väterlichen Verwandten konnte er auch keinen Staat machen. Sie waren alle sehr einfache Leute. Man darf diese Umstände für die damalige Anschauung nicht unterschätzen. Durch sie läßt sich auch erklären, daß Klaproths jüngster Bruder bei seiner Immatrikulation an der Universität Frankfurt an der Oder den handwerklichen Beruf seines lange verstorbenen Vaters verschwieg und ihn zum „Ratmann" erhöhte. Er betonte damit eine Würde, die an Ort und Stelle, in Wernigerode, ziemlich bedeutungslos war und dort sicherlich nicht herausgestellt wurde. Ob der Schneidermeister sie überhaupt längere Zeit bekleidet hat, ist nicht einmal nachweisbar.

Zwar befand sich dieser jüngere Bruder in akademischer Ausbildung und er errang später eine recht geachtete Stellung als wissenschaftlicher Beamter. Aber 1780 war er noch nichts als ein auf Stipendien angewiesener armer Student. Der ältere Bruder allerdings konnte gesellschaftlich passieren. Denn er war bereits seit 1763 Pfarrer in dem Landstädtchen Plaue an der Havel, was er seiner Bereitwilligkeit verdankte, im Alter von 24 Jahren die wesentlich ältere Witwe seines Vorgängers zu heiraten. Aber in den Kreisen, in die Martin Heinrich Klaproth nunmehr hineinheiratete, hätte auch er wohl als schlichter Landpfarrer kaum das soziale Ansehen seines Bruders wesentlich erhöhen können.

Die verwandtschaftlichen Beziehungen, die Klaproth durch seine Heirat gewann, ergeben sich aus der Übersichtstafel (Tafel VII). Sie berücksichtigt nicht nur die Verhältnisse zur Zeit seiner Verheiratung, sonders erfaßt auch die spätere Entwicklung der miteinander verwandten und verschwägerten Familien, soweit Klaproth sie noch erlebte. Die Tafel zeigt, wie Klaproth nicht nur in einen großen Familienkreis von Gelehrten, dessen Mittelpunkt er dann später selbst wurde, hineinwuchs, sondern auch, wie er zugleich zu vielen Berliner Apothekern nähere und entferntere verwandtschaftliche Beziehungen gewann.

Klaproth hat in seiner Ehe 6 Kinder gehabt, 5 Töchter und einen Sohn. So erfolgreich des Gelehrten wissenschaftliche Arbeit und so ungewöhnlich sein sozialer Aufstieg sich gestalteten, so hervorragend — äußerlich gesehen — die Stellungen seines Sohnes und seiner Schwiegersöhne gewesen sind, so sicher dürfen wir auf der anderen Seite annehmen, daß er im engen Familienkreis viel Leid und Kummer erlebt hat [77].

Seine älteste 1781 und eine andere 1788 geborene Tochter hat er im Kindesalter wieder hingeben müssen.

Seine Frau starb nach nur 23jähriger Ehe, verhältnismäßig jung, als noch keines der Kinder erwachsen und die jüngste Tochter erst 13 Jahre alt war. Sie hat sich der neuen Stellung ihres Mannes als ordentlicher Chemiker der Akademie nur 2 Jahre erfreuen können. Seine höchsten Anerkennungen, die Ehren-Promotion in Erlangen, die Berufung auf ein Ordinariat der Universität Berlin, die Verleihung des Roten Adlerordens hat sie nicht mehr erlebt. Die Freude an einem Enkelkinde ist ihr durch ihren frühen Tod entgangen.

Der Sohn Heinrich Julius Klaproth, 1783 geboren, entwickelte schon in früher Jugend eine fast geniale Begabung, die sich in einem ungewöhnlichen Talent für

Sprachforschung bemerkbar machte. Seine Leistungen mußten hoffen lassen, daß er, wenn auch auf ganz anderem Gebiete, ein ebenso großer (oder unter so viel besserer Voraussetzung ein noch größerer) Mann würde wie sein Vater. Er wurde auch ein sehr bedeutender Orientalist, wurde mit Ehren überschüttet, wurde Kaiserlich russischer Akademiker und Hofrat, wurde geadelt und Professor. Als Mensch aber war er höchst anfechtbar. Er besaß eine unheilvolle Vielgeschäftigkeit, während ihm der das Genie erst ausmachende Fleiß, insonderheit zur Arbeit an sich selbst, mangelte. Durch seine erstaunliche Frühreife und durch sein blendendes Talent machte er viel von sich reden. Nach Reisen durch die ganze Welt schrieb er zahllose Bücher über sich immer wiederholende Themata. Er brachte Aufruhr in die gelehrte Welt durch seine gehässige und zänkische Art im wissenschaftlichen Meinungsaustausch und verscherzte sich das Wohlwollen seiner Kollegen. Durch seine Vielgeschäftigkeit war er später viel bekannter, als sein großer, aber bescheidener Vater es gewesen war. Von allen Seiten unterstützt und gefördert, wurde er doch ein Schuldenmacher, der seinem Vater schon in jungen Jahren viel Kummer machte. Er verheiratete sich früh, wurde aber bald wieder geschieden. Dabei war die Sympathie des eigenen Familienkreises aber auf Seiten der jungen Frau [78].

Große Sorge wird Klaproth in jener Zeit strenger Begriffe auch seine jüngste Tochter Charlotte Ernestine gemacht haben. Sie gab 1814, unverheiratet, in Zerbst einem Sohn das Leben. Gewiß hat sie ein halbes Jahr später den Vater des Kindes, den damaligen Hauptmann Moritz von Bardeleben geheiratet, der es in seiner weiteren Laufbahn bis zum General der Infanterie brachte und damit schließlich auch seine Frau nach derzeitigen Begriffen in eine hohe gesellschaftliche Stellung führte. Aber Klaproth hat diesen letzten guten Ausgang nicht mehr erlebt. Ja man ist versucht, vielleicht den ersten Schlaganfall, den er in jenem Jahre 1814 erlitt, und der seine Gesundheit trotz zeitweiliger Besserung für immer erschütterte, mit diesen familiären Aufregungen in einen ursächlichen Zusammenhang zu bringen.

Von den beiden anderen Töchtern war die älteste, Auguste Klaproth, unverheiratet. Sie hat sich schon früh dichterich versucht. Späterhin lebte sie in Dresden, wo sie 1856 starb [79].

Die mittlere der Schwestern, Wilhelmine Klaproth, heiratete sehr jung, 18jährig, den Bergrat Heinrich Carl Wilhelm Abich, der ein Schüler und wissenschaftlicher Freund seines Schwiegervaters war.

Aus den Ehen v. Bardeleben und Abich erwuchsen Klaproth 5 Enkelkinder, deren ältestes 11 Jahre, deren jüngstes 1 Jahr alt war, als er starb. Von ihnen starben zwei Mädchen Abich unverheiratet und kinderlos, ein Mädchen v. Bardeleben als kleines Kind.

Die beiden Enkelsöhne indessen gelangten in ihrer Laufbahn zu hohen Ehren. Hermann Abich war ein hervorragender Mineraloge und Geologe [80]. 1806 geboren, 1842 Professor der Mineralogie in Dorpat, Kaiserlich russischer Geheimer Rat, Exzellenz, Mitglied der Petersburger (1853) und auswärtiges Mitglied der Wiener Akademie, wissenschaftlicher Erforscher des Kaukasus und des armenischen Hochlandes, rastlos tätig bis zu seinem Tode in Wien im Jahre 1886, fand Klaproths Begabung in ihm die schönste Auferstehung [80]. Wenn Umlauft von ihm sagt, daß

Die

Martin Heinrich
Klaproth
* Wernigerode 1. 12. 1743
† Berlin 1. 1. 1817
Apotheker; Dr. phil. h. c.;
Prof.; Ober-Medizinalrat

C

Christiane Henriette
Klaproth
* Berlin 1. 2. 1881
† Berlin als Kind

+

Heinrich Julius
(von) Klaproth
* Berlin 11. 10. 1783
† Paris 23. 8. 1835
Orientalist; Russ. Hofrat;
Prof.
∞ ? ?
geschieden

+

Charlotte August
Klaproth
* Berlin 7. 11. 178
† Dresden 7. 12. 18
Schriftstellerin

unverheiratet

+

Clementine
Abich
* ?
† (nach 1866)

unverheiratet

+

Rosanna
Abich
* ?
† (nach 1873)

unverheiratet

+

Wilhelm Hermann
Abich
* Berlin 11. 12. 1806
† Wien 1. 7. 1886
Geologe und Mineralog
Dr. phil.; Prof.; Kais
russ. Geh. Rat, Exz.
∞
Adelaide
v. Hess
* ?
† (nach 1896)
kinderlos

+

Christiane Sophie
Lehmann
* Berlin 25. 6. 1748
† Berlin 1803

. Wilhelmine
aproth
30. 3. 1787
nz (nach 1856)

∞

Carl Wilhelm
.bich
eig (?) 4. 12. 1772
(?) 1844
ergrat

Sophie Henriette
Klaproth
* Berlin 17. 10. 1788
† Berlin 26. 10. 1788

\+

Charlotte Ernestine
Klaproth
* Berlin 26. 4. 1790
† Koblenz 10. 2. 1868

∞ Berlin 21. 9. 1814

Karl Moritz Ferdinand
v. Bardeleben
* Prenzlau 7. 7. 1777
† Koblenz 14. 2. 1868
General der Infanterie
Gouverneur von Koblenz

Heinrich Albert Moritz
v. Bardeleben
* Zerbst 11. 2. 1814
† Berlin 8. 1. 1890
Wirkl. Geh. Rat, Exz.,
Ober-Präsident
der Rheinprovinz

unverheiratet

\+

Henriette Juliane Hermine
v. Bardeleben
* Berlin 16. 8. 1816
† Berlin 4. 4. 1817

\+

er, „von den großen gelehrten Körperschaften Europas mit Ehren und Auszeichnungen überhäuft, eine Zierde des Gelehrtenstandes gewesen ist, von tiefernstem, gediegenem Sinne, ein würdiger Vertreter wahrer und strenger Wissenschaft", so erkennen wir, daß er in mehr als einer Hinsicht seinem Großvater glich. Kinderlos verheiratet, erlosch in ihm die der Wissenschaft verbundene Nachkommenschaft Klaproths.

Um vier Jahre wurde Hermann Abich überlebt von seinem einzigen Vetter Moritz v. Bardeleben, der als Sohn von Charlotte Klaproth und dem späteren General Moritz von Bardeleben der zweite Enkel Martin Heinrich Klaproths war. Wirklicher Geheimer Rat, Exzellenz, Oberpräsident der Rheinprovinz, repräsentierte er wohl mehr die Eigenschaften der väterlichen Familie, als der seines gelehrten Großvaters. Als er am 8. Januar 1890 in Berlin starb, ging der letzte Nachkomme Klaproths aus dieser Welt.

Als armer Schneidersohn in der untersten sozialen Schicht seiner Zeit war Klaproth geboren worden. Als Geheime Räte und Exzellenzen, auf der höchsten gesellschaftlichen Stufe ihrer Zeit, starben seine beiden Enkel.

(V, 8; VII, 5, 6b; VI, 18)

11. Tod

Am Neujahrstag 1817 ist Klaproth, nach mehreren Schlaganfällen schon lange Zeit leidend, in seiner Dienstwohnung im Laboratoriumsgebäude der Akademie der Wissenschaften, Letzte Straße (spätere Dorotheen-, jetzige Klara-Zetkin-Straße) Nr. 7 (heutige Nr. 10) gestorben [81].

Prof. Trommsdorff machte als einer der ersten der wissenschaftlichen Welt davon in seinem Journal Mitteilung (V, 25), indem er seine Ausführungen mit den Worten begann:

„Der erste Tag des laufenden Jahres hat uns eines Mannes beraubt, dem die Wissenschaft und besonders die Chemie unendlich viel schuldet, dessen Verdienste allgemein bekannt sind, und dessen bedeutende Entdeckungen ihm die Palme der Unsterblichkeit gesichert haben."

Klaproth wurde auf dem Berliner Friedhof vor dem Oranienburger Tor (jetzt Chaussee Straße 126) beigesetzt. „Sein langjähriger Freund und Kollege Herr Geheimerath Hermbstaedt, hielt am Sarge eine Rede und Sänger begleiteten den Leichnam zum offenen Grabe."

So allgemein in der wissenschaftlichen Welt die Teilnahme an seinem Tode war, so wenig hat die Nachwelt getan, seiner Ruhestätte die schuldige Ehrfurcht zu erweisen und sie in dankbarer Anerkennung seiner vielfältigen Leistung zu erhalten und zu pflegen. Die Grabstätte ist nicht mehr vorhanden und ihre Lage auf dem Friedhof nicht mehr nachzuweisen.

12. Zeittafel über Klaproths Lebenslauf

1. Dez. 1743	Geburtstag
Ostern 1755 bis Ende 1758	Schüler der Oberschule in Wernigerode
Ostern 1759 bis Ostern 1764	Lehrjunge der Rats-Apotheke in Quedlinburg
Ostern 1764 bis Ostern 1766	Geselle der Rats-Apotheke in Quedlinburg
Ostern 1766 bis Ostern 1768	Geselle der Hof-Apotheke in Hannover
Ostern 1768 bis Michaelis 1770	Geselle der Mohren-Apotheke in Berlin
Michaelis 1770 bis März 1771	Geselle der Rats-Apotheke in Danzig
März 1771 bis 28. April 1771	Geselle der Schwan-Apotheke in Berlin
29. April 1771 bis 1780	Provisor der Schwan-Apotheke in Berlin
1780 bis 1800	Besitzer der Bären-Apotheke in Berlin
1800 bis 1. Januar 1817	Ordentlicher Chemiker der Akademie der Wissenschaften in Berlin
1810 bis 1. Januar 1817	Ordentlicher Professor der Chemie an der Universität in Berlin
1. Januar 1817	Todestag

II. KLAPROTHS LEISTUNG

1. Apotheker

Der Pharmazie wird eine ganze Anzahl von großen Gelehrten zugerechnet, die kaum Anspruch darauf haben, weil sie nur über die Grundausbildung des Apothekers verfügten oder den praktischen Beruf doch so frühzeitig verließen, daß sie damit gerade eine anderweitig engere Bindung dokumentierten. Bei Klaproth hat sie indessen das Recht, ihn ganz als den ihren zu betrachten. Er hat 42 Jahre lang der praktischen Pharmazie angehört. Davon war er 9 Jahre lang Apothekenverwalter und 20 Jahre lang Apothekenbesitzer. Er hat auch selbst niemals verleugnet, daß er Apotheker war.

Hätte er auch nichts speziell Pharmazeutisches geleistet, so hätte ihm die Pharmazie doch die Hebung ihres wissenschaftlichen Ansehens auf eine relativ weder vorher noch nachher erreichte Höhe lediglich durch sein Bekenntnis zu ihr zu danken.

Als praktischer Apotheker ließ er durch seine Arbeit von bis dahin unbekannter Exaktheit die wissenschaftliche Welt aufhorchen. Im Apothekenlaboratorium machte er die für damalige Verhältnisse erstaunlichen Entdeckungen. In ihm schuf er damit wichtige Grundlagen für die Weiterentwicklung der Chemie, also nicht nur für seine begrenzte Berufswissenschaft — um die sich so viele tüchtige Pharmazeuten seiner Zeit mühten — sondern für eine Wissenschaft, von der man bereits erkannte, daß sie für alles irdische Sein und Werden von ausschlaggebender Bedeutung sei. Welches Licht mußte es nicht damals auf die Pharmazie werfen, daß sie — wie schon in Scheele — einen Mann von so großer wissenschaftlicher Weltgeltung wie Klaproth nicht nur hervorbringen, sondern auch neben seiner wissenschaftlichen Arbeit und bei allen Erfolgen in ihr weiter fesseln konnte.

Klaproth war nicht nur nach seinem Werdegang Apotheker. Er ist auch in wissenschaftlicher Hinsicht ausschließlich von Apothekern und Pharmazeuten ausgebildet und beeinflußt worden. Der Grundzug seiner von der damaligen Einstellung so abweichenden wissenschaftlichen Auffassung der qualitativen wie quantitativen Genauigkeit ist ohne Zweifel nicht zum kleinen Teil auf seine lange pharmazeutische Laufbahn zurückzuführen. Es erscheint bemerkenswert, daß die beiden großen Chemiker jener Zeit, bei denen „Gewicht und Waage" in einem unverrückbaren Mittelpunkt ihres Denkens und ihrer Forschung standen — Klaproth in Deutschland, Proust [115] in Frankreich — der Apotheke verbunden waren. Der eine in langer beruflicher Laufbahn, der andere in ihr aufgewachsen und ausgebildet, bevor er sich rein chemischen Aufgaben zuwandte.

Der unmittelbarste Einfluß, den Klaproth als Apotheker auf die Pharmazie ausüben konnte, mußte von seiner Apotheke ausgehen und von seiner Stellung unter den Berufsgenossen. Dort konnte er mit beispielhafter und vorbildlicher Arbeit und Haltung zugleich eine Wirkung in die Weite erzielen. Da er Apothekenrevisor und Examinator war, erscheint es natürlich, daß in dem einen Falle die Art seines Betriebes, im anderen seine Berufsauffassung gewissermaßen zur Richtschnur für alle Apotheken und Apotheker Preußens wurde.

Wir wissen in dieser Hinsicht allerdings nicht allzuviel über Einzelheiten seines Verhaltens. Aus den Angaben der Gedenkrede auf ihn, die Fischer in der Akademie der Wissenschaften hielt (V, 12), geht aber hervor, daß Klaproth nach der Meinung seiner Umwelt ein Apotheker bester Art war. Sein Betrieb unterstand auch in der Zeit, als er von seinen vielen Ämtern und wissenschaftlichen Arbeiten sehr in Anspruch genommen wurde, stets seiner persönlichen Aufsicht und Leitung. Er war „das Muster einer vortrefflichen und mit strenger Gewissenhaftigkeit verwalteten Apotheke". Bei der Übernahme durch Klaproth verschuldet, gehörte sie bald zu den größeren Apotheken Berlins, in der neben den Lehrburschen zwei Gesellen und ein Provisor beschäftigt wurden. Zu Ende des Jahrhunderts war sie die größte (VI, 2).

Auf die Ausbildung von Apothekern hat Klaproth als Hochschullehrer nur in geringem Maße durch seine Lehrtätigkeit am Collegium medico-chirurgicum und an der Universität Berlin direkt einwirken können. Aber den in seiner Apotheke tätigen Lehrlingen und Gehilfen widmete er einen besonderen Unterricht, an dem bisweilen auch andere junge Pharmazeuten — wie Willdenow — teilnahmen. Er versuchte, seine Angestellten auf jede Weise zu fördern und ihnen in ihrem Fortkommen behilflich zu sein. Waren in der von ihm verwalteten Apotheke „Zum weißen Schwan" schon Huber [72], Rose [44] und Bindheim [48], Merck [41] und Lichtenberg [39] seine Schüler gewesen, so haben in seiner eigenen Apotheke nachher Gehlen [82], Schrader [83], Peschier [84], Catel [85] gearbeitet [72].

Allen diesen hat er in der Apotheke und als Apotheker unmittelbar und in höherem Maße Lehrer sein können, als den Pharmaziestudierenden, die seine Vorlesungen am Collegium medico-chirurgicum und der Universität hörten oder vielleicht auch seine privaten Vorträge, die sonst für das bildungshungrige Berliner Publikum bestimmt waren, besucht haben mögen. Daß alle vorher Genannten sich zu Apothekern entwickelten, die in irgendeiner Weise den Durchschnitt überragten, und späterhin sichtbar zur Förderung der Pharmazie beitrugen, zeigt, wie Klaproth es offenbar verstanden hat, seine vertrauteren Schüler für Beruf und Wissenschaft zu begeistern. Sie gestalteten ihr wissenschaftliches Streben und ihre spätere Berufsausübung nach den von ihm empfangenen Anregungen. Der Einfluß ihres Lehrers wirkte weiter in dem Unterricht oder der Belehrung, die sie später ihren eigenen Schülern erteilten. Es ist bezeichnend für Klaproths Bindung an die Pharmazie, daß es nur wenige bedeutende direkt aus seiner Schule hervorgegangene reine Chemiker gibt. Auch der größte seiner Schüler, Heinrich Rose [45], der als Student noch seine erste wissenschaftliche Prägung von ihm erhielt und später als bedeutender Analytiker in Klaproths besonderem Arbeitsgebiet sich hervortat, war zunächst Pharmazeut.

Klaproths enge Bindung an die praktische Pharmazie wird auch dadurch deutlich, daß sich sehr bald nach der Übernahme des eigenen Betriebes seine Mitarbeit in der Berufsvertretung der Berliner Apotheker nachweisen läßt. Er zählte nicht zu jenen Repräsentanten der Wissenschaft, die mit wachsendem Rufe sich auch innerlich immer weiter von der Praxis trennen, um am Ende nicht mehr gern an die ehemalige Zugehörigkeit zum Apothekerstande erinnert zu werden. Er unterschlug bei der Herausgabe seiner gesammelten wissenschaftlichen Abhandlungen keineswegs die Berufsbezeichnung des „Apothekers“ neben allen seinen sonstigen Würden. Und er dünkte sich auch nicht zu gut, den Vorsitz der „Apotheker-Conferenz“, der Vorgängerin des Berliner Apothekervereins, 1796 zu übernehmen, als er bereits auf der Höhe seines Ruhmes stand. Es war für ihn kein Anlaß, die Leitung dieser Korporation niederzulegen, als er, Obermedizinal- und Sanitätsrat und Professor, Mitglied und ordentlicher Chemiker der Akademie der Wissenschaften und Gelehrter von Weltruf, im Jahre 1800 seine Apotheke verkaufte, um fortan hauptberuflich nur noch seiner Wissenschaft zu dienen. Er wollte mit dem praktischen Berufe, in dem er gewachsen war und fest wurzelte, verbunden bleiben. Noch bis 1806 hat er sein Amt als Vorsitzender der Conferenz ausgeübt. Die von Alfred Adlung veröffentlichte Geschichte des Berliner Apothekervereins (VI, 3) zeigt, daß er keineswegs nur als repräsentative Figur an den Sitzungen teilnahm. Er hat bei wichtigen Fragen handelnd mitgewirkt und dabei nicht nur seine Erfahrung, sondern auch seine hohen Qualitäten als Mensch zum Einsatz gebracht. Doch auch noch später hat er gezeigt, daß er sich der praktischen Pharmazie eng verbunden fühlte.

Durch den Apothekergesellen Möbius, aus Sachsen stammend, war 1796 eine „Pharmazeutische Gesellschaft“ in Berlin gegründet worden, die der Fortbildung der jüngeren Berufsangehörigen dienen sollte. Nach Krünitz-Flörke waren „in einem angemessenen Lokale Bücher und Sammlungen der Gesellschaft aufgestellt, und an den Ausgehtagen fanden sich die Mitglieder daselbst ein, um sich gegenseitig über ihr Fach zu unterhalten. Auch wurden in den Frühstunden von dazu angestellten Lehrern Unterricht in der Chemie, Botanik und in anderen Fächern erteilt, und die Mitglieder der Gesellschaft hielten alle acht Tage ein Examinatorium unter sich, wo ein Abschnitt aus einem Lehrbuche der Pharmazie durchgenommen wurde“ (VI, 86).

Bis auf Flittner [86], der seinen Angestellten die Teilnahme verbot, wurde die Vereinigung von allen Berliner Apothekenbesitzern gefördert.

Valentin Rose, Jeremias Benjamin Richter [87], Ferdinand Schwanfeld [88] u. a. stellten sich für Vorträge zur Verfügung. Bis zu seinem Tode im Jahre 1807 wurde die Gesellschaft von Rose als „Direktor“ geleitet. Nach ihm übernahm Professor Klaproth den Vorsitz. Er gab damit der Vereinigung nicht nur ein besonderes Ansehen, sondern er dokumentierte hier in seinem Alter noch einmal vor aller Öffentlichkeit, daß er sich auch auf der Höhe seines wissenschaftlichen Ruhmes als ein „Apotheker“ fühlte, der sich für die Fortbildung des pharmazeutischen Nachwuchses verantwortlich wußte.

Daß er nicht zum einseitigen analytischen Chemiker erstarrte, sondern auch persönlich den Grundlagen der eigentlichen Pharmazie weitgehend ein methodisches Interesse entgegenbrachte, beweisen schließlich das große Herbarium, das er anlegte, und seine pharmakognostische Sammlung, die u. a. so seltene Stücke enthielt, wie einen goldgefaßten Bezoarstein vom malakkischen Stachelschwein. Beide Sammlungen (neben einer mineralogischen und einer von chemischen Präparaten, die Klaproth für Lehrzwecke angelegt hatte) erwähnt Nicolai 1786 ausdrücklich unter den Sehenswürdigkeiten Berlins (VI, 107).

Vielleicht darf hier bei der Erwähnung seiner Sammlungen die Mitteilung über eine weitere Sammlung eingeschaltet werden, die uns aus dem Briefwechsel Niebuhrs überliefert worden ist, obgleich sie nicht die pharmazeutische Arbeit Klaproths betrifft. Sie zeigt deutlich, wie weit seine Interessen über die eines einseitigen Fachgelehrten hinausgingen und sich auch auf kunstgeschichtliches Gebiet erstreckten. Seine allgemein geschichtliche Neigung fällt ja bei vielen seiner Abhandlungen, die mit historischen Erörterungen beginnen, auf. Sie tritt auch in zahlreichen chemischen Untersuchungen antiker Gegenstände zu Tage, wobei Klaproth als einer der ersten einen Weg beschritt, den nach ihm andere zur Erforschung der antiken Kultur erfolgreich weitergingen. Niebuhr [89] schreibt am 2. Oktober 1812 in einem Briefe, der nicht nur eine Besichtigung, sondern offenbar auch das Ergebnis einer geschichtlich-chemischen Unterhaltung mit Klaproth schildert, folgendes:

„Ich habe hier eine Sammlung von antiken Kunstwerken gesehen, die ganz einzig ist. Klaproth, dem sie gehört und der sie zusammengebracht hat, ist mit allen Dingen so bescheiden, daß ich jetzt jedermann eine Neuigkeit mit ihrem Daseyn erzähle. Es ist antike Glasarbeit; theils Mosaik; theils durchsichtiges, theils dunkeles Glas von den allerschönsten Farben. Zwei Stücke von einer sonderbaren Gestalt sind aus Guinea gekommen, wo sie Negerfürsten als Scepterspitzen gedient haben; es leidet nicht den geringsten Zweifel, daß sie dorthin von Carthago gekommen seyn müssen. Er hat ferner Stücke von Metallspiegeln, worin gerade dasselbe Verhältniß ist, wie in dem Herschelschen Teleskope. Die Griechen waren keine chemischen Künstler, und die Römer darin völlig unwissend: daher wir nur durch Analyse und Anschauung einsehen können, wie wir, selbst hier, hinter den Alten zurückstehen. Noch sonderbarer: manche chemische Bereitungen, Farben z. B., waren im sechszehnten Jahrhundert noch durch Tradition und als Geheimnis erhalten, und sind jetzt verloren, und schienen unschätzbar. Die Wissenschaft gewinnt jetzt so sehr, aber sie ist der Kunst ganz fremd geworden“ (VI, 109).

In welcher Weise hat nun Klaproths wissenschaftliches Bemühen die Pharmazie beeinflußt?

Will man die mittelbare Wirkung seiner allgemein-chemisch-wissenschaftlichen Arbeit auf die Pharmazie unberücksichtigt lassen, so könnte es scheinen, als ob man ihm spezielle pharmazeutisch-wissenschaftliche Verdienste fast nicht zusprechen könne. Die Zahl seiner eigentlich pharmazeutischen Abhandlungen ist im Verhältnis zu seinen chemischen Arbeiten nicht groß. Seine erste Veröffentlichung überhaupt (IV, A, 1), die den Kopal betrifft, kann im erweiterten Sinne als pharmazeutisch bezeichnet werden. Wenn auch Kopal selbst kaum medizinische Verwendung gefunden hat, so gibt Klaproth doch (nach dem Wissen seiner Zeit) mit der Untersuchung das Musterbeispiel für eine Analyse der damals pharmazeutisch sehr wichtigen Harze schlechthin. Die Experimental-Arbeit zeigt, daß Klaproth sich damals offenbar noch nicht auf mineralogisch-chemische Untersuchungen spezialisiert hatte. Sie läßt aber die ihn später so auszeichnende methodische Behandlung seiner Aufgabe, ihre exakte Durchführung in allen Einzelheiten, besonders jedoch seine quantitative Arbeitsweise und die Erkenntnis von der Wichtigkeit reinster Agentien schon überraschend deutlich werden. Sie stellte als Anfänger-Arbeit eine beachtenswerte Leistung dar, wenn sie natürlich auch nach dem Wissensstande der Zeit rein chemische Ergebnisse nicht erbrachte. Klaproth konnte indessen, Lehmann [90] widerlegend, erstmalig nachweisen, daß nur das Schmelzprodukt des Kopals in Terpentinöl löslich ist — was für die Lackfabrikation von Wichtigkeit war — und er erkannte, wieder im Gegensatz zu Lehmann, daß es sich beim Kopal nicht um ein „Erdharz" handelt, sondern um ein vegetabilisches Produkt (VI, 56).

Von seiner Examensarbeit, die als zweite Veröffentlichung (IV, A, 2) von ihm gedruckt wurde, ist nur der letzte Teil „von den destillierten Wässern" als ausgesprochen pharmazeutisch zu bezeichnen. Er ist ohne größere Bedeutung.

Wie aber seine Bedeutung für die Chemie nicht in seinen einzelnen — wenn auch noch so wichtigen — Entdeckungen liegt, sondern in den von ihm geschaffenen grundsätzlichen Voraussetzungen, die diese Entdeckungen erst ermöglichten, so hat man auch den Einfluß dieses großen Apothekers auf die wissenschaftliche Pharmazie von höherer Warte aus zu würdigen.

Unter den wenigen rein pharmazeutischen Einzelarbeiten befindet sich eine, der wir eine prinzipielle Wichtigkeit beilegen müssen. Sie greift, am Beispiel grundsätzlich und erstmalig klärend, in ein Gebiet hinein, das für den Apotheker vor und zu seiner Zeit von relativ ebenso großer Bedeutung war, wie das Spezialitätenwesen unserer Tage: Sie traf die damaligen „Geheimmittel" am Lebensnerv.

Es ist ein verbreiteter Irrtum, daß die Arzneispezialität im Zeitalter der Industrialisierung geboren sei. Schelenz (VI, 117) versuchte darzutun, daß bereits in Babylon und im alten Ägypten der Nimbus des Geheimnisvollen, der bis in unser Zeitalter hinein gerade im Gebiete der Heilkunde die Menschen suggestiv beeinflußt, zum Vertrieb von medizinischen Geheimmitteln geschäftlich ausgenutzt wurde. Daß dies weitgehend im Imperium Romanum geschah, ist unzweifelhaft. Für die spätere Zeit, vom Mittelalter bis in die Neuzeit, läßt sich ein ausgedehnter Geheimmittelhandel in allen Ländern Europas nachweisen. Gerade weil der Vertrieb dieser Präparate, entweder durch die sie komponierenden Ärzte selbst oder durch Marktschreier, außerhalb der Apotheken erfolgte, wurden diese nicht nur materiell geschädigt, sondern auch in der Erfüllung ihrer eigentlichen Aufgabe im höheren Sinne behindert.

Vom Apotheker wurde eine präzise Arbeit nach den allgemein bekannten, also keineswegs geheimen Vorschriften der Dispensatorien und späterhin der Pharmacopoeen streng gefordert. Die Einzelbestandteile beispielsweise des Theriak hatte er häufig vorher zur Schau zu stellen und durfte sie dann nur unter Oberaufsicht weiter zum Präparat verarbeiten. Dabei blühte aber, teilweise unter dem Schutz von landesherrlichen Privilegien, außerhalb der Apotheken ein Handel mit geheimnisvollen, unkontrollierbaren Mitteln, die zu den Forderungen, die an Apothekenpräparate gestellt wurden, in schreiendem Gegensatz standen.

Gewiß handelte es sich zunächst häufig um Arcana, die anfänglich direkt vom Hersteller — wenn auch oft im Umherziehen — an Ort und Stelle an den Verbraucher abgegeben wurden. Aber schon frühzeitig, steigend mit der Besserung der Verkehrswege und der wachsenden Möglichkeit zur Propaganda durch den Druck, entstanden in allen Staaten Europas Unternehmen, die den Vertrieb erfolgreich in großem Maßstabe durchführten. Man kann für das 17. und 18. Jahrhundert geradezu von einer Blütezeit im Großhandel mit Geheimmitteln sprechen.

Das „Franckesche Waisenhaus" in Halle beispielsweise, das sich, in Nachahmung älterer Klosterbetriebe, um die Wende zum 18. Jahrhundert eine „Medikamentenexpedition" angliederte (VI, 140), führte mit der Zeit für seine Präparate eine so wohldurchdachte Propaganda in moderner Art durch, daß es den Weltmarkt für sie eroberte. Werbe- und Vertriebsreisende wurden schon zu Beginn des 18. Jahrhunderts in fremde Länder entsandt. Reklameschriften in Form von umfangreichen wissenschaftlich anmutenden Büchern wurden von der geschäftstüchtigen frommen Stiftung nach und nach in fast allen Kultursprachen herausgegeben. Sie brachten — ohne Erklärung der geheimgehaltenen Zusammensetzung — eine Beschreibung der Präparate und ihrer Wirkung bei den einzelnen Krankheiten. Dadurch dehnte sich der Vertrieb nicht nur erfolgreich auf alle Länder Europas aus; auch in Amerika, Asien und Afrika fanden sich gläubige Abnehmer, die willig die nicht gerade niedrigen Preise bezahlten. Die Mystik, mit der alle diese Mittel umgeben, die angeblichen Erfolge, die mit ihnen erzielt wurden, der Anklang den sie beim leicht überzeugten Publikum fanden, führten bisweilen zu ungerechtfertigt hoher Honorierung ihrer Erfinder, wenn man diesen Ausdruck hier gebrauchen darf. Mehrfach fanden sich Landesherren oder Regierungen bereit, Rezepte für solche Wundermittel für hohe Geldbeträge und Titelverleihungen anzukaufen, um sie dann durch die Preisgabe ihrer Zusammensetzung der Allgemeinheit zur Verfügung stellen zu können.

So war die Situation zur Zeit Klaproths. Bei seiner ablehnenden Haltung gegenüber den vielfach mystischen Anschauungen seiner Epoche, seiner strengen Auffassung von Redlichkeit und Treu und Glauben, seiner Überzeugung von den besonderen Berufspflichten des Apothekers und seinem unbestechlichen Streben nach Wahrheit und Klarheit in wissenschaftlicher Hinsicht, hätte das Geheimmittelwesen ihn reizen können, seine analytischen Fähigkeiten und Erfahrungen zur Entlarvung des ganzen Schwindels anzuwenden.

Mit einer gewissen Wahrscheinlichkeit dürfen wir ihm eine mit K. unterzeichnete scharfe Stellungnahme gegen die Arcana zuschreiben, die 1784 in den Berliner „Allerneusten Mannigfaltigkeiten" (IV, A, 4) erschien. Er hat auch eine Anzahl von Untersuchungen solcher Mittel durchgeführt. Bei diesen identifizierte er das wundertätige „Luftsalz" des Baron Hirsch im Zusammenhang mit der Semlerschen Goldmacherei als harmloses Bitter- und Glaubersalz. Das zu einem Wucherpreise angebotene „Pneumalkali" von Samuel Hahnemann, dem Begründer der Homöopathie, erkannte er als gewöhnlichen Borax, und das Wundermittel des Herrn della Lena, das den phantastischen Namen „Heiliger Anker in aller Not und Trübsal" trug, als geröstetes Pulver von Tremella Nostoc, die dazu gehörigen Tropfen als Lösung von Kaliumazetat und Kaliumkarbonat in Weingeist und Wasser. In den Sitzungen der

Hufelandischen Gesellschaft, also vor einem Forum, das in der Mehrzahl aus Ärzten bestand, hat Klaproth gleichfalls verschiedentlich über Geheimmittel berichtet. (Vgl. S. 92.) Aber den Kampf gegen das Unwesen in großem Maßstabe aufzunehmen, wäre ohne Beeinträchtigung seiner ihn später voll erfüllenden chemischen Forschungsarbeit kaum möglich gewesen. Sein großes wissenschaftliches Ziel hätte sich dadurch verrückt.

In der Zeit der ersten öffentlichen Wirksamkeit Klaproths löste sich nun das Rätsel eines solchen Geheimmittels, das länger als ein halbes Jahrhundert Ärzte und Kranke in ganz Europa beschäftigt hatte. Der letzte Besitzer der Herstellungsvorschrift für die „Bestuscheffschen Nerventropfen“ verkaufte das Rezept 1781 für 3000 Rubel an die Kaiserin Katharina II. von Rußland. Damit wurde es zugunsten der Allgemeinheit veröffentlicht.

Für Klaproth war die Problematik des Mittels durch die Bekanntgabe seiner Herstellungsweise aber noch nicht gelöst. 1782 berichtete er über die märchenhafte Geschichte des Präparates. Er gab mit der chemischen Untersuchung, mit der Feststellung, daß die verhältnismäßig einfache und vernünftige Arznei erst durch überflüssiges Beiwerk zu einem mystischen Geheimmittel gestempelt worden war, und mit der Ausarbeitung einer brauchbaren Vorschrift für zukünftige Bereitung ein klassisches Musterbeispiel dafür, wie die Geheimmittelfrage allein durch wissenschaftliche Methoden, wie er sie lehrte, zu lösen sei. Damit hat er wegweisend mehr geleistet, als wenn er etwa Reihenuntersuchungen vieler Geheimmittel durchgeführt hätte.

Aus der sonderbaren Geschichte dieser interessanten Arznei — habent sua fata arcana — teilt Klaproth mit (IV, A, 3), daß sie 1725 von dem russischen Grafen Alexander von Bestuscheff, Gesandtem im Kopenhagen, der sich liebhaberisch mit der Chemie der Eisensalze beschäftigte, entdeckt bzw. zusammengestellt worden sei. Sein Gehilfe Lembke habe dann die — ihm offenbar nicht ganz genau bekannte — Vorschrift an den Franzosen de la Motte verkauft. Dieser vertrieb nunmehr das Präparat, nicht völlig identisch mit dem von Bestuscheff, als eigene Erfindung in großem Maßstabe. Dabei verschaffte er ihm einen so anerkannten Ruf, daß es im Interesse der Allgemeinheit unentbehrlich erschien. Ludwig XV. privilegierte deshalb de la Motte den Alleinvertrieb des Mittels, das von ihm als „Elixir d'or“, das Lotglas für 1 Louisdor, verkauft wurde, und gewährte ihm obendrein eine Pension von 4000 Livres jährlich. Das Geheimnis der Zusammensetzung brauchte er nicht preiszugeben. Mit seinem Tode ging die Vorschrift verloren. Es entstanden, durch Name, Farbe und Preis des echten Präparates bedingt, angeblich goldhaltige Nachahmungen, die weiter als „Lamottes Goldtropfen“ unter anderen auch von einem so berühmten Apotheker und Chemiker wie Antoine Baumé [92] in den Handel gebracht wurden.

Inzwischen fabrizierte Bestuscheff (der dann 1766 starb) seine „Tinctura tonico-nervina“ in Zusammenarbeit mit dem späteren Petersburger Professor Johann Georg Model [93] unabhängig von den französischen Nachahmungen weiter. Model hinterließ bei seinem Tode die Vorschrift seinem Neffen, dem Petersburger Apothekendirektor Gottfried Winterberger [94], der sie Katharina II. zur Verfügung stellte.

Klaproth zeigte mit diesem Bericht beispielhaft — und das ist das Wesentliche —, wie durch die mystische Glorifizierung einer einfachen Arznei ihr Vertrieb auf Kosten der wundergläubigen Kranken zu einer ungerechtfertigten Bereicherung des Herstellers führt. Er wies ferner nach, daß lediglich die Unkenntnis der chemischen Vorgänge, die ohne Not und zur Täuschung kompliziert wurden, solche Ausnutzung der Allgemeinheit ermöglichte.

Er fand, daß es sich bei dem auf überflüssig-umständlichen Umwegen hergestellten Präparat lediglich um eine mit Spiritus verdünnte Auflösung von Eisenchlorid in Aether handelte. Diese Zubereitung, die mit der von ihm erarbeiteten kurzen und klaren Vorschrift als einziges wirklich neues Präparat mit der Bezeichnung Spiritus sulphurico-aethereus martiatus in die erste Pharmacopoea Borussica einging und von den Arzneibüchern fast aller Staaten alsbald übernommen wurde, findet sich — in etwas abgeänderter Zusammensetzung — als Tinctura Ferri chlorati aetherea u. a. noch in dem jetzt gültigen Deutschen Arzneibuch. Die Bedeutung von Klaproths — uns heute vielleicht simpel erscheinender — Feststellung läßt sich natürlich nur am damaligen Wissensstande messen. Im nüchternen und klaren Urteil war Klaproth dabei weit seiner Zeit voraus.

Seine Erkenntnis, daß Eisenchlorid in gleicher Weise wie im Aether auch in Estern löslich ist, führte ihn später (1801, Hufelands Journal I, 185) zur Ausarbeitung einer Vorschrift für eine Tinctura Ferri acetici aetherea. Sie wurde aus der 2. Ausgabe der Pharmacopoea Borussica gleichfalls in die Arzneibücher vieler anderer Staaten übernommen.

Klaproth trug so zur wegweisenden und international wirksamen Klärung der Zusammensetzung von Präparaten bei, die durch die Wandlung der Therapie in den letzten Jahrzehnten allerdings jetzt nur noch historisches, kaum mehr medizinisches Interesse beanspruchen. Zu ihrer Zeit aber wurden sie als eine Bereicherung des Arzneischatzes empfunden. Gehlen sagt darüber 1803: „Die Tinctura Ferri acetici Klaprothi wird in Berlin sehr stark gebraucht. Denn es gibt kein Eisenmittel, welches in gleichem Grade wirksam und angenehm ist."

Daneben fallen Klaproths sonstige als pharmazeutisch zu bezeichnende Arbeiten nicht sonderlich ins Gewicht. Er hat mehrfach Heilquellen (z. B. Imnau, Riepoldsau) analysiert, hat insbesondere die von Carlsbad untersucht und eine Vorschrift zur Herstellung von künstlichem Carlsbader Brunnen ausgearbeitet. Er hat sich mit dem „Gummi" der Ulme, dem Zucker des Johannisbrotbaums und mit der Himmels-Manna von Sizilien beschäftigt. In der Hufelandischen Gesellschaft hat er noch in seinen letzten Lebensjahren (vgl. S. 92) mehrfach rein pharmazeutische Themen in Vorträgen behandelt. Aber alle diese Arbeiten sind doch ohne größere wissenschaftliche Bedeutung.

Weit über solche spezielle Wirksamkeit hinaus ragt indessen Klaproths maßgebliche Mitarbeit an der 1799 erschienenen ersten Pharmacopoea Borussica. Denn sie diente (wie späterhin ihre Neuausgaben) für die Entwicklung der Arzneibücher in den deutschen Einzelstaaten und weiterwirkend auch in außerdeutschen Ländern in den nächsten Jahrzehnten als anerkanntes Muster. Das nur zwei Jahre später erschienene Oldenburger Arzneibuch von 1801 stellt im Vorwort fest (VI, 5; VI, 110), daß es bei den Praeparata und Composita zum großen Teile der Pharmacopoea Borussica gefolgt sei und ihre meisten Vorschriften „ob exactum earum concinnitatem“ übernommen habe. Das ist nur ein frühes Urteil von vielen späteren und nur eine Anerkennung von zahlreichen folgenden. 1802 wurde die Pharmacopoea Borussica „in sämtlichen Hessen-Darmstädtischen Ländern“ für verbindlich erklärt (VI, 5). Von der 1805 erschienenen Pharmacopoea Danica sagt der Rezensent im „Berlinischen Jahrbuch für Pharmazie“, daß sie „eine bloße, größtenteils wörtliche Copie der Preußischen“ sei.

Aus allem ist ersichtlich, wie man in Fachkreisen sofort mit richtigem Verständnis empfand, daß mit diesem preußischen Arzneibuch etwas grundsätzlich Neues und Vorbildliches geschaffen worden war. Im einzelnen ist nicht mehr genau zu klären, wie groß im ganzen Klaproths Anteil an der Gestaltung des Werkes ist. Für die Herausgabe des Arzneibuches war von der Regierung eine Kommission berufen worden (VI, 17), die aus Obermedizinalrat Sprögel, Geheimrat Meyer, Leibmedicus Formey [95], Obersanitätsrat Hermbstaedt, Professor Klaproth, Generalstabsmedicus Riemer [96] und Assessor Rose bestand. Die Aufgabe dieses Gremiums bestand aber wohl nur in der Approbation des ihr von Formey und Klaproth vorgelegten Werkes. Dabei wird sich die Mitwirkung Formeys, der Arzt und nicht Pharmazeut oder Chemiker war, im Wesentlichen auf die Beratung bei der Auswahl der aufzunehmenden Mittel und vielleicht bei der Überprüfung der Vorschriften für die Composita beschränkt haben. Als eigentlicher Verfasser und Gestalter des Buches muß Klaproth gelten. Außer ihm arbeiteten als Pharmazeuten zwar Hermbstaedt und Rose mit. Rose war in jeder Hinsicht ein Schüler Klaproths, und auch Hermbstaedt achtete, wie feststeht, den erheblich älteren Kollegen als Vorbild und unbedingte Autorität. Es ist deshalb anzunehmen, daß bei der Gesamtgestaltung Klaproths Einfluß überwiegend und ausschlaggebend gewesen ist und auch bei den speziellen Beiträgen der beiden anderen seine Ansicht doch mittelbar zum Ausdruck kam.

Über die prinzipielle Bedeutung der Wandlung im Arzneibuchwesen, die mit dieser, vor allem also Klaproth zu dankenden, Pharmacopoea Borussica des Jahres 1799 ihren Anfang nahm, äußert sich Urdang in treffender Weise (VI, 144). Er sagt: „Bis dahin waren die Arzneibücher in der Hauptsache lediglich Vorschriftensammlungen. Wenn auch einzelne bereits Wert auf eine Beschreibung der in ihnen aufgeführten Arzneimittel legten, so kann ihnen doch eine wissenschaftliche Bedeutung nicht zugesprochen werden. Dies wurde anders, als gegen Ende des 18. Jahrhunderts eine Reihe hervorragender Apotheker auf dem Gebiete der pharmazeutischen Chemie die wissenschaftliche Pharmazie zu Ehren gebracht hatten. Was sie auf diesem Gebiet geleistet haben, findet seinen Niederschlag in den meisten Arzneibüchern des 19. Jahrhunderts und ist die Grundlage für die Arzneibücher der Gegenwart.“ Das fand, wie hinzuzufügen ist, seinen ersten Ausdruck im Klaprothschen Arzneibuch, mit dem, wieder nach Urdang, „ein neues Zeitalter der deutschen wissenschaftlichen Pharmazie beginnt, das auch heute noch nicht zu Ende gegangen ist“.

Was war nun das Neue dieser Pharmakopoe (IV, C, 1)? Sie entstand in einer Wende der Anschauungen innerhalb der Chemie. Klaproth hatte 1792 die Theorie Lavoisiers anerkannt (vgl. S. 92). Nun wurde das neue Arzneibuch gewissermaßen zum wissenschaftlichen Bekenntnis Klaproths in solcher Hinsicht. Mit seiner Bearbeitung nach der neuen Anschauungsweise führte es als erstes die ihr entsprechende Nomenklatur ein, die (nicht nur in Deutschland) in ihren Grundsätzen noch heute gilt. Aller überflüssige Ballast des vorhergehenden Arzneibuches wurde in fast puritanischer aber doch notwendiger Weise ausgemerzt. 300 als überholt geltende Präparate verschwanden. Die Beschreibung der einzelnen Mittel und die Bereitungsvorschriften der Präparate sind nach Klaproths Weise klar und präzise. Seine analytische Erfahrung fand ihren Niederschlag in den eindeutigen und bestimmten Prüfungsvorschriften, die hier erstmalig dem Apotheker zur Pflicht gemacht wurden. Gewiß hatten auch vorher schon einzelne Apotheker sich in systematischer Weise chemisch beschäftigt. Aber erst das neue Arzneibuch führte nunmehr auch den Mann der Praxis zu methodischer wissenschaftlicher Arbeit nach dem Stande der Zeit. Die zukünftige Berufsausbildung mußte sich den Forderungen der Pharmakopoe anpassen und wurde dadurch wesentlich vertieft.

Das Werk war, etwas übersteigert ausgedrückt, eine revolutionäre Tat, die weitgehende Wirkung hatte. Im Grunde beeinflußte sie das Arzneibuchwesen der ganzen Welt irgendwie in seiner Entwicklung. Das spätere deutsche Arzneibuch fußte auf der Grundlage des ersten preußischen. Dieses wiederum war bis zur Jahrhundertwende und darüber hinaus nicht ohne Einwirkung auf die modernen Pharmakopoen vieler Länder. Urdang stellt fest, daß auch die Pharmakopoe der Vereinigten Staaten von Nordamerika von 1882 entschieden unter deutschem Einfluß stand. So könnte man wohl bei eingehenden Vergleichsstudien finden, daß Klaproths Arbeit grundsätzlich wie in kleinen Einzelheiten indirekt noch heute in Arzneibüchern der ganzen Welt irgendwie wirksam und nachweisbar ist.

Es zeigt sich so, daß Klaproth auch für die Entwicklung der Pharmazie eine grundlegende Leistung vollbrachte, die zum Teil weit über ein nationales Interesse hinausgeht:

Durch sein uneingeschränktes Bekenntnis zur Pharmazie stärkte er ihr Ansehen;
durch die Gestaltung und Führung seiner Apotheke gab er ein Vorbild;
als Lehrer pharmazeutischen Nachwuchses wirkte er in die Zukunft;
beispielhaft zeigte er, wie das Geheimmittelwesen mit Hilfe der Wissenschaft zu bekämpfen sei;
den Arzneischatz bereicherte er durch neue Präparate;
der von ihm geschaffene Typ einer mustergültigen Pharmakopoe prinzipiell neuer Art wurde zum Vorbild der Arzneibücher anderer Staaten und zum Ausgangspunkt der modernen Arzneibuchentwicklung überhaupt.

Darüber hinaus läßt sich nachweisen, daß er auch als Beamter, in der Verwaltung und in der Gesetzgebung, einen wesentlichen, in die Weite wirkenden Einfluß auf die Entwicklung des Apothekerberufs ausgeübt hat (siehe Kapitel II, 3).
(V, 12; VI, 2, 3, 109, 110; IV, B, 1; A, 3, 4, 218; C, 1)

2. Lehrer

Wie schon erwähnt, begann für Klaproth mit dem Kauf der Bären-Apotheke nicht nur hinsichtlich der materiellen Unabhängigkeit ein neuer sich streng abzeichnender

Lebensabschnitt. Seine eigentliche wissenschaftliche Arbeit nahm er erst damals in systematischer Weise auf. Mit der „Forschung" suchte er aber von vorn herein auch die „Lehre" zu verknüpfen, für die er offenbar nach Veranlagung und Neigung selbst eine Berufung fühlte; denn er ging auch in dieser Laufbahn zielstrebig und beharrlich seinen Weg von einem bescheidenen durch ihn selbst gesuchten Anfang als Privatlehrer bis zum Aufstieg zur höchst erreichbaren Würde eines ordentlichen Universitätsprofessors.

Schon 1780, also bald nach der Übernahme der eigenen Apotheke, bemühte er sich um die Zulassung als Privatdozent am Collegium medico-chirurgicum. Er wurde jedoch abgewiesen. Das bedeutet nicht, daß seine Qualifikation nicht anerkannt wurde. Es lag vielmehr einesteils an dem eifersüchtigen Streben des Lehrkörpers, das Aufkommen neuer Kräfte zu verhindern, obgleich damals nur Pein [97] als Professor die Chemie vertrat, andernteils aber daran, daß die Zulassung von Privatdozenten überhaupt nicht üblich war, und ein Präzedenzfall vermieden werden sollte. Als Klaproth 1782 zum Assessor beim Obercollegium Medicum ernannt und damit Mitglied der Pharmazeutischen Prüfungskommission geworden war, wurde indessen sein erneutes Gesuch berücksichtigt. (Das hatte die Folge, welche man hatte vermeiden wollen: späterhin konnte qualifizierten Anwärtern die Erlaubnis grundsätzlich nicht mehr verweigert werden) (VI, 89; VII, 25).

Es handelte sich dabei nicht um eine Habilitation im heutigen Sinne, sondern um eine Zulassung als Dozent ohne besondere Förmlichkeit und ohne Forderung einer bestimmten Vorbildung. Die Beurteilung des Anwärters erfolgte auch anscheinend kaum nach publizierten wissenschaftlichen Arbeiten, denn Brandes hatte 1754 bei seiner Berufung zum Professor überhaupt noch nichts veröffentlicht (s. Seite 142). Auch Klaproth hätte bei seiner Bewerbung nur auf seine Arbeit über den Kopal, die nicht einmal unter seinem Namen erschienen war, hinweisen können (s. Seite 34). Der Lehrkörper entschied offenbar nach der eigenen Kenntnis oder Prüfung der Qualifikation des Kandidaten zum Lehrer, vor allem aber wohl nach den Empfehlungen einflußreicher und sachverständiger Persönlichkeiten. Wir dürfen auch hier (vgl. Seite 50) annehmen, daß Klaproths verwandtschaftliche Bindungen nicht ohne Bedeutung für seine Zulassung zum Lehramt waren, und daß vielleicht Marggraf als Protektor im Hintergrund gestanden haben wird.

Jedenfalls bot sich Klaproth nunmehr die erste Möglichkeit, seine Befähigung als Lehrer zu beweisen. Offenbar ist ihm dies in so guter Weise gelungen, daß seine Empfehlung, woher sie auch gekommen sein mag, völlig gerechtfertigt wurde. Zwar trat seine Wirksamkeit als Dozent in der großen Öffentlichkeit zunächst nicht direkt in Erscheinung. Denn nach dem beim Collegium üblichen Verfahren wurde er im Vorlesungsverzeichnis, das nur die Professoren aufführte, weder als Dozent genannt, noch wurden seine Vorlesungen dort angekündigt. Es kann aber kein Zweifel darüber bestehen, daß seine Vorträge Anklang fanden, und — zumal er Prüfer war — von den Studenten auch besucht wurden. Wäre das nicht so gewesen, hätte er kaum Veranlassung und Gelegenheit gehabt, sich in die Zahl der Berliner Gelehrten einzureihen, die in jener Zeit (etwa in der Art der heutigen Volkshochschule, wenn auch ohne zusammenfassende Organisation) für das bildungshungrige Publikum Vorlesungen über alle möglichen Wissensgebiete abhielten und in den Zeitungen regelmäßig die Themata, den Beginn und den Ort der Kurse ankündigten. Nicolai nennt 1786 in seiner Beschreibung von Berlin (VI, 107) nicht weniger als 21 solcher Lehrer für die verschiedensten Fächer. Ihnen also gesellte sich auch Klaproth zu. Das ist offenbar schon bald nach seiner Zulassung am Collegium medico-chirurgicum geschehen. Vielleicht war die Aufforderung des Hauptmanns Gohl der Anstoß dazu. Von ihr sind wir durch einen Antwortbrief Klaproths vom 19. September 1783 unterrichtet (VII, 16b). Er erklärt sich darin bereit, einem Zirkel, dem auch (oder nur?) Damen angehörten, ein „chemisch-physikalisches Collegium zu lesen". Doch erachtete er die dafür von Gohl bestimmte Zeit von je „zwei Stunden alle zwei Sonntage ein halbes Jahr lang" als zu kurz, um „einen kompletten Cursum" zu geben. Die Hörer müßten bei solcher Einschränkung sich mit einer „Auswahl" begnügen, die sich erstrecken sollte auf „Versuche mit den verschiedentlichen Luftarten ... und ... solche kleinen chemischen Versuche, die sowohl mit einigen auffallenden Erscheinungen begleitet sind, als auch chemische Kenntnisse von den Natureigenschaften einiger Körper verschaffen". Bindheim berichtet dann schon 1785 (VI, 20): „Herr Assessor Klaproth gibt mit dem besten und rühmlichsten Erfolge (Chemie-) Unterricht. Und von ihm besonders machen Staatsmänner und Gelehrte, Künstler und Dilettanten von verschiedenen Ständen es sich zum Vergnügen zu lernen, (von ihm), dessen Bemühungen sich durch den Beyfall des Publikums vorzüglich auszeichnen und belohnt werden". Dieser hier ausdrücklich betonte Erfolg Klaproths als Lehrer findet in Fischers Bericht (V, 12) seine Bestätigung, der zwei solcher in jedem Jahre abgehaltene Privatvorlesungen über Chemie erwähnt. „Die eine für Offiziere des Kgl. Artillerie-Korps, die andere für Civilisten, die sich für ein praktisches Geschäft ausbilden wollten." Diese Vorlesungen waren „sehr zahlreich und teilnehmend besucht".

Die Folge solcher Lehrtätigkeit Klaproths (und sicherlich seiner mittlerweile in steigender Zahl veröffentlichten wissenschaftlichen Arbeiten) war 1784 die Übertragung eines Lehramtes an dem von Friedrich II. 1770 als „Bergschule" begründeten, seit 1774 meist als „Bergakademie" bezeichneten berg- und hüttenmännischen Institut in Berlin. In dem 5-semestrigen Lehrgang dieser Hochschule war für das 3. Semester eine Vorlesung in allgemeiner Chemie vorgesehen. Seit 1774 war auch ein zweckentsprechendes Laboratorium vorhanden. Als erster Chemielehrer war bei der Begründung der Apotheker Valentin Rose beauftragt worden [98], doch wurde er krank (vgl. Seite 29), bevor er den Unterricht aufgenommen hatte. Später erteilte ihn Dr. Kurella [99], dann Oberbergrat Gerhard [100] und von 1779 bis 1784 Achard. Die Hochschule wurde keineswegs nur von Berg- und Hüttenleuten in Anspruch genommen. 1772 befanden sich unter den 40 Hörern überwiegend (!) Ärzte, Studierende der Medizin und Apotheker. Allerdings war anscheinend gerade die chemische Vorlesung am schwächsten besucht. Denn Achard hatte 1779 nur zwei Hörer. Um so auffallender ist es, daß Klaproth unter ganz besonders günstigen Bedingungen beauftragt wurde. Während Achard ein Jahresgehalt von 100 Thalern bezogen hatte, das Honorar aller anderen Dozenten noch 1803 30, 50, 100, 150 Thaler im Jahre betrug, und Hermbstaedt sich 1794 sogar um eine unbesoldete Dozentur für Experimentalphysik bewarb, wurde Klaproth von Anfang an mit 200 Thalern im Jahre entschädigt. Er hatte dafür (mittwochs und sonnabends von 2 bis 4 Uhr) 4 Wochenstunden Chemieunterricht zu erteilen. Dieses Gehalt erhöhte sich noch um die Kolleggelder der Studierenden. Der Materialverbrauch bei der Experimentalvorlesung wurde ihm besonders bezahlt. Aus diesen für Klaproth außerordentlich günstigen Umständen ist zu schließen, daß er bei seiner Berufung 1784 schon besonderes Ansehen als Lehrer besaß und man sich offenbar einen Vorteil für den Ruf der Bergakademie versprach, gerade ihn als Dozenten zu gewinnen. Er hat das Lehramt dann fast bis an sein Lebensende ausgeübt. Erst als seine Erkrankung ihn hinderte, trat 1816 Hermbstaedt zunächst vertretungsweise, nach seinem Tode, 1817, endgültig mit gleicher Besoldung an seine Stelle (VI, 13, 87).

Der Lehrberechtigung am Collegium medico-chirurgicum und dem Lehrauftrag an der Bergakademie folgte 1787 eine Dozentur an der seit 1765 als Schule des Feld-Artillerie-Corps bestehenden, unter v. Tempelhoff [101] aber erst 1795 zur Artillerie-Akademie erhobenen Hochschule, die 1809 in der allgemeinen „Militär-Akademie“ aufging. Die Lehrtätigkeit an diesem Institut brachte Klaproth den Titel eines Professors, gewährte ihm aber erst nach der endgültigen Gestaltung der Hochschule vom Jahre 1792 an ein Jahresgehalt von 600 Thalern. Von 1787 bis 1791 hat er die Vorlesungen dort ohne Honorar abgehalten. Es scheint so, als ob er gelegentlich auch an anderen militärischen Einrichtungen jener Zeit chemischen Unterricht erteilt hat (VI, 57).

Alle diese Dozenturen waren nebenamtliche Lehraufträge, die Klaproth ausübte, ohne seinen Beruf als Apotheker aufzugeben. Auch die privaten Vorlesungen, nicht nur für die Öffentlichkeit, sondern späterhin auch für Fachgelehrte, setzte er daneben fort. Fischer berichtet (V, 12), daß er sich „auch noch in den Jahren 1797 bis 1810 durch eine kleine Gesellschaft hiesiger Gelehrter bewegen ließ, etwas tiefer in das Innere der Wissenschaft eingehende Vorlesungen über gewählte Gegenstände zu halten, deren alle Teilnehmer sich mit lebhaftem Interesse erinnern“. Auch in den regelmäßigen Ankündigungen der Privatvorlesungen Berliner Gelehrter ist Klaproth weiterhin aufgeführt.

Es ist anzunehmen, daß diese Vorträge seit 1801 in dem von ihm neu errichteten chemischen Institut der Akademie der Wissenschaften (s. Seite 44) stattfanden.

Die Krönung fand Klaproths Tätigkeit als Lehrer durch seine Berufung zum ordentlichen Professor an der Universität Berlin im Jahre 1810, wo er „als einer der ersten die Vorlesungen aufnahm“ (s. Kapitel I, 9). Mit dieser Professur verminderten sich unter den inzwischen veränderten Verhältnissen im Bildungswesen Berlins die vorher genannten Dozenturen, und die privaten Vorlesungen fanden ihr Ende. Klaproth hat das neue Lehramt bis nahe an seinen Tod gewissenhaft ausgeübt, wenn auch seit 1814 durch vielfache Kränklichkeit behindert.

Wir müssen nach allem annehmen, daß er ein anregender und beliebter Lehrer war, der durch die Qualität seines Vortrages, nicht aber durch gekünstelte rethorische Eleganz fesselte. „Sein Vortrag war einfach und ungeschmückt, aber klar, bestimmt und gedrängt. Er machte nicht mehr Worte als gerade zur vollständigen Darstellung der Sache nötig waren. Er gab mehr Andeutungen als weitläufige Auseinandersetzungen der Gründe seines Verfahrens. Überhaupt wenig Raisonnement, vielmehr Darstellung der wesentlichen Umstände eines Versuches und des Erfolges. Weder mit klaren Worten noch durch Wendungen suchte er dabei seine eigenen Entdeckungen hervorzuheben und dem Ohre des Hörers nahe zu bringen. Von ihm selbst erfuhren die Zuhörer seiner Vorlesungen nie, wieviel die Wissenschaft ihm verdankte" (V, 12).

In allen vorerwähnten Dozenturen hat Klaproth als Lehrer der Chemie gewirkt. Die „Pharmazie" als solche, insbesondere das, was wir heute „Galenik" nennen, hat er dabei nicht vertreten. Auch als Privatdozent am Collegium medico-chirurgicum, an dem er doch im wesentlichen Pharmazeuten und Ärzte als Hörer gehabt haben muß, hat er eine rein chemische Vorlesung gehalten. Er selbst hat kein Lehrbuch der Chemie für seine Schüler geschrieben, wodurch seine Vorlesung uns deutlich würde. Aber von Valentin Rose d. J., der zu seinen ersten Hörern am Collegium medico-chirurgicum gehörte, ist eine sorgfältige Nachschrift des Klaprothschen Kollegs erhalten geblieben, die den rein chemischen Charakter der Vorlesung bezeugt. Auch an der Universität vertrat Klaproth die reine Chemie, während den speziellen pharmazeutischen Unterricht dort vor allem Hermbstaedt und Tourte [102] wahrnahmen. Das Vorlesungsverzeichnis wie auch das uns überlieferte Kollegheft eines hervorragenden Schülers, des späteren Geh. Medizinalrates Prof. Dr. Stephan Friedrich Barez [103], beweisen das (vgl. Kapitel I, 9).

3. Beamter

Klaproths Laufbahn und Wirksamkeit als Verwaltungsbeamter war im wesentlichen durch seine Zugehörigkeit zum Ober-Collegium medicum gegeben. Diese zentrale Medizinalbehörde in Berlin, der die Collegia medica in den einzelnen Provinzen des preußischen Staates unterstanden, war endgültig durch das Medizinal-Edikt Friedrich Wilhelm I. von 1725 konstituiert worden. Für Berlin erfüllte es in pharmazeutischer Hinsicht zugleich die Aufgaben, die in der Provinz den Collegien zufielen, wozu vor allem die regelmäßige Revision der Apotheken gehörte. Im übrigen wurden alle grundsätzlichen Aufsichts- und Verwaltungsfragen dort behandelt, die Arzneitaxe aufgestellt und die notwendigen Verordnungen und die Medizinalgesetzgebung dort vorbereitet. Wie alle Medizinalpersonen, erhielten auch die Apotheker des ganzen Staates ihre Approbation durch das Ober-Collegium. Während als Voraussetzung für ihre Erteilung die Land- und Kleinstadtapotheker (Apotheker II. Klasse) durch die Collegien der Provinzen geprüft wurden, war das Ober-Collegium für die Prüfung der Apotheker größerer Städte (Apotheker I. Klasse) zuständig, die dabei einen längeren „Cursus" auf dem Collegium medico-chirurgicum (einer 1723 gegründeten Lehranstalt, die von der Verwaltungsbehörde wohl zu unterscheiden ist) absolvieren mußten (vgl. Kap. I, 7).

Als Sachbearbeiter für pharmazeutische Angelegenheiten gehörten dem Ober-Collegium medicum jeweils zwei praktische Apotheker als Beisitzer an. Klaproth wurde 1782 als zweiter „Assessor" in dieses Amt berufen. Erster „Assessor Pharmaciae" war Johann Friedrich Bell [53], der sehr lange Zeit, wahrscheinlich von 1771 bis 1797 der Behörde angehörte und auch Klaproths Examinator gewesen war (siehe

Kap. I, 7). Nach seinem Tode rückte Klaproth 1797 zum ersten Assessor auf, und erhielt zugleich den Titel eines „Medizinal-Rates". Sein Schüler Valentin Rose wurde als „Ober-Medizinal-Assessor" zum zweiten Beisitzer ernannt (VI, 26). Als 1799 das „Ober-Collegium medicum" mit dem „Collegium Sanitatis" zum „Ober-Collegium medicum et Sanitatis" vereinigt wurde, wurde der bisherige Erste Assessor Klaproth zum „Rat und wirklichen Mitglied" der Behörde ernannt und führte damit die Amtsbezeichnung eines „Ober-Medizinal- und Sanitäts-Rates". Adlung meint dazu: „Es wurden damit die Verdienste Klaproths für das Zustandekommen der kurz vorher erschienenen Pharmacopoea Borussica gewürdigt" (VI, 3).

Im Zuge der Reformmaßnahmen nach 1806 wurde das Ober-Collegium, das gewissermaßen die Befugnis eines selbständigen Ministeriums besesen hatte, 1809 aufgelöst und an seine Stelle eine „Wissenschaftliche Deputation für das Medizinalwesen" beim Ministerium des Innern gebildet. Auch in diese Behörde wurde Klaproth als „Ober-Medizinal-Rat" übernommen.

Diese Amtsstellungen gaben Klaproth einen erheblichen Einfluß auf die praktische Pharmazie des Landes. Er war durch sie auch Apothekenrevisor und Examinator der „cursierten" Apotheker (I. Klasse). Damit hatte er drei Jahrzehnte hindurch ständig Gelegenheit, auf die Führung und Gestaltung der Apotheken und auf das Wissen und die Berufsauffassung der einzelnen Apotheker mit Nachdruck einzuwirken.

In verstärktem Maße bot sich ihm die Gelegenheit, seine Ansichten zur Geltung zubringen, als in seiner Behörde, d. h. im wesentlichen durch ihn, Rose und Hermbstaedt, der ihr in seiner Eigenschaft als Hof-Apotheker angehörte, der Entwurf eines neuen Apothekengesetzes zu erarbeiten war [105], das dann 1801 als „Revidirte Apothekerordnung" verkündet wurde. Diese stellt ein für ihre Zeit zweifellos außerordentlich gut durchdachtes und klares Gesetz dar, das bald anderen Staaten als Muster für die Regelung des Apothekenwesens diente. Wenn auch in seinen Bestimmungen vielfach ergänzt, erweitert, verändert und der Entwicklung angepaßt, ist es in seinen Grundzügen noch in der jetzt gültigen deutschen Apothekengesetzgebung wieder zu erkennen. In den altpreußischen Landesteilen ist es formal noch heute in den Abschnitten gültig, die nicht ausdrücklich durch spätere Verordnungen aufgehoben wurden.

Dieses Gesetz, das hinsichtlich des Apothekenwesens an die Stelle des preußischen Medizinaledikts von 1725 trat, bestimmt als Voraussetzungen für den Betrieb einer Apotheke „Privileg" und „Approbation". Alle damit zusammenhängenden rechtlichen Fragen, insbesondere auch das Witwen- und Waisenrecht, werden geregelt. Die Zulassung neuer Apotheken wird der Bedürfnisfrage durch die Behörden unterworfen. Hinsichtlich der Berufsausübung und der Aufsicht über die Apotheken blieb es bei den Bestimmungen des Medizinaledikts von 1725, aber der Handel mit Arzneimitteln außerhalb der Apotheken wurde weitgehend eingeschränkt.

Wesentlich modernisiert wurde die Ausbildung des preußischen Apothekers. Völlig neu war dabei, daß die Eignung zum Apothekerlehrling, auch hinsichtlich der Schulkenntnisse, durch ein Zulassungszeugnis vom Kreisphysikus nachzuweisen war, also die Beurteilung des Anwärters dem Lehrherrn entzogen wurde; daß die Zahl der

Lehrlinge in jeder Apotheke beschränkt und der Lehrherr zur praktischen und theoretischen Ausbildung des Berufsanwärters verpflichtet wurde; und daß schließlich nicht die Lehrzeit, wie bisher, durch das Zeugnis des ausbildenden Apothekers, sondern durch eine Prüfung vor dem Kreisphysikus abzuschließen war. Diese einschneidend ändernden Bestimmungen mögen auf Klaproths besondere Anregung zurückgehen, der selbst eine sehr mangelhafte Lehrzeit durchgemacht hatte (vgl. S. 15). Sie waren sicher geeignet, das Niveau des Apothekerstandes im ganzen wesentlich zu heben. Die Servierzeit des Apothekergehilfen wurde auf fünf Jahre beschränkt. Dabei wurde als wichtige Neuerung die Möglichkeit eingeführt, sie durch einen fakultativen Universitätsbesuch auf drei Jahre zu verkürzen. Die Teilung in Apotheker I. Klasse für größere Städte und II. Klasse für kleinere Orte blieb allerdings noch bestehen. Dabei hatten die einen, wie bisher, ihre Prüfung vor dem Ober-Collegium medicum in Berlin, die andern vor einem Collegium medicum der Provinz abzulegen. Jedenfalls liegt in dieser hier erstmalig festgelegten Berücksichtigung eines Hochschulstudiums der Anfang für die sich dann nach und nach erweiternde akademische Ausbildung des Apothekers.

Die einzelnen kleinen Amtshandlungen Klaproths (der auch Mitglied der Hof-Apothekenkommission war) bei den Aufgaben, die ihm als Medizinal-Beamten zufielen, können uns hier nicht beschäftigen.

Es muß auch unentschieden bleiben, ob es mit seiner Zustimmung oder ohne seine Billigung geschah, daß die Apotheken zunächst in die Gewerbefreiheit nach dem Königlichen Edikt vom 28. Oktober bzw. 2. November 1810 einbezogen wurden. Denn es ist nicht feststellbar, wieweit die „Wissenschaftliche Deputation" auf diese rein gewerbliche Frage Einfluß nehmen konnte oder nahm.

Nach Klaproths in der „Revidierten Apothekerordnung" von 1801 zum Ausdruck kommenden Überzeugung von der Notwendigkeit einer behördlichen Bedürfnisprüfung vor der Privilegierung einer Apotheke, können wir kaum annehmen, daß er schon nach wenigen Jahren Anhänger einer völligen Niederlassungsfreiheit gewesen sei. Wir wissen aber auf der anderen Seite auch nicht, ob die Kabinettsorder vom 24. Oktober 1811, die eine behördliche Konzessionierung der Apotheken einführte und damit, wenn auch nicht de jure aber doch de facto den alten Zustand wiederherstellte, sich seiner Förderung zu erfreuen hatte.

Jedenfalls aber hat Klaproth, solange das Ober-Collegium medicum et Sanitatis bestand, nicht nur durch seine persönliche Verwaltungstätigkeit das Apothekenwesen des Landes beeinflußt. An der Erarbeitung der Revidierten Apothekerordnung von 1801 wesentlich beteiligt, hat er vielmehr dadurch auch eine Gesetzgebung gefördert, die über die preußischen Grenzen hinaus Bedeutung als Muster einer zweckmäßigen und klaren Regelung gewonnen hat.

4. Chemiker

Allgemeines

Bei der Würdigung Klaproths in seiner Bedeutung für die Entwicklung der Chemie könnte man vom Standpunkte unserer Zeit aus die Entdeckung des Urans als den

Höhepunkt seiner Forschungsleistung bezeichnen. Er gab sie am 24. September 1789 in einem Vortrage den Mitgliedern der Kgl. Preußischen Akademie der Wissenschaften bekannt.

Gewiß war die Auffindung eines bis dahin unbekannten Metalls eine für damalige Verhältnisse hervorragende Tat. Aber doch ist es wenig berechtigt, und es wäre auch kaum im Sinne Klaproths, gerade diesen Erfolg mit dem Maßstabe der gegenwärtigen Bedeutung des Elementes zu messen. Er hat selbst einmal betont, daß eine Entdeckung oder Beobachtung nicht voller Würdigung wert sei, wenn der Entdecker nicht die daran sich knüpfenden Weiterungen erkenne.

Klaproth beobachtete die Besonderheit des Urans nicht. Über ein Jahrhundert verging noch, bis Henri Becquerel die Radioaktivität der Uranverbindungen fand, wofür wieder die kurz vorher entdeckten Röntgenstrahlen Anlaß und Voraussetzung waren.

Für Klaproth konnte die Eigentümlichkeit des Urans weder sichtbar werden noch konnte er auch die in ihm ruhenden Möglichkeiten nur entfernt ahnen. Ebenso wenig konnte er oder Gregor, der wie Klaproth stets Blei als Begleiter des Urans feststellte, daraus irgendwelche Schlüsse ziehen, obgleich Gregor die Tatsache selbst mit guter Beobachtungsgabe registrierte und auch Klaproth — unbewußt auf Wichtiges hinweisend — sie in seinem „Chemischen Wörterbuch“ besonders hervorhob.

Es mindert Klaproths Ruhm als Entdecker des Elementes nicht, daß ihm verborgen blieb, wie das Uran dereinst zum Ausgang und schließlich zum Angelpunkt einer neuen Chemie werden und welche Rolle es für das Schicksal der Menschheit spielen sollte. Die für seine Zeit große Leistung, mit ihm ein noch unbekanntes Element zu entdecken, besteht ungeschmälert. Sie wird nur nicht etwa erhöht durch den Umstand, daß es sich dabei gerade um das heute schicksalhaft in einem wissenschaftlichen und technischen Mittelpunkt stehende — damals indessen belanglose — Metall handelt.

Klaproths wahre Bedeutung liegt nicht in den ihm zu dankenden einzelnen Entdeckungen selbst, sondern darin, daß er die wissenschaftlichen Voraussetzungen schuf, die allein sie möglich machten.

Es ist eine gewiß ehrlich gemeinte Anerkennung, wenn Hermbstaedt bei der Herausgabe der Schriften Scheeles betont, daß nach der Meinung ganz Europas nur Klaproth den Verlust dieses Großen ersetzen könne. Aber darin liegt eine Verkennung beider Forscher. Denn Scheele ersetzen konnte Klaproth gewiß nicht, ebensowenig wie es umgekehrt möglich gewesen wäre. Scheele und Klaproth lassen sich in ihrer Bedeutung nicht vergleichen.

Scheele war ein im wesentlichen qualitativ — häufig organisch — arbeitender genialer Experimentator. Klaproth war der erste ausgeprägt quantitativ — und fast ausschließlich anorganisch — systematisch arbeitende Analytiker.

Scheeles Entdeckungen waren das Ergebnis seiner unübertrefflichen Experimentierkunst mit fast unfaßbar primitiven Mitteln unter bescheidensten Verhältnissen. Klaproths Funde mußten sich mit fast mathematischer Folgerichtigkeit aus seinen mit strengster Gewissenhaftigkeit durchgeführten quantitativen Analysen ergeben. Zu Entdeckungen wie der im eigentlichen Sinne nicht „gelehrte“, wenn auch „viel wissende“ Scheele sie — systemlos — machte, war sein Genie nötig. Klaproths

Funde hätte auch ein genau nach gleicher Methode wie er arbeitender anderer machen müssen, wären ihm und nicht Klaproth die notwendigen Untersuchungsobjekte in die Hände gekommen. Darum liegt Klaproths Bedeutung nicht in den Entdeckungen selbst, sondern in der erstmalig von ihm streng durchgeführten, im heutigen Sinne wissenschaftlichen Arbeitsweise eines gereiften und erfahrenen Gelehrten seines speziellen Faches.

Mit Klaproths Namen ist kein chemisches Gesetz, keine Theorie und noch weniger eine Hypothese verknüpft. Er hat wie kaum ein anderer für die zu seiner Zeit entstehenden Anschauungen in der Chemie durch seine exakten Arbeiten die Grundlage mit geschaffen oder nachher ihre Richtigkeit bestätigt. Aber er hat selbst keine gesetzmäßigen Folgerungen aus den Ergebnissen seiner Untersuchungen abgeleitet, hat selbst keine Theorie aus ihnen entwickelt.

Er war kein Theoretiker, noch weniger Hypothetiker. Das drückt er ganz klar auch selbst zum Beispiel in dem Vorwort von Johann Friedrich Johns [106] „Chemisches Laboratorium oder Anweisung zur chemischen Analyse" (1808 bis 1821) (IV, C, 6) aus, wenn er sagt: „Bei einem gründlichen Studium der chemischen Naturkunde ist es nicht genug, bei den Versuchen einen Ideengang zu befolgen, welcher eine richtige Ansicht des zu bearbeitenden Gegenstandes zu erkennen gibt, sondern die Versuche müssen auch so ausfallen, daß bei Wiederholung von verschiedenen Chemisten, die mit gleicher Genauigkeit arbeiten, auch beständig dasselbe Resultat herausgebracht werde. Der Scharfsinn eines Chemisten läßt sich bei Durchlesung seiner Werke sehr leicht erkennen; aber über die Genauigkeit, mit welcher er seine Arbeiten vollendet, läßt sich nur urteilen, wenn man entweder bei seinen Versuchen selbst zugegen ist, oder sie aufs neue wiederholt. Beides findet sich nicht immer vereinbart. Es fehlt nicht an Chemisten, die mit einer großen Leichtigkeit die verwickeltsten Probleme zu lösen wissen und deren Schlüsse a priori keiner Berichtigung zu bedürfen scheinen; wendet man aber den Blick auf ihre praktischen Fähigkeiten, so erhalten die Sachen sehr bald eine andere Ansicht. Die Arbeiten gleichen einer schön duftenden Blume, die kurze Zeit Anmut gewährt, aber bald aufhört, zu ergötzen und gleichgültig wird. Das Resultat ist falsch und mit demselben alle daraus gezogenen Schlußfolgerungen". Klaproth empfiehlt Johns Handbuch, weil es sich „bloß auf Erfahrungen gründet" und keine Hypothesen aufstellt.

Wie sehr er Hypothesen auf schwankendem Boden abgeneigt ist, zeigt er auch in dem von ihm völlig überarbeiteten Handbuch der Chemie von Gren [107] (IV, C, 4), wenn er darin die Chemie als eine wissenschaftliche Kunst bezeichnet, deren Grundlage die Erfahrungen (sowohl durch Beobachtung wie durch Versuche) seien, auf Grund deren sich erst durch richtige Vernunftsschlüsse eine Theorie ableiten ließe.

Alle diese Betrachtungen waren eine ganz klare Absage Klaproths, des exakten Wissenschaftlers, an die Vertreter der Naturphilosophie, die damals unter Schelling, Steffens, später Hegel und andern eine Erforschung der Natur und der Materie nicht — wie Klaproth es ausdrückte — „durch Erfahrungen (sowohl durch Beobachtung wie durch Versuche)" sondern ausschließlich deduktiv aus den Denkgesetzen und mittels der Methoden der Philosophie versuchte. Ihrem Einfluß konnten sich auch namhafte Vertreter der Chemie jener Zeit nicht entziehen, wie etwa

Girtanner (obgleich gerade dieser zu den ersten Anhängern Lavoisiers gehörte) Döbereiner, Kastner und andere.

Klaproth war ein Mann bis dahin unbekannt exakter Arbeitsweise und der bis dahin wenig berücksichtigten nüchternen Zahl. Er ging dabei soweit, die eigene Zuverlässigkeit in solcher Hinsicht in strengster Weise zu beargwöhnen. Da er sich vom „Mangel der Unfehlbarkeit" keineswegs frei fühlte, empfahl er im Vorwort seiner „Beiträge zur chemischen Kenntnis der Mineralkörper" (IV, B, 2) dringend die Nachprüfung seiner Resultate durch andere, indem er sagte: „Da mir allein die Beförderung einer auf reine Erfahrungen gebauten Naturwissenschaft am Herzen liegt, so habe ich, bei Darlegung dieser Arbeiten, keinen angelegentlicheren Wunsch, als den Ausspruch Bergmans „aliorum tentamina, praesertim cardinalia, candide sunt revidenda" in Ausübung gebracht zu sehen; denn wie dieser philosophische Chemiker sehr richtig weiter hinzusetzt plus vident oculi quam oculus; ideoque, quae nova exhibentur, pluribus testibus in diversis locis utiliter confirmari puto."

In einer Zeit, in der die ganze Chemie noch auf einem unsicheren Boden stand, viele tastend darin Arbeitende sich mit ihren vermeintlichen Entdeckungen und den Folgerungen daraus weit wichtiger nahmen, als es berechtigt war, mußte es für die Weiterentwicklung der Chemie als Wissenschaft von besonderer Bedeutung sein, wenn der an hervorragender Stelle stehende Klaproth solche Auffassung vertrat.

Peinliche Vermeidung aller bis dahin meist übersehenen Fehlerquellen war für Klaproth wichtige Voraussetzung bei seiner Arbeit, nachdem er erkannt hatte, daß auch hervorragende Forscher vor ihm, wie Marggraf und Scheele, zu Fehlschlüssen gekommen waren, weil sie beispielsweise den Einfluß der Arbeitsgeräte bei chemischen Untersuchungen nicht berücksichtigt hatten. Er wies in diesem Zusammenhang darauf hin, daß man bei der üblichen Einteilung der Mineralien in schmelzbare und unschmelzbare verschiedene für schmelzbar gehalten hatte, die es erst durch den Einfluß der Tiegelmasse wurden, und zeigte, daß ohne die Verwendung reinster Reagenzien die Erzielung einwandfreier Analysenergebnisse unmöglich ist.

Klaproth erkannte als erster die Notwendigkeit, quantitativ wichtige Niederschläge vor dem Wägen bis zur Gewichtskonstanz bei bestimmten Temperaturen zu trocknen oder gegebenenfalls zu glühen, um zu einwandfreien vergleichbaren Resultaten zu kommen.

Schon 1786 spricht er das grundsätzlich in einem Briefe an den Herausgeber der „Chemischen Analen", Lorenz von Crell [109] aus. Er zollte darin den analytischen Bemühungen Wieglebs [110] alle Anerkennung, fährt aber dann fort: „. . . es erscheint mir nicht völlig richtig zu sein, daß man die auflöslichen erdigen Bestandteile, sowie sie mit Luft- und Wasserteilchen angefüllt niedergeschlagen sind, unter demselben Zustande und Gewicht in der summarischen Berechnung der Bestandteile des Ganzen aufführte. Sollte nicht zur Gewißheit, daß man die natürliche Proportion der Bestandteile richtig aufgefunden, auch noch gehören, daß man die Produkte der Zerlegung wieder mische, verschlossen durchglühe und das überbleibende Gewicht mit dem Gewicht des ebenso durchglühten Pulvers der unzerlegten Stein- oder Erdart vergleiche?"

Seine Beziehungen zur Berliner Porzellanmanufaktur gaben ihm die Möglichkeit, zur Erzielung hoher Dauertemperaturen die Brennöfen der Fabrik zu benutzen.
Den Analysengang hat er durch verschiedene neue Methoden verbessert. Unter ihnen ist die Aufschließung der Silikate durch Kalilauge und das Schmelzen im Silbertiegel besonders erwähnenswert.
Da durch sie indessen Alkalien in Mineralien nicht bestimmt werden können, so war die von ihm in Zusammenarbeit mit seinem Schüler Valentin Rose d. J. eingeführte Methode, Silikate durch salpetersaures Barium (später ersetzt durch Bariumkarbonat) zu zerlegen, von großer Bedeutung für die Entwicklung der Mineralogie.
Auch die Erkennung der Möglichkeit, Ferrisalze durch bernsteinsaure Neutralsalze zu fällen und auszuscheiden, stammt von Klaproth.
Vor allem aber brach Klaproth mit dem bis dahin durchaus üblichen unwissenschaftlichen Brauch, die Untersuchungsergebnisse zahlenmäßig nach theoretischen Erwägungen oder vorgefaßter Meinung willkürlich abzuändern oder abzurunden. Er gab als erster stets den genauen Analysengang und die tatsächlichen Resultate bekannt, mit Kennzeichnung von Verlust oder Überschuß gegenüber theoretischer Erwartung, um jederzeit eine Nachprüfung seiner Arbeit zu ermöglichen.
Alle diese uns heute selbstverständlichen Forderungen waren in der damaligen gärenden Epoche doch nichts weniger als das. Um Klaproths Bedeutung zu würdigen, muß man sich auf den Standpunkt seiner Zeit stellen, wie überhaupt ja ganz allgemein jede Leistung in ihrer wirklichen Größe sich nur aus dem Vergleich mit den durch sie überwundenen zeitgenössischen Anschauungen bewerten läßt.
Bei den der damaligen Welt erstaunlichen Erfolgen, die Klaproth durch die unbestechliche Einhaltung der erstmalig von ihm angewandten exakten Arbeitsweise erzielte, war es selbstverständlich, daß sie allmählich zur anerkannten Methode für alle analytisch-quantitative Arbeit überhaupt erhoben wurde.
Lenard (VI, 90) sagt in der Beurteilung Klaproths mit Recht: „Seine Art exakten Vorgehens brachte noch über 50 Jahre lang vielen seiner Nachfolger weitere Fortschritte ähnlicher Art."
Klaproth wurde damit zum eigentlichen Begründer der in wissenschaftlicher Weise durchgeführten quantitativen Analyse.
Durch die nach solchen Grundsätzen systematisch vorgenommenen Untersuchungen einer sehr großen Zahl von Mineralien aus der ganzen Welt schuf er die Voraussetzungen für die Entwicklung einer wissenschaftlichen Mineralchemie.
Friedrich Dannemann (VI, 33) geht soweit zu behaupten, daß „Klaproth für die Mineralchemie dieselbe Bedeutung habe, wie sie Lavoisier für die allgemeine Chemie besitzt".
Diese Arbeit wurde ihm ermöglicht, da ihm mit wachsendem Rufe Untersuchungsmaterial aus allen Ländern der Erde zuging, oder Forschungsreisende, wie Alexander von Humboldt und sein eigener Sohn, Julius Klaproth, ihm solches übermittelten. Zu den Freunden, die ihn damit versorgten, gehörte auch der Engländer John Hawkins, der nicht nur aus Cornwall Mineralien sandte, sondern auch Funde von seinen mineralogischen Studienreisen durch das Erzgebirge, Böhmen, Ungarn und Österreich nach Berlin schickte. Auch Klaproth selbst unternahm mehrfach solche

Reisen. In seinen Arbeiten finden sich Hinweise, daß er 1788 eine „kleine mineralogische Reise" nach Dresden und Freiberg machte, daß er 1789 zu Studienzwecken mit dem Grafen von Geßler in Carlsbad weilte (wo er Elisa v. d. Recke kennen lernte), daß er 1795 zusammen mit Zöllner eine wenigstens zum Teil wissenschaftlichen Zwecken gewidmete Reise durch Pommern unternahm, und daß er Ende 1797 oder Anfang 1798 in Östereich (Wien) gewesen sein muß.

Gewiß hatte man sich schon vorher bemüht, die Mineralien zu analysieren und nach ihrer chemischen Zusammensetzung zu klassifizieren. Ein solches Bestreben mußte aber erfolglos oder in seinem Ergebnis unzulänglich bleiben, solange nur sehr unsichere qualitative, nicht aber einwandfreie quantitative Analysen vorlagen. Denn große Gruppen von Mineralien haben bei sehr verschiedenen äußeren Eigenschaften qualitativ eine ähnliche Zusammensetzung. Erst Klaproths (und Vauquelins) exakte mineralchemische Untersuchungen mit einer für die damalige Zeit erstaunlichen Genauigkeit gaben Hauy die Möglichkeit, unter Berücksichtigung kristallographischer Merkmale, sein klassifizierendes System aufzustellen. Wichtig für die dabei bedeutsame spätere Lehre vom Polymorphismus war 1788 Klaproths Nachweis, daß Kalkspat und Aragonit chemisch die gleiche Substanz seien.

Klaproth hat einige hundert solcher Mineralanalysen durchgeführt. Aber er hat selbst keinerlei systematische Folgerungen an ihre Ergebnisse geknüpft. Es erscheint müßig, Rammelsbergs [113] (VI, 114) Bedauern zu teilen, daß Klaproth neben seinem analytischen Können nicht zugleich Hauys [112] kristallographisches Wissen besessen habe, weil dann die Mineralogie sich wesentlich schneller entwickelt hätte. Wir müssen von Kobell beipflichten, daß Klaproths Arbeiten — nach dem allgemeinen Wissenstande seiner Zeit — ein ganzes Menschenleben erforderten und unter den gegebenen Umständen niemand mehr hätte leisten können (VI, 81).

Bei anderer Beurteilung würde man die Schwierigkeiten übersehen, denen Klaproth gegenüberstand, und die Sorgfalt unterschätzen, mit der er sich seiner Arbeit unterzog. Die meisten Analysen hat er vielmals ausgeführt, um zu einwandfreien Resultaten zu kommen. Nur sein ausdauernder Eifer und seine Unermüdlichkeit ließen ihn die Schwierigkeiten überwinden, die sich ihm bei Anwendung der bis dahin bekannten Methoden in den Weg stellten. Versuche zur Aufschließung eines Minerals hat er bisweilen ein dutzendmal vergeblich unternommen, ehe er einen neuen zum Erfolg führenden Weg fand. Bei allem verließ er sich nie auf die Angaben in älteren Untersuchungsberichten, deren Ergebnisse er vielmehr durchweg nachprüfte, „weil nichts den Fortschritten einer Wissenschaft nachteiliger ist, als wenn darin Irrtümer als unbezweifelte, längst ausgemachte Wahrheiten angenommen, wenn ein System von einem Lehrbuch in das andere übertragen und mit darauf aufgebauten ebenso grundlosen Folgesätzen vermehrt werden".

Im Laufe solcher Arbeiten entdeckte Klaproth die Elemente Uran und Zirkon, fand er gleichzeitig mit andern, aber völlig unabhängig das Cer, das Strontium und das Chrom, wies er die von andern allerdings vorher schon vermuteten, aber erst von ihm eindeutig bestätigten, charakterisierten und benannten Elemente Titan und Tellur nach.

Eine seiner wichtigsten Feststellungen war die folgenreiche Entdeckung, daß Kalium keineswegs nur vegetabilischer Herkunft sei, sondern auch im Mineralreich vorkomme.

Es versteht sich von selbst, daß Klaproth nicht in allen seinen experimentellen Arbeiten erfolgreich war, daß auch er — ebenso wie seine Zeitgenossen — bisweilen wichtige Bestandteile eines Minerals übersah, daß auch manche seiner quantitativen Resultate später durch verfeinerte Methoden verbessert oder berichtigt werden konnten, und daß er bisweilen irrte, wie jeder Mensch. Doch auch da muß man ihn mit dem Maßstabe seiner, nicht unserer Zeit messen, einer Zeit, die nach ihrem Wissensstande manche Erkenntnis verhinderte, die uns heute unter ganz andern Voraussetzungen selbstverständlich erscheint. Und man muß ihm zu Gute halten, daß er mehrfach ungenaue Resultate durch später wiederholte Analysen selbst berichtigte und sich stets freimütig zu seinen Fehlern bekannte.

Da Klaproth nicht nur wie vor und neben ihm andere, den Weg zeigte, die einzelnen Bausteine der Verbindungen zu ermitteln, sondern ihm die genaue quantitative Zusammensetzung dabei von gleicher, vorher wenig beachteter Wichtigkeit war, so wurde seine Arbeit — und darin liegt ihre und damit Klaproths höhere Bedeutung — zur Stütze einer wichtigen Erkenntnis in der Chemie, die sich im Anschluß an die neue Lehre Lavoisiers [114] bildete, nämlich von der Konstanz der Verbindungsgewichte. Zwar hängt Lavoisiers Erkenntnis, daß jede „Verkalkung" und Verbrennung, ob mit oder ohne Feuererscheinung, auf einer Vereinigung mit Sauerstoff beruhe — dessen Darstellung Priestley ihm 1774 demonstrierte — und ein Stahlsches Phlogiston nicht existiere, in keiner Weise mit Klaproths Arbeit zusammen. Lavoisier, der bereits 1772 Beobachtungen bei der Verbrennung von Schwefel und Phosphor machte, die zum Ausgangspunkt für seine Theorie wurden, erläuterte seine Anschauung schon 1777 in einem Vortrag in der Pariser Akademie der Wissenschaften. Allerdings veröffentlichte er sie präzisiert erst 1783, nachdem die Zusammensetzung des Wassers, im wesentlichen durch Cavendish, festgestellt und durch Lavoisier und Laplace nachgeprüft worden war. 1777 aber war Klaproth, wenn auch gleichaltrig mit Lavoisier, noch unbekannter, wissenschaftlich erst langsam reifender Provisor der Roseschen Apotheke und war mit bemerkenswerten Arbeiten noch nicht an die Öffentlichkeit getreten. Auch 1783 war er noch wenig bekannt.

Er war auch in den nächsten Jahren zunächst „weit entfernt, Lavoisiers Theorie zu adoptieren". Zwar bestätigte er in sorgfältiger Nachprüfung 1786 den Lavoisierschen Versuch der Zerlegung von Wasserdampf, der durch ein glühendes Eisenrohr geleitet wird. Aber er erweist sich dabei als unerschütterlicher Anhänger der Stahlschen Gedankengänge, wenn er „die sich dabei bildende brennbare Luft als reines (aus dem Eisen stammendes) Phlogiston, gemischt mit Wasserdünsten" betrachtet (IV, A, 11).

Klaproths Skepsis und Gründlichkeit, sein Bestreben, alles erst völlig reifen zu lassen, nicht ohne genaueste Prüfung vorschnelle Urteile abzugeben, seine Abneigung gegen nicht ausreichend begründete Theorien, noch mehr gegen unsichere Hypothesen, waren seine Stärke in der Analytik. Sie wurden indessen zur Schwäche und machten ihn unsicher, sobald es galt, sich mit einer neuen wissenschaftlichen An-

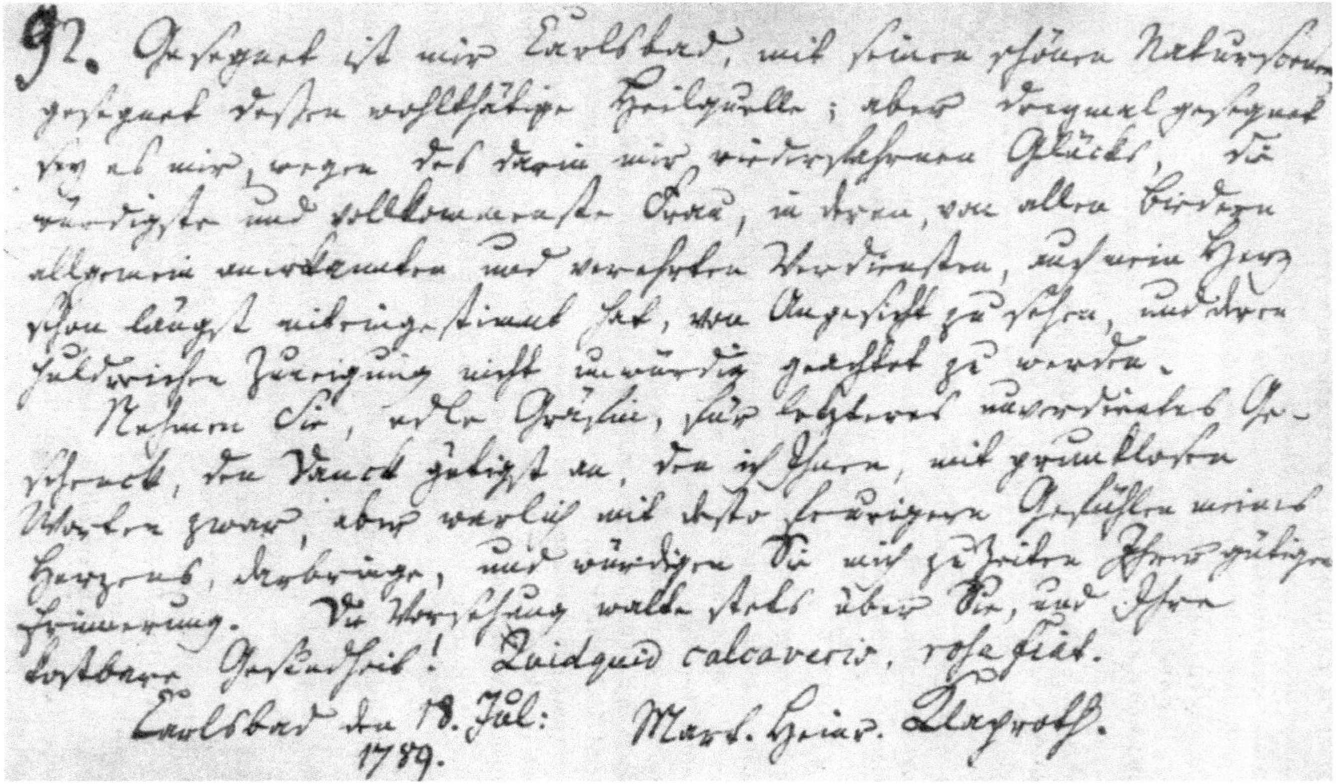

92. Gesegnet ist mir Carlsbad, mit seinen schönen Naturscenen
gesegnet dessen wohlthätige Heilquelle; aber dreymal gesegnet
sey es mir, wegen des darin mir widerfahrenen Glücks, die
würdigste und vollkommenste Frau, die Frau, von allen Biedern
allgemein anerkannten und verehrten Verdiensten, der mein Herz
schon längst eingestimmt hat, von Angesicht zu sehen, und deren
huldreichen Zuneigung nicht unwürdig geachtet zu werden.
Nehmen Sie, edle Gräfin, für letzteres unverdientes Ge-
schenck, den Dank gütigst an, den ich Ihnen, mit [illegible]
Worten zwar, aber warlich mit desto feurigeren Gefühlen meines
Herzens, darbringe, und würdigen Sie mich zuweilen Ihrer gütigen
Erinnerung. Die Vorsehung walte stets über Sie, und Ihre
kostbare Gesundheit! Quidquid calcaveris, rosa fiat.
Carlsbad den 18. Jul: 1789. Mart. Heinr. Klaproth.

Abb. 13. Aus dem Freundschaftsalbum von Elisa v. d. Recke [166] (VII, 16b) schauung zu befassen. Er hat 15 Jahre nach der ersten Verlautbarung Lavoisiers über das Wesen der Oxydation und fast 10 Jahre nach ihrer präzisierten Veröffentlichung gebraucht, sich der neuen Theorie — deren experimentell richtige Grundlagen er im wesentlichen nicht bestritt — zuzuwenden. Er teilte allerdings dabei die Anschauung der meisten seiner (zum Teil nationalistisch befangenen) Zeitgenossen in Deutschland. Der vielgeschäftige Hermbstaedt aber — als Forscher ihm nicht vergleichbar und weit weniger kritisch — folgte 1791 in seinem „Grundriß der allgemeinen Experimentalchemie" der Theorie Lavoisiers, veröffentlichte 1792 dessen „Traite élémentaire de chimie" unter dem Titel „System der antiphlogistischen Chemie" in deutscher Übersetzung und forderte damit, allerdings noch ohne eigene wissenschaftliche Autorität, eine Entscheidung für Stahl oder für Lavoisier gewissermaßen heraus.

Nunmehr erst bekannte sich Klaproth in einer Sitzung der Akademie der Wissenschaften bedingt als Anhänger der neuen Theorie. Er forderte indessen eine nochmalige experimentelle Nachprüfung zur Beseitigung aller Zweifel, wozu die Akademie ihm die Mittel bewilligte. Erst danach machte er sich vollkommen die Anschauungen Lavoisiers zu eigen und gestaltete seine Arbeiten nach den Grundsätzen der neuen Lehre, wodurch sie noch mehr an Klarheit gewannen. Die bisherige Darstellung in der chemiegeschichtlichen Literatur, daß Klaproth der erste Antiphlogistiker in Deutschland gewesen sei, ist falsch. Er hat sich vielmehr erst verhältnismäßig spät zu Lavoisier bekannt. Auch hat er sich weder in den literarischen Meinungsstreit um ihn eingelassen, noch ist er nachher kämpferisch für ihn eingetreten. Er hat aber, endlich überzeugt, mit ruhiger Selbstverständlichkeit in seinen Arbeiten die neue Lehre vertreten. Kraft seiner Autorität hat er damit ihren endgültigen Sieg in Deutschland gesichert und den Kampf der Meinungen um sie beendet (V, 7).

Zur allgemeinen Anerkennung der Lavoisierschen Theorie trug es auch wesentlich bei, daß Klaproth das wenige Jahre später erscheinende erste preußische Arzneibuch ganz auf diese Gedankengänge und die sie fordernde Nomenklatur einstellte. Dadurch wurde die Theorie Lavoisiers mindestens im Bereiche der Pharmazie offiziell allein gültig.

Klaproth bewies mit seinem Bekenntnis zu der neuen Anschauung eine Einsicht, die wir in ihrer ganzen Größe heute vielleicht kaum mehr voll würdigen können. Es mag verständlich sein, daß mit anderen z. B. der alternde Wiegleb bis an sein Lebensende, im Jahre 1800, Phlogistiker blieb. Denn neue Anschauungen gewinnen in der Regel erst dann die volle allgemeine Anerkennung, wenn die — eine überwundene Ansicht verteidigende — alte Generation weggestorben ist. Aber es ist, worauf Walden (VI, 128) hinweist, erkenntnistheoretisch-psychologisch interessant, daß keiner der großen Phlogistiker der Generation Lavoisiers — Klaproth ausgenommen — durch Lavoisiers Versuche von einem etwaigen Irrtum der Phlogistontheorie überzeugt wurde, nicht einmal die, deren eigene Entdeckungen und Vorarbeiten die neue Theorie erst ermöglicht hatten und sie stützten, wie Priestley, Scheele, Black und Cavendish.

Klaproth wurde so zum Vorbild für die junge Generation, und er steht damit, ebenso wie durch seine Forschungsergebnisse, nicht wie Wiegleb, Gren, Westrumb am Ende der Phlogistonepoche (was seinem Lebensalter entspräche), sondern am Anfang einer neuen Entwicklung, aus welcher die moderne wissenschaftliche Chemie erwuchs.

Konnte Klaproth hier den großen Schritt tun, den andere nicht über sich gewinnen konnten, so zeigte er in anderen Fällen deutlich, daß seine schon erörterte Abneigung gegen alle theoretischen und hypothetischen Erwägungen ihm die Tür zu einem Fortschritt verschloß, wenn es galt, in neue Gedankengänge einzudringen und sich zu eigen zu machen, auch dann, wenn eigene Arbeitsergebnisse die Voraussetzungen oder Stütze für die Überlegungen anderer waren. Das wurde deutlich in dem für die Entwicklung der Chemie so fruchtbaren Streite zwischen Proust [115] und Berthollet [108], der sich von 1803 bis 1806 und weiter hinzog. In ihm wirkte Klaproths Vorarbeit sich entscheidend und klärend aus. Denn gerade sie war im Grunde die Voraussetzung und die Stütze für die Erkenntnis der konstanten Verbindungsverhältnisse, wie Proust, im Gegensatz zu Berthollet, sie vertrat. Proust zog dabei die Folgerungen aus den Ergebnissen eigener Untersuchungen nach Klaprothscher Methode und aus den von Klaproth selbst erzielten Resultaten, während Berthollet mehr spekulativen Erwägungen — wie Klaproth sie ablehnte — folgte. Soweit seine Anschauungen durch anderweitige Daten gestützt wurden, erwiesen sie sich zudem häufig als unrichtig.

Proust berief sich auf Klaproths Arbeit und Ansichten, wenn er behauptete, das „pondus naturae" sei von der Willkür des Chemikers unabhängig; eine chemische Verbindung sei eine privilegierte Bindung, welcher die Natur bestimmte Verhältnisse anweise: Ein Etwas, das die Natur selbst in den Laboratorien immer mit der Waage in der Hand schaffe, „pondere et mensura" bestimmt sein lasse [116]; für die wahren Verbindungen sei zu beachten, daß ihre Eigenschaften so unveränderlich seien, wie das Verhältnis der Elemente in ihnen, d. h. daß die von Berthollet behauptete Möglichkeit einer Vielzahl von Verbindungen zwischen zwei Stoffen in beliebig verschiedenen Gewichtsverhältnissen — wenn auch innerhalb bestimmter Grenzen — nicht bestehe, daß vielmehr — wenn auch zwei (oder mehrere) Verbindungen zwischen zwei Stoffen möglich seien — diese doch in ihren Gewichtsverhältnissen unabänderlich festgelegt seien.

Wenn auch Proust noch nicht zur Erkenntnis der Proportionalität der in verschiedenen Verbindungen zweier Stoffe vorliegenden Gewichtsmengen kam, wie sie gesetzmäßig wenig später von Dalton aufgestellt wurde, so hat er doch mit seiner sich zu einem erheblichen Teile auf Klaproth stützenden, mit Heftigkeit verteidigten Anschauung den Boden dafür aufgelockert, daß Daltons Theorien, die er 1808 und 1810 zusammenfassend veröffentlichte, alsbald fruchtbar werden konnten, wie Berzelius dann durch die Resultate seiner Untersuchungen die Gültigkeit bewiesen und gestützt hat. Daß Klaproth selbst nicht erkannte, wie bedeutungsvoll seine eigene Lebensarbeit für die Erkenntnis von der Konstanz der Verbindungsgewichte war, diese Lebensarbeit, die in ihren genauen Analysenergebnissen Daltons Theorien bewies und die später noch vielfach Berzelius als Stütze für seine Atomgewichtsbestimmungen diente, ist auch in seiner Bearbeitung des Grenschen Handbuches der Chemie ersichtlich. Er widmet darin Theorien und Hypothesen Berthollets trotz seiner Abneigung gegen solche Erörterungen einen breiten Platz und räumt ihnen sogar einen umfänglichen Nachtrag ein. Auf die Gedankengänge Prousts aber, die sich gerade auf seine Vorarbeiten stützten, geht er nicht ein, obgleich sie damals, 1806, bereits als allgemein gültig anerkannt wurden.

Auch in einem anderen Meinungsstreite tritt Klaproths bereits angedeutetes Unvermögen zutage, aus den Ergebnissen seiner (oder anderer) Arbeiten zunächst hypothetisch zu einer Weiterentwicklung seiner Wissenschaft zu gelangen Es handelte sich um die Frage, ob die sogenannten „Einfachen Erden" nicht doch reduzierbar, metallisierbar, seien, sie also nicht gewissermaßen elementare Stoffe, sondern Verbindungen darstellten. Der Streit ging aus von einer Behauptung Ruprechts und Tondis, denen die Reduzierung angeblich gelungen war, und füllte danach in den Crellschen Annalen einen breiten Raum durch viele Autoren. Klaproth bildete sich indessen seine Meinung durch nichts anderes als das Ergebnis seiner eigenen experimentellen Nachprüfung. Er konnte den Verteidigern der Reduzierbarkeit der Erden nachweisen, daß der Eisengehalt der Tiegel und die Unreinheit ihrer Materialien sie Metalle haben gewinnen lassen, die nicht aus den „Erden" stammten, ihre experimentelle Entdeckung also keine sei. Mit dieser Feststellung war die Angelegenheit für ihn wissenschaftlich geklärt (IV, A, 37, 38, 46, 47). Der Gedanke, daß die von ihm widerlegten Chemiker trotz ihres mißlungenen exprimentellen Nachweises grundsätzlich doch recht haben könnten — wie es späterhin durch Davy bewiesen wurde — war ihm nicht erörterungswürdig. Er konnte und wollte nur aus stichhaltigen experimentellen Resultaten, nicht aber voreilig, etwa aus Analogien, Schlüsse ziehen. Er war ein unbestechlich exakter Forscher, aber die geniale Intuition fehlte ihm. Hätte er beide Eigenschaften besessen, wäre er wohl der größte Chemiker aller Zeiten geworden. Statt dessen hat seine Ablehnung aller nicht unumstößlich bewiesenen Theorien von vornherein durch seine wissenschaftliche Autorität vielleicht manchmal die Erkenntnis etwas gehemmt.

Jedenfalls hielt er nicht nur in seiner Veröffentlichung von 1791 an der strengen Unterscheidung von reduzierbaren „Metallkalken" und nicht reduzierbaren „Einfachen Erden" fest, sondern er tat dies auch noch 1806 bei der Herausgabe des Grenschen Handbuches der Chemie. Als Humphry Davy [117] 1807 und 1808 seine elektrochemischen Arbeiten veröffentlichte, durch die Elektrolyse die Unhaltbarkeit des Begriffes „Einfache Erden" und die elementare Natur des Chlors experimentell bewies, war Klaproth schon zu alt geworden, um sich in die neuen Erkenntnisse noch freudig hineinfinden zu können. Der Kieler Professor Pfaff [118], der den greisen Gelehrten in seinem letzten Lebensjahre in Berlin besuchte, gab seiner Verwunderung darüber in seinen Lebenserinnerungen (VI, 143) sehr erstaunt Ausdruck. Klaproth, einst der — wenn auch immer bedächtige — wissenschaftliche Führer einer jungen Generation, war nunmehr selbst Angehöriger einer Generation geworden, die absterben mußte, um den neuen Gedankengängen der nachfolgenden Platz zu machen, Gedankengängen, die doch auf einem Boden gewachsen waren, den nicht zum kleinen Teil er selbst mit gestaltet hatte.

Spezielles

Klaproths erste Untersuchungen, über die er etwas veröffentlichte, über das Kopal (1776), über die Bestuscheffsche Nerventinktur (1782), waren pharmazeutischer Art (vgl. S. 58ff.).

Seine Examensarbeit über die „Phosphore" enthielt zwar eine Anzahl eigener Versuche, stützte sich aber im wesentlichen auf Marggrafs Arbeiten und hat keine sonderliche wissenschaftliche Bedeutung.

Sein wissenschaftliches Ansehen in der großen Öffentlichkeit begründete er erst dadurch, daß es ihm 1784 und 1785 gelang, Irrtümer bekannter Chemiker damaliger Zeit zu erkennen und richtig zu stellen. Die eine Untersuchung betraf das von Meyer nach seiner Ansicht 1781/1782 entdeckte und von Bergman und Rinmann [119] bestätigte Halbmetall im Eisen „Hydrosiderum" oder „Wassereisen". Klaproth bewies, daß dieses nicht existiere, daß es sich vielmehr dabei um einen „mit Phosphorsäure verbundenen Eisenkalk" handele und dieser die Kaltbrüchigkeit des Eisens verursache.

Es ist für Klaproths Art, die Irrtümer anderer zu berichtigen, ohne persönlich kränken zu wollen, bezeichnend, wenn er dieser Arbeit die Anmerkung gibt: „Vorstehender Aufsatz lag bereits ein paar Monate fertig, als ich von meinem Freunde, dem Hof-Apotheker Meyer, bei seiner Anwesenheit hierselbst erfuhr, daß er ebenfalls bei näherer Prüfung des Sideri, so wie ich (da ich ihm diesen Aufsatz vorlegte) entdeckt habe, daß Phosphorsäure dabei mit im Spiele sei. Ihm bleibt daher die Ehre, sowohl die richtige Entdeckung von der wahren Kaltbrüchigkeit des Eisens zunächst gemacht als nun durch eigene Versuche, ohne von den meinigen etwas zu wissen, gefunden zu haben, daß obgedachter Körper wieder aus der Reihe der selbständigen Halbmetalle ausgestrichen werden müsse" (IV, A, 5).

Einen noch größeren Gelehrten, den bereits erwähnten Franzosen Joseph Louis Proust, konnte er im nächsten Jahre eines Irrtums überführen. Er wies nach, daß es die von Proust angenommene „Perlsäure" und ihre Salze nicht gäbe, es sich vielmehr bei dem sogenannten „Proustschen Perlsalz" nach heutiger Nomenklatur um – das bereits bekannte – Natriumphosphat handele.

Zweifellos trug dann die Entdeckung des Urans und des Zirkons im gleichen Jahre, 1789, wesentlich dazu bei, Klaproths wachsenden Ruf als Analytiker endgültig zu festigen. Bei aller Bescheidenheit, die ihn auszeichnete, klingt doch aus der Ankündigung, daß es ihm gelungen sei, die Zahl der bekannten 17 Metalle um eins zu erhöhen, der berechtigte Stolz über den sichtbaren Erfolg seiner Methode der exakten quantitativen Analyse.

Bei der Untersuchung eines Minerals, das ihm als „Pechblende" und „Eisenpecherz" aus Joachimsthal und Johanngeorgenstadt zugänglich gemacht worden war, fand er einen bisher unbekannten gelben „Metallkalk", also ein Metalloxyd, dessen chemische und physikalische Eigenschaften er so weitgehend wie nur möglich bestimmte. Als Namen für das neue Metall wählte er im Hinblick auf die 1781 Herschel gelungene Entdeckung des Planeten Uranus die Bezeichnung Uranit, später Uranium. Die Namen Pechblende und Eisenpecherz wollte er durch Uranerz ersetzt wissen. Klaproth hat sich auch bemüht, durch Reduktion des von ihm gefundenen

Urantrioxyds, UO_3, das Uran metallisch zu gewinnen. Er hat dabei nach verschiedenen vergeblichen oder unbefriedigenden Versuchen schließlich ein 28 Gran, also etwa 1,8 Gramm schweres, nach seiner Meinung „dunkelgraues hartes Metallkorn" erhalten, das unter dem Feilenstrich einen stahlgrauen Metallglanz zeigte. Es hat sich dabei indessen nicht um reines metallisches Uran gehandelt, sondern im wesentlichen um das metallglänzende Uranoxydul (Urandioxyd), UO_2. Fünf Jahrzehnte lang haben Forscher nach ihm diesen Irrtum geteilt. Erst Eugène Peligot [91] in Paris zeigte 1841 die Herstellung des wirklichen Elementes. (IV, A, 15; 29; 32; 35; 60; VI, 30; IV B, 2, Bd. II Nr. 57)

Der Name des von Klaproth im gleichen Jahre in Form einer „Erde" entdeckten Zirkons, das Wiegleb bei der Untersuchung des gleichen Minerals entgangen war, stammt nicht von ihm, sondern war die von Werner gewählte Bezeichnung für ein Mineral aus Ceylon, das Klaproth prüfte.

Dieser hatte ihn zunächst als vorläufige Benennung auf die von ihm gefundene „Erde" übertragen. Er blieb ihr indessen für die Dauer, auch nachdem Klaproth 1795 die neue Erde noch in einem anderen auf Ceylon vorkommenden Mineral, dem Hyacinth, feststellen und schließlich 1824 Berzelius das darin enthaltene Metall regulinisch gewinnen konnte. (VI, A, 33; B, 2, Bd. I Nr. 12)

Nach Klaproths eigener Definition verstand man damals unter „Erden" „trockene, unentzündliche, feuerbeständige, der Metallisierung widerstehende Körper, teils in Säuren, teils in Alkalien, teils in bloßem Wasser löslich", unter „Einfachen Erden" solche, „die in keine andern ungleichartigen Bestandteile zerlegt werden können". Das Wesentliche dabei war die Annahme, daß die „Einfachen Erden" unzerlegbar seien und der Metallisierung widerständen, d. h. elementaren Charakter hätten. Sie wurden also nicht als Metalloxyde erkannt. Bis 1806 zählte man 9 solcher Erden: Kalkerde, Baryterde, Talkerde, Tonerde, Beryllerde, Kieselerde, die von Klaproth entdeckten Zirkonerde und Strontianerde und die von ihm nicht erstmalig aufgefundene, aber bestätigte und sehr eingehend charakterisierte Yttererde. Da man sie einesteils in eine Reihe mit den „Metallischen Erden oder Metalloxyden" stellte — aus denen durch Reduktion das Metall regulinisch zu gewinnen war — und da andererseits Klaproth der Zirkonerde und der Yttererde eine Übergangsstellung zu den „Metallischen Erden oder Metalloxyden" einräumte, ist ersichtlich, daß man in solcher Einteilung zwar die bis dahin nicht gelungene Zerlegung registrierte, doch aber — im gewissen Sinne widerspruchsvoll — einen elementaren Charakter dieser Erden nicht unbedingt behauptete. Die Unsicherheit dabei ergibt sich auch in der anfänglichen Einreihung der Cererde in die Kategorie der einfachen Erden durch Klaproth, dann aber ihre Anerkennung als metallische Erde durch ihn.

Gleichzeitig mit Hope, der seine Arbeit 1792 durchführte und sie zwar im gleichen Jahre in der Akademie in Edinburg vortrug, aber erst 1793 veröffentlichte, konnte Klaproth (IV, A, 61; 67) nach sorgfältigen Untersuchungen des Strontinits die Strontinerde, späterhin Strontianerde genannt, „als eine selbständige" — bisher unbekannte — „einfache Erde" nachweisen und dadurch die Voraussetzung für die 1808 durch Davys Arbeiten eingeleitete Isolierung des metallischen Strontiums durch Elektrolyse schaffen.

Auch die Benennung des in der Cererde enthaltenen Cerium geht nicht auf Klaproth zurück. Er hat es als nach seiner Meinung „Einfache Erde“ 1803 im sogenannten „Tungstein“ entdeckt und diese wegen ihrer hellbraunen Farbe als „Ochroit“ bezeichnet. Etwa gleichzeitig, aber ohne Kenntnis der etwas früheren Arbeit von Klaproth, fanden Hisinger und Berzelius im gleichen Mineral diese Verbindung, erkannten sie als metallische Erde und benannten, Klaproth nachahmend, das von ihnen darin vermutete Metall (nach dem 1801 entdeckten Planetoiden Ceres) Cerium, das Mineral aber Cerit. Klaproths Vermittlungsvorschlag, das Metall nicht Cerium — das auf Cera, Wachs, hindeuten könnte — sondern etymologisch richtiger Cererium — abgeleitet von Ceres — und das Mineral Cererit zu benennen, hat sich für die Dauer nicht durchgesetzt, obgleich einige Handbücher seiner Zeit ihm folgten. Doch bleibt ihm die Ehre der ersten Erkennung des Oxyds. Metallisch haben weder er noch Berzelius und Hisinger das neue Element gewinnen können. (IV, A, 138; 139)

Auch hinsichtlich des Titans muß Klaproth das Verdienst der Entdeckung und ersten wissenschaftlichen Charakterisierung zugesprochen werden. Zwar hatte Gregor bereits 1789 im „Menachit“ einen bis dahin unbekannten Stoff entdeckt, der sich späterhin dann als mit dem von Klaproth völlig unabhängig 1792 im sogenannten „Roten Schörl“ aus Boinik in Ungarn gefundenen Metallkalk identisch erwies.

Aber Klaproth war es erst, der sich nicht mit der unbestimmten Feststellung allein begnügte, sondern seinen Fund systematisch wissenschaftlich untersuchte und das von ihm zwar regulinisch nicht gewonnene aber aus seiner Verbindung mit Sicherheit als Metall erschlossene Element Titanium benannte.

Ähnlich lagen die Verhältnisse beim Tellur. Schon 1782 hatte Müller von Reichenstein im „Weißgold“ ein bisher unbekanntes Metall vermutet, jedoch den einwandfreien chemischen Beweis dafür ebensowenig wie der von ihm zu Rate gezogene Bergman erbracht. Erst Klaproth konnte in einem Vortrage in der Akademie der Wissenschaften am 25. Januar 1798 als Ergebnis seiner Untersuchung der siebenbürgischen Golderze die Auffindung beziehungsweise Bestätigung des noch nicht charakterisierten Metalls mitteilen, dem er „den von der alten Mutter Erde entlehnten Namen Tellurium“ beilegte. (IV, A, 75; 76; 77)

Die Arbeit über das Tellurium brachte Klaproth Verdächtigungen ein, die ihn des Plagiats bezichtigten. Seine Untersuchungsergebnisse sollten sich nach diesen Beschuldigungen auf ein Manuskript von Professor Kitaibel [129] aus Pest gründen, das dieser ihm in Wien gezeigt hatte. Kitaibel selbst entkräftete die Anwürfe aber durch eine eindeutige Erklärung in Gehlens Journal (Bd. I, 1803, S. 460/461). Er sagt darin, daß Klaproths und seine Arbeit gar nicht miteinander vergleichbar seien. Klaproths Untersuchung sei um vieles vollständiger und so umfangreich, daß sie in der kurzen Zeit zwischen Klaproths Rückkehr aus Wien und der Veröffentlichung gar nicht hätte ausgeführt werden können. Sie habe also im wesentlichen schon vorliegen müssen, als er Klaproth seine eigene Arbeit gezeigt habe.

Mit dem Tellur, das Klaproth weitgehend chemisch bestimmte, hatte er das einzige der von ihm entdeckten Metalle auch elementar in der Hand.

Ob Klaproth oder Vauquelin als erster das Chrom erkannte, ist ein wenig wichtiger Prioritätsstreit. Klaproths Schüler Bindheim, der in Moskau arbeitete, hatte schon

1791 das sibirische Rotbleierz eingehender untersucht und war dabei auf einen von ihm nicht eindeutig charakterisierten Stoff gestoßen, der nach seiner Meinung vielleicht Molybdän hätte sein können.
Vauquelin und Klaproth stellten 1797 unabhängig voneinander neue Untersuchungen des Erzes an und bewiesen beide, daß es sich nicht um Molybdän, sondern um ein bis dahin unbekanntes Metall handelte, dem Vauquelin auf Vorschlag von Hauy den Namen Chrom beilegte. Vauquelin hat zwar seine Arbeit vor Klaproth in einer französischen Zeitschrift veröffentlicht. In Deutschland dagegen ist Klaproths Abhandlung „von einem neu entdeckten Metall" vor der Übersetzung des Artikels von Vauquelin in der gleichen Zeitschrift publiziert worden. Man darf also wohl mindestens von gleichzeitiger Entdeckung sprechen. (IV, A, 74)
Als Vauquelin 1798 die „Glycinerde" fand, bestätigte Klaproth durch eigene Untersuchungen des sibirischen Berylls die Entdeckung seines französischen Kollegen und Freundes (dem er 1802 den 3. Band seiner „Beiträge zur chemischen Kenntnis der Mineralköper" widmete). Er schlug vor, die neue „Erde" „Beryllerde" zu benennen. Dadurch trägt das später aus dieser Erde gewonnene Element in einigen Ländern den Namen „Glycinium" (nach Vauquelin), in anderen „Beryllium" (nach Klaproth). (IV, B, 2 Bd. III, Nr. 18)
Man darf feststellen, daß Klaproth einwandfrei 4 Elemente neu entdeckt und 3 weitere gleichzeitig mit andern Gelehrten, aber unabhängig von ihnen gefunden hat. Er hat wesentlich zur Charakterisierung dieser 7 Elemente und 3 weiterer beigetragen und hat die Namen für 7 neue Elemente geprägt.
Von zunächst fast größerer Bedeutung als die Auffindung aller dieser Elemente war Klaproths 1797 veröffentlichte Untersuchung des Leucits, da durch sie eine bis dahin geltende Fundamentalansicht in der Chemie gestürzt wurde. Die darin enthaltene Entdeckung ist ein Musterbeispiel für die zwingenden Schlüsse, die sich Klaproth aus seiner streng quantitativen Arbeitsweise ergeben mußten. Er stellte bei mehrfach nach verschiedenen Methoden wiederholten Untersuchungen des Leucits jedes Mal einen Substanzverlust von etwa 20% fest, der frühere Analytiker kaum beunruhigt hätte, der Klaproth aber veranlaßte, der Ursache nachzugehen. Als Ergebnis konnte er mitteilen: „Höchst unerwartet bin ich durch Auffindung eines Bestandteiles überrascht worden, welcher in einem Stoffe besteht, dessen Dasein wohl noch niemand innerhalb der Grenzen des Mineralreiches, und am wenigsten in der natürlichen Mischung eines festen, mineralogisch einfachen Fossils je vermutet hat. Dieser gegenwärtig in der Eigenschaft einer oryktognostischen Substanz auf den Schauplatz tretende Bestandteil des Leucits ist kein anderer, als das bisher dem Pflanzenreiche ausschließlich eigen geglaubte und deswegen auch nach selbigem also benannte Pflanzenalkali!". (IV, A, 70; 71; B, 2 Bd. II Nr. 32)
Man unterschied seit Duhamel [130] und Marggraf als sogenannte „fixe Laugensalze" das ausschließlich in Pflanzen gefundene „Alcali vegetabile" (= Kaliumkarbonat) und das im wesentlichen aus Mineralien gewonnene „Alcali minerale" (=Natriumkarbonat), von dem „flüchtigen Laugensalz", [dem „Alcali volatile"] (= Ammoniumkarbonat). Die entsprechenden Hydroxyde unserer Nomenklatur hießen „ätzende oder caustische Laugensalze".

Durch Klaproths Entdeckung waren diese Bezeichnungen unrichtig geworden. Er knüpfte deshalb daran die Forderung nach neuen angemessenen Namen und führte für das vegetabilische Laugensalz die Bezeichnung „Kali“ und für das mineralische Laugensalz die Wiederaufnahme der älteren Bezeichnung „Natron“ (später Natrum) ein. Damit geht auch die Benennung des dann durch Davy aus dem caustischen Kali isolierten Metalles „Kalium“ auf Klaproth zurück.[1])
Die schließlich noch von ihm im Mellit, dem Honigstein, aufgefundene, durch zahlreiche Reaktionen charakterisierte und von ihm benannte „Honigsteinsäure“, nach heutiger Nomenklatur Benzolhexakarbonsäure, war zunächst von minderer Bedeutung. Er stellte fest, „daß der Honigstein aus einer natürlichen Verbindung der Alaunerde mit einer Säure bestehe; daß aber diese Säure keine einfache Mineralsäure, sondern „von der Natur der Pflanzensäuren sei“ und eine „aus Kohlenstoff, Wasserstoff und Sauerstoff zusammengesetzte, folglich durch Feuer zerstörbare“ Verbindung ausmache. (IV, A, 80; 81; 86)
Klaproths weitere analytische Arbeiten im einzelnen zu besprechen, ist nicht gut möglich. Es muß auf das Verzeichnis derselben verwiesen werden (IV), aus der sich ihre Vielzahl und ihre Fragestellung ergibt. Vielleicht ist es aber gerechtfertigt, wenigstens noch auf seine Untersuchungen von Meteoriten hinzuweisen, die er mehrfach analysierte und damit die Auffassung über sie berichtigte. (IV, A, 124; 128; 129; 208)

Technisches

Klaproth hat nicht lediglich Grundlagenforschung betrieben, sondern sich auch gelegentlich mit Fragen der angewandten Chemie und der Technik beschäftigt.
Seine durch geschichtliches Interesse geförderte Untersuchung antiker Gegenstände wurde bereits erwähnt.
Von Wichtigkeit aber war vor anderm wohl seine beratende Tätigkeit bei der Berliner Porzellanmanufaktur. Über Einzelheiten kann leider nichts mitgeteilt werden. Denn diese Arbeit fand naturgemäß keinen Niederschlag in der Literatur. Die in Frage kommenden Archivalien, soweit sie überhaupt den Krieg überdauert haben, sind zur Zeit aber nicht zugänglich. Eine enge Verbindung mit der Manufaktur ist aus verschiedenen seiner Arbeiten ersichtlich. Alexander von Humboldt erwähnt seine Tätigkeit dort gemeinsam „mit dem großen Chemiker Klaproth“ in der Zeit um 1790 (VI, 21).
Klaproths Verfahren, Platin zur Verzierung von Porzellan zu verwenden, wurde von ihm in der Akademie der Wissenschaften vorgetragen (IV, A, 27).
In ein ähnliches Gebiet fällt seine Erfindung, Glas und Porzellan durch Flußsäure zu ätzen und dieses Verfahren zur Herstellung von Glas-Mikrometern für die Astronomie zu verwenden (IV, A, 23), sowie seine Entdeckung, daß Uransalze zur Grünfärbung von Glas geeignet seien.

[1]) Klaproth hat sich, wie beim Kali, regelmäßig um eine zweckmäßige und sinnvolle Nomenklatur bemüht. Das tritt auch in der Benennung der von ihm aufgefundenen Elemente in Erscheinung. Er gab im Mineralreiche u. a. dem Lepidolith und dem Natrolit ihre Namen. Er bemühte sich um die Deutung des Namens Messing und klärte die irrtümliche Bezeichnung „Schörl“ für ganz verschiedene Mineralien auf.

Gewerblich-industrielle Bedeutung hat auch Klaproths Zusammenarbeit mit Achard bei den Vorbereitungen zur fabrikatorischen Zuckergewinnung aus Runkelrüben. Achard stützte seine Vorschläge an den Staat wesentlich auf Klaproths Gutachten (vgl. Kap. I, 8).

Daß Klaproth für seine Experimentalarbeiten auch ein gewisses Geschick zur Erstellung neuer chemischer Apparaturen zeigen mußte, bedarf keiner Betonung. Über einen von ihm konstruierten Apparat zur Wassererzeugung berichtet Fischer ausführlich, mit erläuternden Zeichnungen (IV, A, 121). Über die Konstruktion eines von ihm erdachten Ofens zur möglichst vollständigen Ausnutzung des Brennmaterials hielt Klaproth selbst 1801 einen durch Zeichnungen und Modelle anschaulich gemachten Vortrag in der Märkisch-ökonomischen Gesellschaft in Potsdam (IV, A, 112).

Irrtümer

Es wäre kleinlich, im einzelnen auf die Irrtümer, die Klaproth in seiner Arbeit unterlaufen sind, besonderes Gewicht zu legen. Soweit sie im Wissensstande seiner Zeit begründet waren, sind sie in anderm Zusammenhange erwähnt worden (vgl. S. 80). In andern Fällen handelte es sich um Analysen, welche den einen oder andern Stoff nicht erfaßten, bei einigen auch um ungenaue Resultate. Es waren Fehler, wie sie auch bei einem von allen Zeitgenossen als „bekannt genau“ bezeichneten Analytiker damals gleichwohl unvermeidlich waren. Ihre Zahl ist zudem, im Verhältnis zu den Fehlanalysen anderer bedeutender Chemiker der Epoche, sehr gering. Es wäre jedenfalls ganz verfehlt, sie bei Klaproths allgemeiner Bewertung überhaupt in Betracht zu ziehen. Denn in grundsätzlicher Hinsicht waren seine Irrtümer weit weniger schwerwiegend, als wenn etwa Marggraf sich mühte, Wasser in „Erde“ zu wandeln, oder Liebig mehrfach unhaltbare Theorien verfocht. Niemand aber denkt daran, die wirkliche wissenschaftliche Leistung dieser beiden dadurch zu verdunkeln.

1789 entging Klaproth bei der Analyse des Weißgültigerzes der Kupfergehalt (IV, A, 34). Er übersah 1795 bei der Untersuchung des Chrysoberylls (IV, B, 2, Bd I, 6) und 1798 bei der Zerlegung des Smaragds (wie zunächst auch Vauquelin) das Beryll. 1807 entging ihm in der Veroneser Grünerde der Tonerdegehalt, und 1810 (wie vorher schon Davy) die Phosphorsäure im Wavellit. Als größter Irrtum ist ihm die Vermutung einer neuen „Erde“ der, „Corunderde“ im Demanthspath, im Jahre 1787 (IV, A, 20), nachgetragen worden, obgleich er seine Vermutung ziemlich vorsichtig formulierte und sie später selbst widerrufen hat (IV, B, 2, Bd I Nr. 3). Ja, als Hahnemann nachgewiesen wurde, daß sein „Pneumalkali“ einfacher Borax sei, entschuldigte er seinen Irrtum mit dem etwas hämischen Hinweis, daß ja auch Klaproth (der das Pneumalkali identifiziert hatte) selbst mit der Annahme der Corunderde geirrt habe. Scherer stand in seinem Journal Hahnemann gegen die strenge Beurteilung durch Trommsdorff bei. Der Unterschied war aber der, daß Klaproth sich als ein lediglich am Forschungsergebnis interessierter Gelehrter zeigte, während Hahnemann alsbald seine „Entdeckung“ — mag er auch an sie geglaubt haben — in klingende Münze zu wandeln suchte (IV, A, 96).

Publizistische Arbeit

Klaproths publizistische Arbeit besteht im wesentlichen in der Veröffentlichung der Berichte über seine Experimentalarbeiten (IV) und in der zusammenfassenden Herausgabe dieser Untersuchungen in den 6 Bänden „Beiträge zur Kenntnis der Mineralkörper“ (IV, B, 2). Er hat daneben aber auch andere wissenschaftlich-literarische Arbeit beträchtlichen Umfanges geleistet:

1799 gab er (mit Formey u. a.) die erste „Pharmacopoea Borussica“, 1804 die zweite, 1813 die dritte Ausgabe heraus. (IV, C, 1)

1806/7 gab er die 3. von ihm völlig umgearbeitete Auflage von Grens „Systematisches Handbuch der gesamten Chemie“ heraus, wozu ihn vielleicht Grens Schwager Karsten, der enge Freund Klaproths, veranlaßt haben wird. (IV, C, 4)

Von größerer Wichtigkeit ist das von ihm gemeinsam mit Wolff [163] in 9 Bänden (1807 bis 1819) bearbeitete „Chemische Wörterbuch“ (IV, C, 5), das eine ausgezeichnete enzyklopädische Behandlung des gesamten chemischen Wissens der damaligen Zeit darstellt. Die redaktionelle Gestaltung des Werkes lag zwar im wesentlichen in der Hand von Wolff, aber der überwachende Fachmann bei der Bearbeitung war doch Klaproth.

An Wolffs Übersetzung des „Manuel de l'Essayer“ von Vauquelin, das unter dem Titel „Handbuch der Probierkunst“ erschien, ist er durch Beratung des Übersetzers und die Beifügung kommentierender Anmerkungen beteiligt (IV, C, 2).

An der von seinem Schüler John [106] ganz nach seiner Auffassung gestalteten „Anweisung zur chemischen Analyse“ (IV, C, 6) nahm er besonderes Interesse und leitete das Werk durch ein empfehlendes Vorwort ein, in dem er seine grundsätzliche wissenschaftliche Auffassung über die Bedeutung vorurteilsfreier exakter chemischer Experimentalarbeit (vgl. S. 72) besonders zum Ausdruck brachte.

E. G. Fischer berichtet (V, 12), daß er durch Klaproth veranlaßt worden sei, Cl. L. Berthollets „Essai de statique chimique“, Paris 1803, in deutscher Übersetzung herauszugeben (Versuch einer chemischen Statik. Aus dem Französischen übersetzt von G. W. Bartholdy und mit Erläuterungen von E. G. Fischer. 2 Theile, Berlin, 1810, 1811) und er dabei weitgehend von ihm beraten worden sei.

Klaproth zeichnet ferner als Mitherausgeber des „Neuen allgemeinen Journals der Chemie“ (1803 bis 1805) und des „Neuen allgemeinen Journals für die Chemie, Physik und Mineralogie“ (1806 bis 1809), die beide unter der redaktionellen Leitung von Gehlen standen, sowie des nachfolgenden „Neuen Journals für Chemie, Physik und Mineralogie“, das nach Gehlens Tode Schweigger herausgab.

Auch beim „Berlinischen Jahrbuch für Pharmazie“ ist Klaproth bei einigen Jahrgängen als Mitherausgeber genannt.

Viele Einzelarbeiten Klaproths sind in Übersetzung auch in Zeitschriften des Auslandes (England, Frankreich, Italien) aufgenommen worden (IV, D).

Seine „Beiträge zur Kenntnis der Mineralkörper“ erschienen in französischer und englischer, sein „Chemisches Wörterbuch“ in französischer und italienischer Übersetzung (IV, D).

5. Zeittafel der wichtigsten Entdeckungen

1776 Charakterisierung des Kopals und Identifizierung desselben als Pflanzen-Harz

1782 Chemische Identifizierung der Tinctura Ferri Bestuscheff (Tinctura Ferri chlorati aetherea)

1789 Entdeckung und Charakterisierung des Zirkon

Entdeckung, Charakterisierung und Benennung des Uran

1792 Entdeckung, Charakterisierung und Benennung des Titan

1793 Entdeckung (gleichzeitig mit Hope) und Charakterisierung des Strontium

1797 Entdeckung des Chrom (gleichzeitig mit Vauquelin)

Entdeckung und Benennung des Kalium in Mineralien

1798 Bestätigung des von Müller von Reichenstein vermuteten, von Klaproth charakterisierten und benannten Tellur

Bestätigung des von Vauquelin entdeckten, von Klaproth Beryllium benannten Glycinium.

1799 Entdeckung, Charakterisierung und Benennung der Honigsteinsäure

1802 Einführung des Bariumnitrat in die Analyse zur Aufschließung von Silikaten (mit Rose)

1803 Entdeckung und Charakterisierung (gleichzeitig mit Berzelius und Hisinger) des Cer, von Klaproth zunächst Ochroit später Cererium benannt

III. KLAPROTH ALS MENSCH

1. Klaproths gesellschaftliche Stellung

Klaproth hat im gesellschaftlichen Leben Berlins eine verhältnismäßig große Rolle gespielt. Seine Stellung in ihm ergab sich, wie schon geschildert, zunächst durch die familiären Beziehungen, die er mit seiner Heirat gewann. Er festigte und erhöhte sie aber durch seine eigene Leistung, die er als Apotheker, als Lehrer an verschiedenen Hochschulen, als Mitglied der Akademie der Wissenschaften und als Forscher vollbrachte. Auch durch seine Zugehörigkeit zur Freimaurerei hat sich ein vielseitiger Verkehr für ihn ergeben, der sich ihm sonst vielleicht nicht in gleichem Maße, oder wenigstens nicht so schnell, erschlossen hätte. Durch die Loge kam er schon frühzeitig in engere Berührung (mag diese sich auch nicht immer zu persönlicher Freundschaft entwickelt haben) mit zahlreichen Persönlichkeiten des politischen Lebens und mit hohen Staatsbeamten, jedenfalls mit Kreisen, die ihm sonst als „Apotheker" vermutlich erst dann zugänglich geworden wären, wenn er mit langsam wachsendem Ruhm selbst eine „gesellschaftliche Position" erlangt hätte.

Ein guter Maßstab für das soziale Ansehen, das er erwarb, sind die Paten seiner Kinder. Zwar finden wir bei den jüngsten Kindern neben Verwandten und Berufsgenossen im wesentlichen Angehörige des mittleren Bürgerstandes als Taufzeugen. Doch bei der 1787 geborenen Tochter stehen (außer den Verwandten: seiner Schwiegermutter Frau Amalie Lehmann, geborenen Marggraf und seiner Schwägerin Fräulein Caroline Louise Lehmann) Graf von Lepel [131], Graf von Geßler [132], Geheimer Finanzrat von Beyer [135], Hauptmann von Schönermarck [136], Fräulein von Holtzmann [136], Frau Hauptmann von Geelhar [136], Frau Oberbergrat Ferber [133] und Sir John Hawkins [134] Gevatter. (VII, 5; VI, 32)

Diese illustre Taufgesellschaft wirkt um so erstaunlicher, wenn man bedenkt, daß der Apotheker in damaliger Zeit nach der amtlichen Klassifizierung noch zu den Handwerkern zählte [23], obgleich er allerdings in der Regel (und zumal in Berlin) gesellschaftlich doch höher eingeschätzt wurde. Klaproth war überdies als Apotheker zwar Besitzer einer großen Apotheke, die ihm in materieller Hinsicht größeren gesellschaftlichen Verkehr erlaubte, bekleidete Anfang 1787 aber als einziges, noch recht bescheidenes Amt nur das des zweiten pharmazeutischen Assessors am Ober-Collegium-medicum. Da man in jener Zeit (noch zu Lebzeiten Friedrichs II.) die gesellschaftlichen Rangunterschiede ziemlich streng beachtete, so sagt dieser Verkehrskreis sehr viel über das außergewöhnliche Ansehen Klaproths aus. Hatte seine Heirat ihm die Tür zu jener vornehmen Welt geöffnet, so muß er doch wohl neben seiner (damals noch nicht so überragenden) wissenschaftlichen Leistung als Persönlichkeit so anziehend gewirkt haben, daß er bald seinen Platz in dem ihm von Hause aus ganz ungewohnten Milieu behauptete.

Unter den erwähnten Paten ist wenigstens der Geh. Finanzrat von Beyer als Logenbruder nachzuweisen. Auch mit dem Hofmarschall des Herzogs Friedrich von Braunschweig [137] (der selbst eine hervorragende Stellung in der Berliner Freimaurerei einnahm), dem Hauptmann Gohl [138], wird Klaproth durch die Loge bekannt geworden sein. Den sich aus seiner Mitgliedschaft zur Loge ergebenden Verkehr eingehend schildern zu wollen, würde auf eine Aufzählung aller Mitglieder hinauslaufen. Es würde aber kein klares Bild dadurch entstehen. Denn bei den erwähnten Spannungen innerhalb des Berliner Freimaurertums wird sich mit manchen Ordensbrüdern der Umgang wahrscheinlich auf die offiziellen Veranstaltungen beschränkt haben. Aber auch echte Freunde hat Klaproth unter den Freimaurern gefunden. Zu ihnen gehörte vor allem der Oberkonsistorialrat Zöllner [139], dem er schon 1784 kameradschaftlich verbunden war, und mit dem er noch 1795 eine längere Reise durch Pommern und Mecklenburg unternahm (VI, 134).

Den größeren Freundeskreis aber schuf ihm doch seine wissenschaftliche Arbeit, die in gleichem Maße die sozialen Schranken aufhob, wie die Zugehörigkeit zur Loge es tat.

So finden wir ihn als regelmäßigen Teilnehmer der gelehrten Tafelrunde der Frau von Friedland († 1803), später ihrer Tochter Henriette Charlotte (1772 bis 1848), der Frau des Staatsrates Graf Peter Alexander von Itzenplitz (1768 bis 1834) auf Schloß Cunersdorf, einem Gute, das etwa 60 km von Berlin entfernt liegt. Der Dichter Theodor Fontane [140], von Beruf selbst Apotheker, hat eine Schilderung des Kreises gegeben, der anschaulich zeigt, wie sich damals einem Gelehrten auch gesellschaftliche Kreise erschlossen, denen er nach den sonstigen Anschauungen der Zeit nicht zugehörte. Fontane sagt:

„Seit 1788 wurden die Berliner Savants, die Akademiker und Philosophen in Schloß Cunersdorf heimisch. Zum Teil mochte das Nicolaische Haus [141], in welchem Frau von Friedland ihre Stadtwohnung beibehielt, eine äußerliche Veranlassung dazu bieten; was aber den Ausschlag gab, das lag tiefer. Die Epoche der geistreichen Zirkel, die später in der Prinz-Louis-Ferdinand[142]-Zeit ihren Höhepunkt erreichte, war eben angebrochen; Geburt war nicht viel, oder sollte nicht viel sein; Talent war alles. Dieser damals herrschenden Anschauung neigte man sich auch in Schloß Cunersdorf zu; Buttmann [143] und Bode, Engel und Spalding, Biester und Nicolai [141] waren gern gesehene Gäste, und die Vertreter historisch berühmter Namen galten wenig, wenn sie nicht ihres Teils gewirkt und geschafft und das ererbte Pfund durch eigene Kraft gemehrt hatten.

Der Tod der Frau von Friedland änderte hierin nichts Wesentliches; ihre Tochter, die Gräfin Itzenplitz, trat eben in jedem Sinne die Erbschaft der Mutter an, und alles, was hervorragte, sei es in Staat, Leben, Wissenschaft, fand nach wie vor die gastlichen Tore von Schloß Cunersdorf offen. Wenn sich ein Unterschied zeigte, so war es vielleicht der, daß die einseitige Bevorzugung des Talents, wie es die Zeitströmung mit sich gebracht hatte, nunmehr einer nach allen Seiten hin gerechteren Würdigung des Lebens und seiner tausend Kräfte Platz machte. Die persönlichen Neigungen der Tochter lagen im wesentlichen nach derselben Seite hin, wie die der Mutter; die Wissenschaften standen in erster Reihe, unter diesen die Botanik obenan, und Klaproth, Wildenow, Lichtenstein, Erman [144], beide Humboldts, Leopold von Buch [145], dazu Savigny, Ranke, Knesebeck, Reden, Marwitz, Oberst von Romberg, vor allem der alte Oberpräsident von Vincke waren Freunde und Gäste des Hauses. Aber, wie schon angedeutet, der Kreis war doch ein weitgezogener als früher, und die Kunst, deren erstes Dämmern in diesem Lande Frau von Friedland nur eben noch erlebt hatte, fand jetzt ein eingehenderes Verständnis, und soweit es die Zeit und Mittel eines Privathauses überhaupt gestatteten, auch Förderung und Pflege" (VI, 55).

Klaproth hatte hier teil an einem großen Kreis von Gelehrten und Künstlern, der um so anregender sein mußte, als er Vertreter verschiedenster Fächer und Auffassungen vereinte.

Durch die amtliche Stellung, welche er ja auch als Folge seiner Forschungsergebnisse erlangte, gewann er Beziehungen zu hervorragenden Vertretern der Verwaltung und des Heeres. Schließlich wurde er durch seine rege Teilnahme an den Berliner wissenschaftlichen Gesellschaften mit der Zeit selbst ein höchst geachtetes Mitglied in einem großen Gelehrtenkreise, der nicht nur auf Berlin beschränkt war.

Vermutlich durch den früher erwähnten Elieser Bloch [47] wird Klaproth in die „Gesellschaft naturforschender Freunde zu Berlin" eingeführt worden sein (VI, 19). Der vielseitig interessierte Arzt gehörte zu den Stiftern dieser 1773 nach dem Muster der „Danziger naturforschenden Gesellschaft" begründeten, vom Staate genehmigten und 1786 vom König mit einem Hause beschenkten Korporation, der anzugehören später als eine besondere Ehre betrachtet wurde. Die Zahl der ordentlichen Mitglieder war auf jeweils 12 begrenzt worden, während die Wahl von Ehren- bzw. außerordentlichen Mitgliedern unbeschränkt war. Klaproths Ernennung zum außerordentlichen Mitgliede wurde am 18. April 1787 im Organ der Gesellschaft bekannt gegeben. Am 25. Oktober 1791 rückte er zum ordentlichen Mitgliede auf. Er befand sich damit in einem Kreise von zum Teil bedeutenden Berliner Gelehrten. Der Astronom Bode, der Botaniker Gleditsch, der Chemiker Achard, die Mineralogen Gerhard und Ferber gehörten der Gesellschaft an. Klaproth hat viele seiner Arbeiten in diesem Gremium vorgetragen und in den Publikationen der Gesellschaft veröffentlicht. (VI, 51; 135).

Während über seine Mitarbeit in der „Sozietät der Bergbaukunde", deren „Vize-Direktor" er seit 1791 war (V, 12, 14), sich nichts ermitteln ließ, scheint er selbst zu den Stiftern der „Philomatischen Gesellschaft" gehört zu haben. Auch über diese Vereinigung, in der Klaproth häufig die Ergebnisse seiner Untersuchungen in Vorträgen bekanntgab, ist nicht viel feststellbar. Nach Erman ist sie 1801 begründet worden, hat aber nur verhältnismäßig kurze Zeit bestanden und „ihre Stifter nicht überlebt". 1811 ist sie noch nachweisbar. Klaproth war Vorsitzender, der Philosoph Bendavid [146] Sekretär. Wöchentlich wurden Sitzungen abgehalten, in denen die Mitglieder ihre wissenschaftlichen Erfahrungen austauschten. Erman betont, daß sie „namhafteste Gelehrte" in sich vereinigte. Wenn auch gelegentlich auswärtige

Wissenschaftler (wie 1801/1802 Oersted [147]) an ihren Arbeiten teilnahmen, hat die Vereinigung indessen in ihrem Wirken doch wohl über Berlin nicht hinaus gegriffen (VI, 47).

Mehr in der Breite wirkte die „Medizinisch-chirurgische Gesellschaft", an der Klaproth gleichfalls aktiv Anteil nahm. Sie war am 1. Februar 1810 durch Hufeland (nach dem sie 1833 offiziell den Namen „Hufelandische Gesellschaft" annahm) begründet worden und zählte bereits 1812 60 ordentliche Mitglieder, meist Ärzte (unter ihnen Heim, Horn, Barez, Görke, Formey), aber auch andere Naturwissenschaftler, wie Klaproth, Hermbstaedt, Reil, Staberoh [149], Thaer [150] u. a. Die Gesellschaft unterhielt für ihre Mitglieder eine Bibliothek und einen Lesezirkel und trat (abgesehen von regelmäßigen und gelegentlichen Festveranstaltungen) alle 14 Tage (Freitags von 5 bis 7 Uhr) im Hause des „Direktors" (Hufeland) zu Sitzungen zusammen, in denen Abhandlungen der Mitglieder verlesen und diskutiert wurden und neue wissenschaftliche Literatur besprochen wurde (VI, 34).

Des öfteren nahmen auch Gäste von außerhalb an den Sitzungen teil.

Klaproth hat mehrmals (1814, 1816) dem Vorstand angehört und hat häufig Vorträge in ihrem Kreise gehalten. Es ist bemerkenswert, daß diese sich (im Gegensatz zu seiner sonstigen Lehrtätigkeit und seinen Veröffentlichungen) meist nicht auf chemische, sondern auf pharmazeutische Gegenstände bezogen. Am 19. März 1813 sprach er über den Blausäuregehalt von Aqua Amygdalarum amararum und Aqua laurocerasi. Mehrere kleine Vorträge am 24. September 1813 betrafen die Verfälschung der Chinarinde mit Cortex Hippocastani, die Bereitung des Vanillesirups, zwei Geheimmittel gegen die Krätze (die er als Arseniklösung bzw. verdünnte Schwefelsäure entlarvte) und Versuche mit Nux vomica. Auch am 17. Dezember 1813 behandelte er ausschließlich pharmazeutische Themen, wenn er über das James-Pulver (eine Mischung von Hirschhorn und Spießglanzoxyd), über chinesische Arzneimittel und Rezepte und über Verfälschungen der Angusturarinde berichtete. 1814, in dem Jahre, in dem er den ersten Schlaganfall erlitt, hat er anscheinend keinen Vortrag in der Gesellschaft gehalten. Aber am 11. März 1815 las er noch einmal eine Abhandlung über Analysen von Bezoarsteinen, wobei er aus seiner eigenen Sammlung u. a. einen goldgefaßten Stein vom malakkischen Stachelschwein als seltenes Stück vorzeigte. Zugleich berichtete er über eine Vergiftung mit Bilsenkraut.

Klaproths Vorträge und seine anderweitige Mitarbeit in der Akademie der Wissenschaften sind im Kapitel I, 8 ausführlich geschildert worden. Auch dort vermittelte ihm seine Mitgliedschaft Beziehungen zu geistig hervorragenden Vertretern seiner Zeit.

Aus der aktiven Teilnahme an den Bestrebungen aller dieser Korporationen neben seiner ausgedehnten Lehrtätigkeit ist ersichtlich, daß er im kulturellen Leben Berlins eine bedeutende Rolle gespielt hat.

Seine Forschungsarbeit führte ihn aber auch zur Fühlungnahme mit zahlreichen Gelehrten des Auslandes, die in einem ausgedehnten Briefwechsel ihren Ausdruck fand. Von dieser Korrespondenz ist wahrscheinlich nur wenig erhalten geblieben. Aus seinen Arbeiten ergibt sich aber, daß er mit Wissenschaftlern aus aller Welt in Verbindung gestanden haben muß [151].

Dabei erscheint es erwähnenswert, daß irgend eine Verbindung Klaproths mit Goethe offenbar nicht bestanden hat. Dies ist bei Goethes großem chemischen Interesse um so befremdlicher, als nahe Freunde Klaproths, wie die Gebrüder Humboldt, enge Beziehungen zu Goethe pflegten und Goethes Schützling Prof. Döbereiner [154] in Jena Klaproth besonders hoch schätzte (vgl. S. 94). Vielleicht ist Goethes Abneigung gegen den Berliner Kreis um Friedrich Nicolai der Grund gewesen. Hat Klaproth auch diesem in speziell literarischer Hinsicht nicht angehört, so zählte er doch — wie wir sahen — ebenso zu Nicolais näheren Bekannten, wie Rose d. Ä. Mitarbeiter an Nicolais „Allgemeiner Deutscher Bibliothek“ gewesen war.

Herr Dr. Vulpius vom „Leitungskollegium der nationalen Forschungs- und Gedenkstätten der klassischen deutschen Literatur in Weimar“ teilte mir zu dieser Frage folgendes mit: „Es sind auffallenderweise keine persönlichen Beziehungen Goethes zu Martin Heinrich Klaproth bekannt, nicht einmal Erwähnungen in den naturwissenschaftlichen Schriften und Briefen. Auch Briefe Klaproths an Goethe sind nicht vorhanden. Der Name des Berliner Chemikers wird nur dreimal von Korrespondenten Goethes erwähnt: zweimal spricht Johann Georg Lenz von Schriften und Mineralien, die Klaproth der Jenaischen Societät geschenkt habe, während Ludwig Cramer seinen Tod beklagt. — Vom 11. bis 14. April 1812 hat Goethe das „Chemische Wörterbuch“ Bd. 1 bis 5, Berlin 1807 — 1810, von Klaproth und Friedrich Wolff, aus der Herzogl. Bibliothek entliehen. Seine eigene Bibliothek weist keine Bücher von Klaproth auf.“

Unter diesen Umständen ist es nicht ohne Reiz, daß Carl Caesar (von) Leonhard den zweiten Jahrgang seines „Taschenbuch für die gesamte Mineralogie...“, Frankfurt am Main, 1808, Goethe, Klaproth und Hauy gemeinsam gewidmet hat.

2. Klaproth im Urteil seiner Zeitgenossen; Ehrungen

Klaproth ist zwar nicht so mit staatlichen Titeln und Orden überhäuft worden, wie sein jüngerer Freund, Kollege und Verwandter Hermbstaedt, dessen Vielgeschäftigkeit doch bisweilen Anstoß erregte [167]. Aber er hat dafür als Gelehrter schon frühzeitig Anerkennung in den Kreisen gefunden, die ihm wichtig waren, und er konnte sich diese Anerkennung bis an sein Lebensende fast uneingeschränkt erhalten.

Daß er sich gleichwohl gelegentlich gegen Herabsetzungen, Verdächtigungen und Angriffe meist kleiner Geister zu verteidigen hatte, bedarf keiner Hervorhebung. Welchem Forscher geschähe dies nicht, zumal wenn er neue Wege einschlägt!

Schon 1785 hatte er sich gegen die Unterstellung chemischer Unwahrheit bei seiner Vorschrift für die Bestuscheffsche Eisentinktur durch den Rezensenten des Hagenschen Lehrbuches der Apothekerkunst (Jenaer Allgemeine Literatur-Zeitung 1785, Nr. 217; Crells Annalen 1786) zu verteidigen.

Seine Erfindung, Mikrometer für die Astronomie im Ätzverfahren herzustellen, versuchte man, Prof. Lichtenberg in Göttingen zuzusprechen (Crells Annalen 1789, I, 518).

Als er 1790/91 den Irrtum von Ruprecht und Tondi hinsichtlich der ihnen angeblich gelungenen Reduktion von einfachen Erden nachweist, muß er gegen Anwürfe, Entstellungen und Ironisierungen des Wieners Ignaz von Born, Direktor des dortigen Naturalienkabinetts, Stellung nehmen (Crells Annalen 1791, I, 490—494).

Er muß gegen den Schweizer Karl Friedrich Morell, Apotheker in Bern, auftreten, der hämisch behauptet hatte, Klaproth bezeichne alles, was er nicht identifizieren könne, als Kieselerde.

Die Priorität seiner Entdeckung der Molybdaensäure im gelben kärntischen Bleispath muß er gegen Heyer, Apotheker in Braunschweig verteidigen. Er hatte, ohne Klaproths Arbeit als Quelle zu nennen, nach ihr den Bericht über seine eigene (falsche) Analyse von der Druckerei zurückgefordert und nachträglich abgeändert.

Das größte Ärgernis bereitete Klaproth seine Arbeit über das Tellur, bei der er des Plagiats beschuldigt wurde (vgl. S. 83).

Die Besprechung der Pharmacopoea Borussica in der „Neuen Allgem. Deutschen Bibliothek" (55. Bd. 1800, S. 32 — 39) ist ausgesprochen wichtigtuerisch. Die Fülle kleiner subjektiver Beanstandungen überwuchert fast die am Schlusse gegebene Anerkennung der Arbeit. Auch die Rezensionen seiner Bearbeitung von Grens Handbuch der Chemie (1806) in der „Leipziger Lit. Ztg.", 1806, 130. Stück, sowie in den Ergänzungsblättern der „Hallischen Allg. Lit. Ztg." 1807, Nr. 82, sind mißgünstig, kleinlich und in manchem ungerechtfertigt.

Doch all das waren Ausnahmen. Sie fallen bei der überwiegenden Zahl gegenteiliger Urteile nicht ins Gewicht.

Noch 1776 nannte Bloch ihn nur „einen geschickten jungen Scheidekünstler" (vgl. S. 34), und 1779 ist sein Name in der Beschreibung Berlins von Nicolai noch nicht zu finden (VI, 108). Aber bereits 1784 war er, nach den Worten von Prof. Prevost, „unser geschickter und berühmter Chemiker" und 1785 stellte Zöllner in der Berlinischen Monatsschrift Klaproths Überlegenheit als Experimentator schon mit unbetonter Selbstverständlichkeit fest. Zellner in Pless nennt ihn „unsern Meister der Docimasie". Im nächsten Jahre bezeichnet ihn Nicolai in der neuen Auflage seiner Beschreibung von Berlin (VI, 107) als „rühmlichst bekannt durch verschiedene wichtige chemische Versuche und Schriften" und widmete seinen wissenschaftlichen Sammlungen anerkennende Worte. Auch im Auslande begann sein Ruf sich zu festigen. Morveau in Frankreich berichtete 1786 (Crells Annalen 1786), daß er mit seinen Schülern besonders die Versuche eines Scheele, Klaproth, Meyer wiederhole, die „unstreitig unter die erste Classe der Chemisten gehören". Als Hermbstaedt 1793 Scheeles Arbeit in deutscher Übersetzung herausgab, widmete er sie Klaproth mit der Feststellung, daß nach der Meinung ganz Europas nur er den Verlust dieses Großen ersetzen könne.

1795 sagt Crell (Annalen), daß Klaproth „einer der ersten vaterländischen Chemisten" sei, „allgemein anerkannt und hochgeschätzt". Die Gesellschaft naturforschender Freunde zu Berlin rühmt sich 1806 voller Stolz, daß sie den „scharfsinnigen Entdecker neuer Metalle und Erden" unter ihren Mitgliedern habe.

Döbereiner nennt ihn 1818 den „Meister der analytischen Chemie, den unvergeßlichen Mann, welcher für das gelehrte Deutschland als Naturforscher eine Zierde war, und in vieler Hinsicht für die Chemiker des In- und Auslandes stets ein Muster bleiben wird". [Schweiggers Journal, XVIII (1818), 89].

Es erübrigt sich, die in der Folgezeit sich unzählbar häufenden und fast in jedem chemischen Journal der Zeit sich findenden ehrenden Attribute anzuführen, die

Klaproth bei der Bezugnahme auf seine wissenschaftliche Arbeit beigelegt werden. Es genügt, abschließend als Repräsentanten seiner Zeitgenossen vier einwandfreie Männer zu zitieren, deren Urteil besonderes Gewicht beizumessen ist, und deren Wort weithin galt: Alexander und Wilhelm von Humboldt in Deutschland, Berzelius [Schweiggers Journal, XI (1814), 210] in Schweden und Proust in Frankreich. Nannte ihn Alexander von Humboldt schon 1805 (Brief an Karsten v. 10. März 1805, nach Harnack a. a. O.) einen „großen Mann", so bezeichnete ihn sein Bruder 1809 als einen Forscher, der auch im Auslande einen solchen Ruf habe, wie ihn nur wenige Gelehrte Preußens besäßen (vgl. S. 47). Berzelius räumt Klaproth 1814 unter den analytischen Chemikern seiner Zeit den ersten Platz ein, und bezeichnet ihn an anderer Stelle als den größten Analytiker Europas. Die größte Anerkennung durch einen Gelehrten sehe ich aber darin, daß Proust in seinem wissenschaftlichen Meinungsstreite mit Berthollet Klaproth gewissermaßen als oberste Instanz betrachtet und ihm im Geiste statt seiner die Definition einer chemischen Verbindung geben läßt (VI, 112). Wie die Mitwelt über Klaproth dachte, das besagen auch alle Nekrologe, die ihn ohne Ausnahme wissenschaftlich und menschlich höchste Anerkennung zollen, obgleich sie von ganz verschiedenen Verfassern geschrieben wurden (V).
Auch einige Zeit nach seinem Tode blieb das Gefühl wach, daß es Pflicht sei, das „Andenken eines Mannes zu ehren, dem die Chemie so viel zu danken hat" (Klaproth-Wolff Chem. Wörterbuch, IV. Suppl. Bd., S. 1819). Staberohs Anregung dazu, das 1817, in Klaproths Todesjahr, entdeckte Cadmium mit dem Namen „Klaprothium" zu belegen, setzte sich allerdings nicht für die Dauer durch, obgleich noch 1847 Döbereiner diese Bezeichnung des Elements an erster Stelle nennt (VI, 39). Aber in Frankreich trägt noch heute ein Mineral nach dem Vorschlage von François Sulpice Beudant (1787 bis 1850), Prof. der Mineralogie in Paris, das Lazulith, zur Ehre des deutschen Forschers den Namen „Klaprothine".
Die Anerkennung, welche in den hier ausgewählt zitierten persönlichen Urteilen von einzelnen gelehrten Zeitgenossen zum Ausdruck kommt, wurde für die Allgemeinheit sichtbar durch die Ehrungen, die Klaproth zuteil wurden.

Man wählte ihn

1786 zum a. o. Mitgliede der Gesellschaft naturforschender Freunde zu Berlin,

1788 zum Mitgliede der Akademie der Künste und mechanischen Wissenschaften zu Berlin,

1788 zum Mitgliede der Akademie der Wissenschaften in Berlin,

1791 zum o. Mitgliede der Gesellschaft naturforschender Freunde zu Berlin, zum Vizedirektor der Sozietät der Bergbaukunde in Berlin,

1795 zum Mitglied der Royal Society in London,

1802 zum Mitgliede der Galvanischen Gesellschaft zu Paris,

1803 zum Mitgliede der Medizinischen Gesellschaft zu Montpellier,

1804 zum o. Mitgliede des National-Institutes in Paris,

1808 zum Mitgliede der Kgl. Akademie der Wissenschaften zu München,

1815 zum Mitgliede der Kgl. Gesellschaft der Wissenschaften zu Göttingen.

Er war außerdem erwähltes (teils „Korrespondierendes" teils „Ehren-") Mitglied folgender Akademien oder wissenschaftlichen Gesellschaften, für die ich das Datum seiner Wahl nicht ermittelte:
Kaiserl. Akademie der Wissenschaften zu Petersburg,
Medizinisch-chirurgische Akademie zu Petersburg,
Kgl. Societät der Wissenschaften zu Kopenhagen,
Kgl. Akademie der Wissenschaften zu Stockholm,
Akademie der nützlichen Wissenschaften zu Erfurt,
Physikalisch-medizinische Societät zu Moskau,
Societät der Naturforscher zu Moskau,
Märk. ökonomische Gesellschaft zu Potsdam,
Naturforschende Gesellschaft zu Halle,
Mathematisch-physikalische Gesellschaft zu Erfurt,
Mineralogische Societät zu Jena,
Freie pharmaceutische Societät zu Paris,
Medicinisch-chirurgische Societät zu Brüssel,
Pharmaceutische Societät zu Brüssel,
Physikalisch-medicinische Gesellschaft zu Erlangen,
Wetterauische Gesellschaft für die gesamte Naturkunde,
Physikalische Gesellschaft zu Rostock.

Die Liste ist nicht vollständig. Denn gelegentlich wird erwähnt, daß man in seinem Nachlaß mehr als 30 Diplome solcher Art gefunden habe. Gewiß soll man gerade diese Ehrungen nicht überbewerten. Aber daß er Mitglied war von 11 Akademien im eigentlichen Sinne, dabei des exklusiven Pariser National-Instituts, will doch etwas besagen. Und daß es sich bei den andern wissenschaftlichen Gesellschaften vielfach um solche des Auslandes handelt, die ihn nicht — wie vielleicht inländische Korporationen — aus Höflichkeit erwählten, sondern entweder, um ihn wirklich zu ehren, oder aber um durch seinen Ruhm das eigene Ansehen zu heben, das zeigt doch die Größe der Anerkennung, die ihm in der ganzen Welt gezollt wurde.
Am 1. Juli 1806, unter dem Dekanat von Friedrich Hildebrandt [155], promovierte die philosophische Fakultät der Universität Erlangen ihn zum Doctor philosophiae, nach heutiger Auffassung „honoris causa". Die Eintragung im Protokollbuch besagt:

> „Martino Henrico Klaproth, Wernigerodano Saxoni Augustiss. Regis Borussiae consiliario primario in rebus ad sanitatem civium et medicinam pertinentibus, Chemiae Prof. ord. in academia regia tormenta bellica et pyrotechniam militarem spectante, qui naturae cultui studio indefesso vitam dicavit, chemiam eximie auxit, terrarum ac metallorum novas species indigavit, novam analyseos vitam monstravit, quam ipse ingressus minerarum docimasiam admodum locupletavit, ordo noster summos in philosophia honores sponte contulit d. 1. Julii a. c." (VII, 11).

Ist so von Seiten wissenschaftlicher Kreise Klaproth eine Fülle von Ehrungen aller Art zuteil geworden, so muß man eine staatliche Anerkennung in gleichem Maße vermissen. In solcher Hinsicht wirkt es schon befremdlich, daß man nach Achards Rücktritt versuchte, ihm die Stellung des ordentlichen Chemikers der Akademie vorzuenthalten und durch einen auswärtigen Gelehrten zu besetzen. Der Titel eines Obermedizinalrates, den er trug, war lediglich eine Amtsbezeichnung. So bleibt als einzige wirkliche Ehrung durch den Staat die Verleihung des Roten Adler-Ordens III. Klasse übrig. Eine wahrlich sehr bescheidene Anerkennung! Klaproth nahm ihn am 18. Januar 1811 beim traditionellen Ordensfest zugleich mit einer Reihe anderer Persönlichkeiten aus Wissenschaft, Verwaltung und Heer während der üblichen Feierlichkeiten im Schloß in Anwesenheit des Königs in Empfang. Vielleicht oder wahrscheinlich hat er auch an dem Gottesdienst teilgenommen, der zur Feier des Krönungs- und Ordensfestes in der Dom-Kirche stattfand und dem „des Königs Majestät, die Prinzen und Prinzessinnen des königlichen Hauses, der Hof, die Ritter und Inhaber der Kgl. Orden- und Ehrenzeichen nebst den öffentlichen Behörden" beiwohnten (VI, 18).

3. Charakter und Lebensauffassung

Zur charakterlichen Beurteilung Klaproths steht uns in der bereits mehrfach zitierten Gedenkrede Fischers [162], die er am 3. Juli 1819 in der Akademie der Wissenschaften gehalten hat, eine ausführliche Meinungsäußerung eines Zeitgenossen zur Verfügung (V, 12). Sie wird durch mehrere Nekrologe in damaligen Fachzeitschriften bestätigt und ergänzt.

Obgleich Fischer gewisse Unzulänglichkeiten keineswegs übersieht, tritt uns Klaproth in der Gedenkrede fast als Übermensch entgegen. Es ist dabei aber zu berücksichtigen, daß die uns heute übertrieben anmutenden Formulierungen dem Stile jener Zeit entsprechen. Die Glaubwürdigkeit des Redners kann nicht schon deshalb angezweifelt werden, weil seine Ausführungen in ihrer damals üblichen Art sich nach heutiger Auffassung allzusehr der Forderung „de mortuis nil nisi bene" anzupassen scheinen. Gewiß hat Fischer, der Klaproth offenbar nahe stand, den Gelehrten aus seiner persönlichen freundschaftlichen und verehrenden Einstellung heraus beurteilt und ihn nicht nur wissenschaftlich nüchtern, sondern auch mit der Sprache des Herzens geschildert [156]. Aber schon die Tatsache, daß ein so ernsthafter Wissenschaftler, wie Fischer es war, Klaproth auch in seinen menschlichen Eigenschaften so hoch schätzte, ist für dessen Beurteilung von Wert. Es muß außerdem berücksichtigt werden, daß Fischer die Gedenkrede vor den Mitgliedern der Akademie der Wissenschaften, also vor einem Forum von besonders urteilsfähigen Zuhörern gehalten hat, von denen sehr viele, wenn nicht die meisten, Klaproth persönlich gekannt haben. Fischer hätte das Vertrauen zu seiner wissenschaftlichen Wahrhaftigkeit und damit seinen Ruf als Gelehrter und Forscher gefährdet, wenn er diesen Zeitgenossen Klaproths eine unbegründete oder gar wahrheitswidrige schön färbende Lobrede vorgetragen hätte. Da sein Urteil zudem mit der Bewertung Klaproths in den etwa gleichzeitig erschienenen Nekrologen und anderweitigen Angaben von Zeitgenossen übereinstimmt und außerdem den Folgerungen entspricht, die wir aus seinen wissenschaftlichen Arbeiten und aus seinem persönlichen Verhalten in den verschiedensten Situationen seines Lebens ziehen müssen, so besteht kein Anlaß, die Wahrheit des

Wesentlichen in der Schilderung Fischers anzuzweifeln. Diese Überzeugung wird bestärkt durch die Urteile, die A.W. v. Hofmann und H. Kopp, die sich ziemlich eingehend auch mit Klaproths Persönlichkeit befaßten, über ihn abgeben. Beide standen seinem Zeitalter noch verhältnismäßig nahe und sie hatten deshalb die — sicherlich von ihnen benutzte — Möglichkeit, zur Vermeidung eines unkritischen Urteils Persönlichkeiten zu Rate zu ziehen, die ihn noch gekannt haben (V,15;17).

Nach allem ergibt sich ein Charakterbild Klaproths, das ihn tatsächlich nicht nur als großen Gelehrten, sondern auch — was nicht immer damit verknüpft ist — als großen Menschen kennzeichnet.

Klaproth hat im armen Elternhaus, als Kurrendejunge und in schweren Lehrjahren eine harte Schule durchgemacht. In Armut verbrachte Jugendzeit, die einen Knaben trotzdem unter besser gestellte Kameraden einreiht, verdirbt oft den Charakter. Leicht sieht er mit mißgünstigen Augen auf höher Gestellte. Und von schließlich erreichter Höhe blickt dann ein ungefestigter Charakter bisweilen dünkelhaft verachtend auf nunmehr tiefer Stehende.

Zudem hegen Autodidakten, wie Klaproth einer war, nur allzuoft eine übertriebene Meinung von ihrem eigenen Können bei herabsetzender Kritik fremden Wissens.

Von all dem ist bei ihm wenig zu finden. Fischer sagt: „Er war wohlwollend gegen alle Menschen gesinnt und selten oder nie hörte man ihn ein wegwerfendes oder auch verkleinerndes Urteil über andere fällen. Mußte er tadeln, so geschah es kurz und ohne Bitterkeit; denn sein Tadel galt immer der Sache, nie der Person".

Alle diese Eigenschaften — die übereinstimmend in allen Nekrologen auf ihn mehr oder weniger betont und hervorgehoben werden — haben A. W. v. Hofmann veranlaßt, folgendes Urteil über ihn abzugeben: „Die scharfe Beobachtungsgabe Klaproths und die nüchterne Erklärung des Beobachteten, durch welche er zu so zahlreichen und großartigen Entdeckungen geführt worden war, haben ihn oft genug die Fehler seiner Vorgänger erkennen lassen. Bezeichnend für den Mann, der so viele Entdeckungen darzulegen, so viele Irrtümer zu berichtigen hatte, ist der Geist, in welchem er sich der einen wie der andern Aufgabe entledigt hat. Von einer Bescheidenheit, der jede Überhebung fernliegt, voll Anerkennung für die Verdienste anderer, rücksichtsvoll für fremde Schwäche, aber von unerbittlicher Strenge in der Beurteilung der eigenen Arbeit, hat uns Klaproth für alle Zeiten das Vorbild eines echten Naturforschers gegeben."

Allerdings, bei aller Milde gegenüber menschlichen Schwächen, ließ er sich jedoch nur von einem unbestechlichen Gerechtigkeitsgefühl leiten, wenn es galt, dem Rechte und der Wahrheit zu dienen. Das wurde in dem unerquicklichen Fall Melzer besonders deutlich. Jener Berliner Student hatte einen jüdischen Kommilitonen aus reiner Provokation im Beisein zahlreicher Kameraden mit der Hundepeitsche ins Gesicht geschlagen. In dem Disziplinarverfahren gegen den Täter trat Klaproth als einziger im Senat für die Relegation Melzers ein. Während alle andern Mitglieder für eine nachsichtige Beurteilung des Falles stimmten, konnte Klaproths Gerechtigkeitsgefühl für die rücksichtslose Rohheit einem Unterdrückten gegenüber keinen Entschuldigungsgrund finden. Er hatte in eigener harter Jugend die

Empfindungen kennengelernt, die überhebliche Kameraden bei ärmeren Mitschülern erzeugen können. (VI, 82; 91)

Gehörte ein gewisser Mut dazu, als einziger gegen alle andern solchen Standpunkt der Gerechtigkeit zu vertreten, so hat es Klaproth auch in andern Situationen nicht an Mut fehlen lassen. Urdang hat folgenden Vorgang der Vergessenheit entrissen (V, 27): „Im Oktober 1783 hatten die Gebrüder Montgolfier in Paris den ersten Heiß luftballon aufsteigen lassen. Die wissenschaftlichen Kreise Berlins waren außerordentlich begierig, einen gleichen Versuch anzustellen. Die Schwierigkeit bestand darin, eine geeignete, zur wissenschaftlichen Beobachtung fähige Persönlichkeit zu finden, die den Aufstieg wagte. Schließlich fand sich, wie es in der Schilderung des Ereignisses heißt, «in dem Assessor Klaproth vom Obercollegium medicum ein Wagemutiger». Dieser «Assessor Klaproth», der dann auch tatsächlich am 16. Oktober 1784 vom Berliner Lustgarten aus in einem Heißluftballon, Bauart Montgolfier, aufstieg, war niemand anders als der Apotheker Martin Heinrich Klaproth. Der Ballon wurde in 10 m Höhe undicht und fiel zerrissen auf die Erde. So dürften die hier gewonnenen wissenschaftlichen Ergebnisse Klaproths seinen Erwartungen kaum entsprochen haben. Aber er konnte seinen vielen Ruhmestaten die weitere anfügen, der erste Luftschiffer auf deutschem Boden gewesen zu sein. (Ein eigentümlicher Zufall will es, daß der erste Luftpilot überhaupt, der im Oktober 1783 auf einem Montgolfierballon aufgestiegene Pilâtre de Rozier, gleichfalls von Beruf Apotheker war)“ [157].

Martin Heinrich Klaproth, in einem kirchlich gesinnten Elternhause aufgewachsen und fast ganz von religiös eingestellten Lehrern erzogen, hatte dennoch bereits als Knabe auf der Schule den Kampf der Meinungen selbst miterlebt, den jener oben erwähnte Johann Christian Meier, ein wegen seiner Lehrmethoden von seinen Schülern geliebter Erzieher, durch seinen allzusehr nach außen gekehrten und betonten Rationalismus in die sonst überwiegend pietistisch eingestellte Anstalt brachte. Aber gerade durch solche Gegensätze wurde er zu kritischer Stellungnahme geführt. Sie bewahrte ihn vor einem einseitigen Pietismus, ohne ihn indessen auf der andern Seite einem ertötenden Rationalismus verfallen zu lassen. Fischer sagt in seiner Denkrede darüber: „Allen seinen Tugenden setzte sein echt religiöser Sinn die Krone auf und ich glaube in der Tat nicht zu viel zu sagen, wenn ich ihn als Muster ansehe, das selbst zur Berichtigung des so häufig mißverstandenen Begriffes dienen könnte. Er bewies diesen Sinn durch die große und rühmliche Sorgfalt für die Erziehung der Rosenschen Kinder, wozu ihn weder irgend ein äußeres Interesse, noch irgend ein menschliches Gesetz verpflichtete. Er bewies ihn ferner durch die strengste Gewissenhaftigkeit, mit der er als Inhaber einer Offizin für die beste Beschaffenheit und Güte selbst solcher Gegenstände sorgte, welche sich aller polizeilichen Aufsicht entziehen. Er bewies ihn endlich durch das Wohlgefallen, das er an allem Guten und Edlen hatte, und durch die bereitwilligste Teilnahme an jedem Unternehmen, was er als gemeinnützig erkannte. Kurz, er war ein Mann, der gleich entfernt von dem Aberglauben und Unglauben seines Zeitalters, die heiligen und ewigen Grundwahrheiten der Religion nicht auf den Lippen, sondern in dem Innersten seines Herzens trug, von wo aus sie sein ganzes Wesen und seine ganze Handlungsweise in allen Verhältnissen seines Lebens durchdrangen und veredelten.".

Es ist nicht erstaunlich, daß eine so geartete Persönlichkeit auch in den Wechselfällen des Lebens in den zum Teil schweren Schicksalsschlägen, die sie betrafen, sich in ihrer Haltung bewährte. Fischer betont Klaproths „unerschütterliche Gemütsruhe, die ihren Grund nicht in einem Mangel an lebhaftem Gefühl, sondern in der Festigkeit seines Willens hatte, bei allen unangenehmen Begebenheiten seines Lebens".

Klaproths Stellung zu dem vorher erwähnten Aberglauben seiner Zeit erfordert eine besondere Erörterung. Mehrfach ist er in die zu Ende des 18. Jahrhunderts noch einmal lebhaft aufflackernden Streitigkeiten um die Alchemie, wie sie sich besonders in der Schwärmerei der Rosenkreuzer manifestierten, um den tierischen Magnetismus, ja um den Geisterspuk in Tegel hineingezogen worden. Alle diese Verirrungen wurden nicht immer an ihn als Gelehrten herangetragen, sondern sie mußten ihn auch besonders beschäftigen, weil er Freimaurer war, und damit einer Bewegung angehörte, die damals dem Einfluß Rosenkreuzerischen Irrglaubens zu erliegen drohte.

Es ist für mich nicht zweifelhaft, daß Klaproth selbst zu jeder Zeit allen diesen Verirrungen mit dem nüchternen Urteil des exakten Wissenschaftlers gegenüber gestanden hat. Sicherlich ist Fischer zuzustimmen, wenn er sagt, daß Klaproth in der Freimaurerei „einer von den wenigen Männern war, welche mit Mut und Kraft offenen Krieg gegen jenes Unwesen führten, es in seiner ganzen Nichtigkeit sichtbar machten und die Verirrten auf den einzig richtigen Weg zurückführten. Daß ihm hierbei seine gründliche Naturkenntnis und seine unbestechliche Rechtschaffenheit die wichtigsten Dienste geleistet haben, und daß er sich dadurch nicht bloß um die Wissenschaft, sondern in der Tat um das menschliche Geschlecht ein Verdienst erworben hat, muß jedem Unbefangenen, der nur einigermaßen die verwickelte Verkettung menschlicher Verhältnisse übersieht, einleuchten".

Kopp, der Klaproth sonst in wissenschaftlicher wie menschlicher Hinsicht volle Gerechtigkeit zuteil werden läßt, beurteilt ihn in seiner Stellung zu den Bestrebungen der Rosenkreuzer sichtlich falsch, wenn er ihn als „mitbeteiligt" bezeichnet (VI, 83). Obgleich Kopp zugibt, daß nach dem ihm zur Verfügung stehenden Material eine Verwechslung mit dem Geh. Kriegsrat Christian August Ludewig Klaproth (also Martin Heinrichs Bruder, [159]) möglich sei, und obwohl er selbst darauf hinweist, daß der Chemiker Klaproth sich in der Zeit nach 1785 mit Eifer bemüht habe, solche Auswüchse der Freimaurerei in den Berliner Logen auszurotten, betrachtet er ihn als anfänglichen Anhänger der Rosenkreuzer und widerspricht den gegenteiligen Angaben Fischers, ohne sich indessen auf nachweisbare Tatsachen zu stützen.

Daß Klaproth sich als Freimaurer durch Eifer auszeichnete, bedeutet doch keineswegs, daß er die Verirrungen der Rosenkreuzer förderte, welche damals die Loge ihren Zielen dienstbar zu machen suchten. Diese Auffassung Kopps muß als ungerechtfertigt betrachtet werden. Gewiß würde eine eindeutige Klärung der Haltung Klaproths sich unanfechtbar nur durch das genauere Studium der jetzt nicht zugänglichen Akten gewinnen lassen, zumal die umfangreiche Freimaurer-Literatur widerspruchsvoll ist und über ihn in dieser Hinsicht wenig berichtet. In der 1903 erschienenen 6. Ausgabe der „Geschichte der Großen National-Mutterloge in den Preußischen Staaten, genannt zu den drei Weltkugeln" (VI, 48) erscheint Klaproths Verhalten indessen in anderem Lichte als bei Kopp. In ihr wird festgestellt, daß das Rosenkreuzertum, „niemals die ganzen Logen für sich gewonnen habe", und daß „das System, dem leider der Br. Wöllner sowie mehrere sonst sehr geachtete Mitglieder der Mutterloge eine Zeit lang zugetan waren, schon 1787 sein Ende erreichte". Klaproth ist am 6. Februar 1776, also noch als Provisor der Schwan-Apotheke, in der Tochterloge zur Eintracht in Berlin aufgenommen und erst 1790 Mitglied der Mutterloge zu den drei Weltkugeln geworden. Er konnte in ihr also vorher auch keine Rolle spielen. Von 1793 bis 1815 war er Meister vom Stuhle der Tochterloge zur Eintracht. Als solcher nahm er 1797 tätigen Anteil an der Neuorganisation der Ordensverfassung, wurde Mitglied des „Altschottischen Direktoriums" und „zugeordneter National-Großmeister". Er erhielt damit die führende Stellung des mehr und mehr zurückgedrängten Wöllner, der seit 1791 „zugeordneter National-Großmeister" gewesen war, aber — eben als Rosenkreuzer — „das Vertrauen bei den Ordensbrüdern verloren hatte, da er sich zu Ansichten bekannte, welche mit den Grundsätzen der Maurerei nicht übereinstimmten". (VI, 48)

Wie hätte Klaproth bei einem neuen Kurs Großmeister werden können, wenn er mit den Wöllnerschen Bestrebungen jemals sympathisiert hätte! Gerade sein Aufstieg in der Mutterloge beweist, daß er Ansichten vertrat, die denen Wöllners entgegengesetzt waren. Auch der Umstand darf nicht außer Betracht gelassen werden, daß Klaproth einer der engsten Freunde des Oberkonsistorialrates Zöllner war, der als einer der größten Gegner Wöllners in kulturellen Fragen bekannt ist und von dem sein Biograph berichtet, daß Wöllner ihn geradezu gehaßt habe.

Man muß schließlich berücksichtigen, daß Fischer selbst Freimaurer war, gleichfalls der Loge zur Eintracht angehörte und deshalb sicherlich genau über die Vorgänge unterrichtet war. Er hätte in seiner Gedenkrede vor der Akademie, unter deren Mitgliedern sich ebenfalls mehrere Freimaurer befanden, also vor Eingeweihten, ein so heikles Thema doch wahrscheinlich gar nicht berührt, wenn Klaproths Stellung nicht von Anfang an völlig eindeutig so gewesen wäre, wie er es angibt.

Abgesehen von diesen Überlegungen würde eine — auch nur vorübergehende — Sympathie Klaproths mit den Rosenkreuzern allen sonstigen Ergebnissen der Klaproth-Forschung widersprechen. In der Würdigung seiner Bedeutung als Chemiker ist dargetan worden, daß er als Grundlage seiner Wissenschaft von Anfang an lediglich das beweisende Experiment gelten ließ, daß er alle nicht experimentell gesicherten Theorien und mehr noch alle vagen Hypothesen ablehnte. Es ist gezeigt worden, daß er als Apotheker allem Geheimmittelwesen den Kampf angesagt hatte und von Anfang an wesentlich an ihm beteiligt war. Es war ersichtlich, daß er sich zu Lavoisiers Theorie nicht eher bekannte, als sie von ihm selbst experimentell nachgeprüft worden war.

Bei solcher kompromißlosen wissenschaftlichen Einstellung Klaproths erscheint es völlig abwegig, ihn auch nur als vorübergehenden Anhänger der phantastischen Ver-

irrungen und betrügerischen Maßnahmen der Rosenkreuzer zu betrachten. Man kann nicht, wie Kopp es tut, ihn in einem Atemzuge mit dem Ignoranten Johann Gottfried Jugel erwähnen (1707 — 1786), der sich selbst „der geheimen Naturwissen schaften cultor" nannte (VI, 111).
Bei alle dem ist es natürlich außerdem möglich, daß Klaproth, wie Kopp es vermutet, in einigen Berichten mit seinem jüngeren Bruder verwechselt worden ist. Aber auch von ihm ist in diesen Mitteilungen nicht bewiesen, daß er Rosenkreuzer war. Als Freimaurer war er nicht viel weniger eifrig als sein Bruder. Schon mit 23 Jahren, noch als Student, war er Mitglied der Loge in Frankfurt an der Oder geworden. Am 4. April 1786 wurde er in der Berliner „Loge zu den drei Seraphim" aufgenommen. Ohne naturwissenschaftliche Kenntnisse und damit ohne die notwendige Urteilsfähigkeit, hätte er allerdings viel leichter dem Schwindel der geheimnisvollen Bestrebungen und ihrem mystischen Zauber verfallen können. Er hätte es auch als Hof- und Staatsbeamter, abhängig von Wöllner [158], der die eigentlich treibende Kraft bei den Berliner Rosenkreuzern war, für seine Laufbahn förderlich halten können, dem allmächtigen Minister durch seinen Eifer aufzufallen.
Was Martin Heinrich Klaproth an die Freimaurerei band, das war zweifellos die gleiche Auffassung, der Goethe 1821 Ausdruck gab, als er schrieb: „Das Innere ihrer Jünger ohne Beziehung auf eine bestimmte Religion religiös zu entwickeln, die Pflege des reinen Menschentums, der Humanität und der Bruderliebe, frei von allen Vorurteilen der Rasse, des Standes und einer allein selig machenden Religion, ist die Aufgabe der Freimaurerei" (VI, 77).
Es bedarf schließlich keiner besonderen Betonung, daß Klaproth ebensowenig der Lehre vom tierischen Magnetismus wie den Behauptungen vom Spuk in Tegel Verständnis entgegenbrachte. Dieser Spuk im Tegeler Forsthause beschäftigte seit dem Jahre 1797 die breiteste Öffentlichkeit und fand sogar später in Goethes „Faust" seinen Niederschlag (Walpurgisnacht, Zeile 4158 — 4161). Die „Gesellschaft Naturforschender Freunde zu Berlin" wurde zu einer Klärung der mystischen Vorgänge aufgefordert. Zwei Kommissionen wurden nach Tegel entsandt. Die erste erlebte zwar den „Spuk", konnte ihn aber nicht klären. Die zweite Kommission, der unter anderen Klaproth, Zöllner und Karsten angehörten, entlarvte ihn schnell als Unfug eines Hausangestellten. Sie gab darüber einen förmlichen Bericht heraus, der zur Beruhigung der Öffentlichkeit in den „Berlinischen Blättern" (1797) und auch in Form einer Broschüre der Allgemeinheit zur Kenntnis gegeben wurde (VI, 130).
Der sogenannte tierische Magnetismus, dessen Lehre von Friedrich Anton Mesmer (1734 — 1815) begründet und in Berlin besonders von Koreff und Wolfart vertreten wurde, beschäftigte weniger die große Allgemeinheit als in starkem Maße die Vertreter der Medizin (VI, 139). Zur Prüfung des Für und Wider war eine Kommission von Professoren der Berliner Universität eingesetzt worden, der Hermbstaedt, Hufeland, Klaproth (der schon 1812 in zwei Sitzungen der Hufelandischen Gesellschaft über den Magnetismus berichtet hatte, „wie er 1787 in Paris betrieben wurde"), Kluge, v. Koenen und Mertzdorf angehörten. Ihr Gutachten vom 1. August 1816 war im wesentlichen eine vorsichtig formulierte Ablehnung.

Abb. 14. Klaproths Siegel
mit dem Emblème der Freimaurer
(Das obere von Briefen des 13. 6. 1797
und 17. 1. 1806, das untere von einem
Briefe des 5. 11. 1811) (VII, 16b)

Wir finden auch in diesen beiden Fällen Klaproth, unbeeinflußt vom mystischen Wunderglauben seiner Zeit, auf der Seite der nüchtern prüfenden und objektiv urteilenden Gelehrten. Harnack (VI, 136) charakterisiert ihn deshalb in solcher Hinsicht wesentlich richtiger als Kopp, wenn er sagt: „Klaproth hat am Ende seines Lebens gegen die Naturphilosophen (vgl. auch S. 72), am Anfang seiner wissenschaftlichen Laufbahn noch gegen die letzten Reste der Alchemie und des Schwindels kämpfen müssen."

Bei allem Ernst seiner Lebensauffassung war Klaproth doch auch heiter, gesellig und „dem Scherze nichts weniger als abhold". Daß er sich gesellschaftlichem Verkehr nicht versagte, vielmehr sich offenbar mit Selbstverständlichkeit den sozial maßgebenden Kreisen anschloß, wurde schon früher gezeigt (s. S. 89ff). Seine wissenschaftliche Arbeit vermittelte ihm die Bekanntschaft und zum Teil Freundschaft mit hervorragenden Zeitgenossen auch außerhalb Deutschlands. Auch die Zugehörigkeit zur Freimaurer-Loge wird solche Bindungen geschaffen und gefördert haben. In den wissenschaftlichen Vereinigungen Berlins spielte er eine führende Rolle.

All das war nicht die Folge einer betriebsamen Vielgeschäftigkeit, sondern beruhte auf seinem Ansehen als Gelehrter und als Persönlichkeit und auf Eigenschaften, die jedem seine Freundschaft als wertvoll empfinden lassen mußten. Auch in solcher Hinsicht stellt Fischer in Übereinstimmung mit andern Zeitgenossen ihm das beste Zeugnis aus: „Jeder, zu dem er einmal ein persönliches Vertrauen gefaßt hatte, konnte der Unabänderlichkeit seiner Gesinnungen gewiß sein. Seine Freundschaft war nie, wie oft so, das Resultat selbstsüchtiger Berechnung, sondern gründete sich jederzeit auf eine günstige Meinung von dem persönlichen Werte des Mannes."

Eine Charakteristik Klaproths wäre unvollständig, wollte man nicht seinen Fleiß hervorheben, den schon Westrumb an dem Apothekergesellen Klaproth in Hannover rühmte (VI, 129). Denn dieser Fleiß war eine wesentliche Voraussetzung für Klaproths große Leistung. Seine chemisch-wissenschaftliche Bildung hat er sich in der Zeit erarbeitet, als er in abhängiger Stellung beruflich von früh bis spät in Anspruch genommen war, ihm also nur die Abende und Feiertage zur Verfügung standen. Er hat trotzdem auch die Ausfüllung anderer Bildungslücken dabei nicht vernachlässigt. In der Zeit seiner wichtigsten Forschungsarbeit, in den Jahren 1780 bis 1810 hat er dann etwa 300 wissenschaftliche Abhandlungen veröffentlicht, d. h. durchschnittlich etwa jeden Monat eine. Das ist erstaunlich viel, wenn man bedenkt, daß jede einzelne dieser Publikationen das Ergebnis einer sehr zeitraubenden exakten Experimentalarbeit war. Die Achtung vor Klaproths unermüdlichem Fleiße wächst, wenn man berücksichtigt, daß er diese Leistung neben den Aufgaben vollbrachte, die ihm als Apothekenleiter, als Lehrer an mehreren Instituten und als Beamter zufielen, neben der Inanspruchnahme als tätiges Mitglied verschiedener wissenschaftlicher und beruflicher Korporationen und neben den gesellschaftlichen Pflichten, die seine Stellung ihm auferlegte, schließlich neben der umfangreichen Arbeit an mehreren großen Handbüchern, an Zeitschriften und für die Herausgabe seiner gesammelten und nochmals experimentell überprüften Abhandlungen und neben der Mühe einer ausgedehnten Korrespondenz, die sich aus allem ergab und von ihm selbst handschriftlich erledigt wurde [151].

4. Klaproth-Bildnisse

Von Martin Heinrich Klaproths kongenialem Zeitgenossen Carl Wilhelm Scheele besitzen wir kein zu seinen Lebzeiten entstandenes Bild. Dieser Mangel läßt es besonders überraschend erscheinen, daß es von Klaproth verhältnismäßig viele Bildnisse gibt, von denen aber mehrere bisher wenig oder gar nicht bekannt sind. Jugendbilder fehlen allerdings vollkommen. Das ist jedoch nach seiner sozialen Herkunft für jene Zeit durchaus verständlich.

Nachdem er indessen durch Übernahme verschiedener Ämter in die große Öffentlichkeit getreten war, entstanden Bildnisse von ihm in einer für damalige Verhältnisse schnellen Folge. Man könnte darin entweder eine sofortige Anerkennung seiner Bedeutung sehen oder aber sie als das Ergebnis seiner eigenen Eitelkeit betrachten. Nach der charakterlichen Veranlagung von Klaproth entfällt wohl der zweite Grund. Aber auch der erste kann für die frühesten Bildnisse nur bedingt gelten. Klaproth lebte im Gegensatz zu Scheele[1]) in einem Kulturzentrum, der Hauptstadt Preußens. Begünstigt durch die Kunstakademie, fanden sich zahlreiche mehr oder weniger bedeutende Künstler dort zusammen, die nach Betätigung drängten. Dadurch sind in jener Zeit in Berlin auch viele Persönlichkeiten porträtiert worden, deren Bedeutung nur zeitgebunden war. In die Reihe solcher Bildnisse gehören sicherlich auch die ersten Klaproth-Porträts.

Spätere allerdings, die Skulpturen von ihm, die Übernahme seiner Bilder auch in ausländische Porträtsammlungen hervorragender Persönlichkeiten, die Serienherstellung seiner Büste aus Eisen in zwei verschiedenen Gießereien noch während seiner Lebenszeit, die Aufstellung einer Marmorbüste in der Aula der Universität Berlin 65 Jahre nach seinem Tode und die Anbringung eines großen Medaillons von ihm am alten Chemischen Institit der gleichen Universität müssen als eindeutiger Ausdruck dafür angesehen werden, daß man seine besondere Bedeutung als Forscher in jener Zeit voll erkannt hatte und sie damals würdigen wollte.

Das älteste bekannte Bild Klaproths, vermutlich gezeichnet und gestochen von Eberhard Henne, dürfte aus der Zeit stammen, als er eben zum Mitgliede der Akademie der Wissenschaften gewählt worden war, also etwa aus dem Jahre 1788 oder 1789. Es zeigt ihn in verhältnismäßig jugendlicher Frische, in der eleganten Tracht jener Zeit, im Alter von etwa 45 Jahren (Abb. 15).

Die 1791 — also drei Jahre später — erfolgte Ernennung zum Professor der Chemie an der Artillerie-Akademie scheint der Anlaß für eine zweite sehr ähnliche Porträtierung durch denselben Maler und Stecher gewesen zu sein (Abb. 16).

---

[1]) Scheele hat das kleine Landstädtchen, in dem er lebte, nur einmal verlassen. Am Ort aber war wohl kaum ein Porträtist vorhanden, und er hat, unbeschadet der Anerkennung seiner wissenschaftlichen Bedeutung durch zeitgenössische Fachgelehrte, keine so exponierte Stellung in der großen Welt besessen, um auswärtige Künstler zu locken. Nach seiner ganzen Einstellung hielt er selbst seine Porträtierung vermutlich nicht für so wichtig, um ihr irgendwelche Bemühung zu widmen. Schließlich ist er verhältnismäßig jung gestorben, jedenfalls bevor man sich mit einer zusammenfassenden Würdigung seiner Gesamtleistung befaßt hatte, die auch eine Porträtierung wünschenswert gemacht hätte.

Das gleiche Bild wurde in Frankreich von Ambroise Tardieu in Paris gestochen und in seiner 1820 —1828, also nach Klaproths Tode, herausgegebenen „Collection de tous les personnages celèbres“ aufgenommen (Abb. 17).
Ein sehr wenig schönes Bild, das erst 1811 im Leonhardschen „Taschenbuch für die gesamte Mineralogie“ veröffentlicht wurde, dürfte nicht sehr viel später entstanden sein, als die vorhergenannte Porträtierung durch Henne. Es zeigt Klaproth noch in Zopftracht, aber völlig unproportioniert gezeichnet und weit älter aussehend, als er in der Zeit zwischen 1790 und 1800, dem Ausgange der Zopfzeit, mit 47 bis höchsten 57 Jahren tatsächlich war (Abb. 18).
Im folgenden Jahrzehnt, frühestens 1806, spätestens 1809, schuf Karl Schumann ein eindrucksvolles Bild des etwa 65 Jahre alten Gelehrten, offenbar ein größeres Porträt in Öl, das im Original verschollen ist. Durch einen Stich von Krethlow ist es uns bekannt. Er zeigt ihn in der Kleidung und Haartracht jener Zeit, mit ausdrucksvollen, durch erlebnisreiche Jahre geprägten Zügen und den für ihn charakteristischen großen Augen mit ihrem offenen Blick. Die stark betonte Unterlippe fällt auf (Abb. 19).
Ein weniger guter Stich dieses Bildes von Halle, der den Dargestellten älter erscheinen läßt, wurde in der Krünitz-Flörkeschen „Encyklopädie“ 1809 veröffentlicht (Abb. 20).
Wesentlich jünger sieht Klaproth auf einer Lithographie aus, die Josef Lanzedelly wahrscheinlich 1818/19, erst nach des Gelehrten Tode, schuf. Als Vorlage hatte ihm jedoch eine Plastik von Leonhard Posch gedient, die schon 1809 entstanden war, also zur gleichen Zeit etwa wie das oben beschriebene Porträt von Schumann. Die Lithographie, das Spiegelbild des Medaillons, zeigt Klaproth im Profil, nach rechts sehend. Er wirkt bei fast faltenlosem Gesicht und ohne die ausdrucksvolle Prägung wie sie das künstlerisch wohl wertvollere Gemälde von Schumann zeigt, lebhaft, gesund und kräftig. Hinsichtlich der Ähnlichkeit mag die Lithographie die Mitwelt befriedigt haben. Sie wirkt in ihrer Ausführung aber etwas schematisch und schmeichelnd. Das Wesen des Gelehrten ist vom Künstler, der Klaproth persönlich kaum gekannt haben wird, nicht recht zum Ausdruck gebracht (Abb. 21).
Für ein gutes Altersbild Klaproths, das ihn im Schmuck des Roten-Adler-Ordens zeigt und deshalb nicht vor 1811 entstanden sein kann, als er 68 Jahre alt war, ist der Künstler unbekannt. Das unsignierte Gemälde befand sich im Besitz einer Familie von Aster, für die sich keinerlei verwandtschaftliche oder sonstige Beziehungen zu Klaproth oder seinem Familienkreise feststellen ließen. Durch den Kunsthandel erwarb es ein Ingenieur Bayer in Berlin, der es 1934 an das Deutsche Museum in München verkaufte. Als Maler wurde von ihm Karl Schumann angenommen, weil er „von dem gleichen Bild einen Kupferstich gesehen hätte, mit dem Vermerk: Gestochen von Krethlow, Maler Karl Franz Jacob Heinrich Schumann.“ Ein solcher Kupferstich ließ sich indessen bisher nicht nachweisen. Wenn zur Prüfung dieser Angaben auch eine genaue fachmännische Untersuchung der beiden Bilder notwendig wäre, so erscheint es doch bei dem oberflächlichen Vergleich unwahrscheinlich, daß dieses und das vorher beschriebene Bild vom gleichen Künstler stammen. Es ist möglich, daß Herr Bayer den von ihm zitierten Kupferstich nicht selbst

gesehen, aber den vorher beschriebenen Stich (Abb. 19) als Altersbild Klaproths mit Angabe von Maler und Stecher irgendwo verzeichnet gefunden hat. Er könnte die Daten dann irrtümlich auf das in seinem Besitz befindliche Bild (Abb. 22) ohne weitere Nachprüfungen übertragen haben.

Sind so — ohne Berücksichtigung der späteren Kopien und Nachzeichnungen — fünf verschiedene Bildnisse Klaproths bekannt, die zu seinen Lebzeiten angefertigt wurden, so ließen sich — neben zwei Nachschöpfungen — auch drei Plastiken nachweisen, die zu seinen Lebzeiten gemacht wurden.

Die eine ist ein Medaillon, das 1809 Leonhard Posch geschaffen hat (Abb. 23) und bereits als Vorlage für die Lithographie von Lanzedelly erwähnt wurde. Nach diesem Modell von Posch sind angeblich häufig Nachgüsse vorgenommen worden. Nur wenige waren indessen nachweisbar. Im Münzkabinett in Berlin befinden sich einige Eisengüsse (Abb. 24), in der Sammlung Arbenz in Berlin ein Zinnmodell.

Nach einem Modell von Julius Simony wurden in Gleiwitz, nach einem Modell von Riese wurden in Berlin 1815 im Serienguß Eisenbüsten des Forschers hergestellt (Abb. 25 u. 26). Einzelexemplare davon wurden 1820 auf einer Ausstellung der Berliner Kunstakademie und 1916 auf der Ausstellung „Gußeisen" im Berliner Kunstgewerbe-Museum gezeigt. 1847 wurden solche Büsten im Preiscourant der Königlichen Eisengießerei zu Gleiwitz für 2 Rthl. 20 Sgr. angeboten. Ob sie sich mehrfach bis in unsere Zeit hinein erhalten haben, war nicht zu ermitteln. Ein Stück nach dem Modell von Riese befand sich in der Sammlung Arbenz.

Offenbar waren sie schon zu Ende des 19..Jahrhunderts selten und deshalb wenig bekannt. Denn als A. W. von Hofmann zusammen mit andern Persönlichkeiten des öffentlichen Lebens 1881 eine Marmorbüste Klaproths für die Universität stiftete, wurde diese von Prof. E. Lührssen nach einer Gipsbüste unbekannter Herkunft ausgeführt, welche Fräulein Bode, eine Enkelin des Astronomen Bode (siehe Tafel VII), zur Verfügung gestellt hatte. Die Büste wurde 1882 in der Aula der Universität aufgestellt. Ob die hier erwähnte Gipsbüste aus dem Besitz der Familie Bode nach dem Modell von Simony oder nach dem von Riese hergestellt worden war, oder ob es sich um eine unbekannte weitere Plastik handelte, ist ungewiß. Denn die Büste der Universität ist durch die Kriegswirren verlorengegangen. Lediglich ein wenig gutes Zeitschriftenbild (unbekannter Herkunft) hat sich auffinden lassen (Abb. 27).

Bei allen drei Büsten — am wenigsten bei der von Riese — fällt auf, daß die geradezu als charakteristisch für Klaproth zu bezeichnenden großen und offenen Augen nicht zum Ausdruck gebracht sind, so daß der Gesamteindruck bei aller sonstigen Ähnlichkeit ein etwas fremder ist.

Als zweite Plastik, die nach dem Tode Klaproths entstand, ist das Groß-Medaillon erhalten geblieben, das die Fassade des früheren Chemischen Instituts der Universität Berlin in der Georgenstraße ziert. Auch für sie soll — nach A. W. v. Hofmann — die Gipsbüste der Familie Bode als Vorbild gedient haben.

Das Medaillon ist in einem Durchmesser von etwa 65 cm aus gebranntem Ton hergestellt und in seiner Farbe den roten Ziegelklinkern der Fassade angepaßt (Abb. 28).

Es zeigt Klaproth im Profil, nach rechts sehend, und läßt weit mehr als die Abbildung 27 der verschollenen Marmorbüste einen starken Anklang erkennen an den Stich von Lanzedelly (Abb. 21) nach der Plastik von Posch (Abb. 23). Deshalb darf man vermuten, daß dem Künstler, Wilhelm Wolf, auch dieser Stich bekannt gewesen ist und ihm neben der Gipsbüste als Vorbild für sein Werk gedient hat.*) (VI, 146. Weitere Literaturangaben auf den Tafeln X–XXIII.)

*) Nach Abschluß meiner Arbeit fand ich im Bildarchiv der Oesterreichischen Nationalbibliothek in Wien noch eine Lithographie des Italieners G. Dall'Acqua, der offenbar die Medaille von Posch (Abb. 23, Tafel XVIII) als Vorlage gedient hat. Das Deutsche Apothekenmuseum in Heidelberg konnte neuerdings ein Porzellan-Medaillon Klaproths unbekannter Herkunft erwerben, für das gleichfalls die Plastik von Posch als Modell benutzt worden ist.

Abb. 15. Kupferstich

Zeichner:	Eberhard Siegfried Henne? (Francke?)
Stecher:	Eberhard Siegfried Henne
Zeit:	Nicht vor 1788
Größe:	10,3 × 16,1 (7 × 7,9) cm
Standort:	Bibliothek für Geschichte der Medizin, der Pharmazie und der Naturwissenschaften der Universität Kiel. — Germanisches Nationalmuseum, Nürnberg (P. 14307)
Veröffentlicht:	Neue Allgemeine Dtsch. Bibliothek, Bd. 7, St. 1, H. 1—4, Kiel, 1793

Eberhard Siegfried Henne, geb. Gunsleben bei Halberstadt, 27. 7. 1759, gest. in Berlin, 5. 12. 1828, Kupferstecher. 1818 Lehrer und Inspektor der Berliner Akademie der Künste. Stecher und Radierer vieler Bildnisse von Persönlichkeiten seiner Zeit

Abb. 16. Kupferstich

Zeichner:	Eberhard Siegfried Henne
Stecher:	Eberhard Siegfried Henne?
Zeit:	Nicht vor 1791
Größe:	7,8 × 12,9 (7,2 × 8,2 cm)
Standort:	Germanisches Nationalmuseum Nürnberg (P. 21463)
Veröffentlicht:	Siehe Abbildung 17

Abb. 17. Kupferstich

Zeichner:	Eberhard Siegfried Henne (siehe Abb. 16)
Stecher:	Ambroise Tardieu
Zeit:	Etwa 1820
Größe:	12 × 20,5 (11 × 15) cm
Standort:	Deutsches Museum, München (Bildnummer 37998)
Veröffentlicht:	A. Tardieu, Collection de tous les personnages celèbres, Paris 1820—1828. — Bildnisse bekannter Mitglieder der Akademie der Wissenschaften zu Berlin, Berlin 1950. Usw.

Ambroise Tardieu, geb. 2. 3. 1788, gest. 17. 1. 1841, Kupferstecher in Paris

Abb. 18. Lithographie

Zeichner:	?
Lithograph:	?
Zeit:	Vermutlich vor 1800
Größe:	6,6 × 10,2 (5,8 × 7,3) cm
Standort:	?
Veröffentlicht:	Carl Caesar Leonhard, Taschenbuch für die ges. Mineralogie, 5. Jahrg., Frankfurt/Main, 1811

Abb. 19. Kupferstich

Maler:	Karl Schumann
Stecher:	Johann Ferdinand Kret(h)low
Zeit:	Spätestens 1809
Größe:	23 × 28,5 (19,5 × 23,2) cm
Standort:	Schweizerisches Pharmaziehistorisches Museum, Basel. Germanisches National-Museum, Nürnberg (P. 21463). Deutsches Museum, München
Veröffentlicht:	Siehe Abbildung 20

Karl Franz Jacob Heinrich Schu(h)mann, geb. Berlin 1767, gest. Berlin 27. 9. 1837. Seit 1802 Professor der Berliner Kunstakademie. Historien- und Porträtmaler

Johann Ferdinand Kret(h)low, geb. „Neuhannenberg bei Berlin" [wohl Neuhardenberg] 1767, gest. Warschau, 1842. Schüler der Berliner Akademie und von Eberhard Henne (siehe Abbildungen 15, 16, 17). Zeichner und Stecher. Seit 1818 Professor der Kupferstichkunst an der Universität Warschau

Abb. 20. Kupferstich

Maler:	Karl Schumann
Stecher:	J. S. L. Halle
Zeit:	Zwischen 1806 und 1809
Größe:	11 × 19,5 (6 × 7,8) cm
Veröffentlicht:	Krünitz-Flörkesche Encyklopädie, 112. Theil, Berlin, 1809

J. S. L. Halle, Berliner Reproduktionsstecher. Stellte schon 1797 geätzte und punktierte Bildnisse (klein, oval) in der Kunstakademie aus. Lebensdaten unbekannt

[Ein sehr ähnlicher Stich von „Linger jun." ist im Berlin. Jahrbuch f. d. Pharmacie, 1820, veröffentlicht]

Abb. 21. Lithographie

Nach einem Modell (Medaille) von Leonhard Posch (siehe Abb. 23)

Lithograph:	Josef Lanzedelly
Zeit:	Modell 1809, Lithographie nach 1817
Größe	(der Lithographie): 26 × 37 (15,5 × 19,2) cm
Standort:	Bibliothek für Geschichte der Medizin, der Pharmazie und der Naturwissenschaften der Universität Kiel
Veröffentlicht:	Lanzedelly, Mahnke, Wolf u. a., Naturkündiger der älteren und neueren Zeit. Wien 1818ff.

Josef Lanzedelly (Lancedelly, Lancedelli), geb. Ampezzo, Südtirol, 1774, gest. Wien, 13. 6. 1832. Wiener Lithograph. Gab (mit Mahnke, Wolf u. a.) seit 1818 eine Folge von Bildnissen: „Naturkündiger der älteren und neueren Zeit“ und seit 1819 eine „Sammlung von Bildnissen berühmter Personen“ in lithographischen Zeichnungen heraus

Abb. 22. Ölgemälde

Maler:	?
Größe:	56,5 × 71,5 cm
Zeit:	Nicht vor 1811
Standort:	Deutsches Museum, München
Veröffentlicht:	Paul Walden, Drei Jahrtausende Chemie. Berlin 1944. — G. E. Dann, Martino Enrico Klaproth. Dedicato al partecipanti del Congresso Internazionale di Storia della Farmacia, Roma 1954.

Abb. 23. Medaille

Modell:	Leonhard Posch
Größe:	Durchmesser 9 cm. Höhe des Brustbildes 7 cm
Zeit:	1809
Standort:	Münzkabinett, Berlin
Veröffentlicht:	Siehe Abb. 21

Leonhard Posch, Wachsbossierer, Medailleur, Bildhauer, geb. Fising, Tirol, 7. 11. 1750, gest. Berlin, 21. 6. 1831. Lebte in Wien, Neapel, Paris, Berlin. Dort seit 1816 ordentliches Mitglied der Kunstakademie. Schuf etwa 800 Medaillen führender Persönlichkeiten seiner Zeit. Bekannt durch das 1789 modellierte Bildnis seines Jugendfreundes W. A. Mozart, eine Büste Napoleons (1814), Goethes (1827) u. a.

Abb. 24. Eisenguß-Medaille

Nach einem Modell von Leonhard Posch (siehe Abb. 23)

Größe:	Durchmesser 8 cm. Höhe des Brustbildes 7 cm
Zeit:	1809
Standort:	Münzkabinett, Berlin
Veröffentlicht:	Hermann Schmitz, Berliner Eisenkunstguß. München 1917. — Erwin Hintze, Gleiwitzer Eisenkunstguß. Dresden 1928

Abb. 25. Eisenguß-Büste

Bildhauer:	Julius Simony
Guß:	Kgl. Eisengießerei Gleiwitz
Zeit:	1815/1816
Größe:	27,2 cm hoch
Standort:	?
Veröffentlicht:	Erwin Hintze, Gleiwitzer Eisenkunstguß. Dresden 1928

Julius Simony, geb. Berlin, 14. 9. 1785, gest. Berlin, 14. 11. 1835, Bildhauer, Schüler von Gottfried Schadow. Schuf unter anderem ca. 40 Büsten bekannter Berliner Persönlichkeiten

Abb. 26. Eisenguß-Büste

Bildhauer:	Johann Carl Friedrich Riese
Guß:	Kgl. Eisengießerei, Berlin
Zeit:	1815/1816
Größe:	27,5 cm hoch
Standort:	Ehemals Sammlung Arbenz, Berlin-Zehlendorf
Veröffentlicht:	Hermann Schmitz, Berliner Eisenkunstguß. München, 1917

Johann Carl Friedrich Riese, geb. Tempelhof bei Berlin, 8. 10. 1759, gest. Berlin, 21. 2. 1834, Bildhauer und Porzellanmedailleur, von bestimmendem Einfluß auf die Erzeugnisse der Berliner Biskuitplastik. Schuf Modelle für Tafelgeschirr, Bildnisbüsten, Medaillons usw.

Abb. 27. Marmorbüste

Bildhauer:	Eduard August Lührssen
Zeit:	1881/1882
Größe:	?
Standort:	(Ehemals Aula der Universität Berlin, jetzt unbekannt)
Veröffentlicht:	? (Zeitungsausschnitt unbekannter Herkunft in der Bildstelle des Berliner Hauptarchivs, Berlin-Dahlem)

Eduard August Lührssen, geb. Kiel, 11. 11. 1840; gest. Berlin, 18. 2. 1891, Bildhauer und Medailleur, Lehrer an der Bauakademie in Berlin. Er schuf u. a. in Berlin die Gruppen auf der Belle-Alliance-Brücke, den plastischen Schmuck der Kaiser-Wilhelm-Brücke, die Statue des Großen Kurfürsten an der Fassade des Polizeipräsidiums, in Leipzig das Harkort-Denkmal, in Kiel den Prinz-Heinrich-Brunnen usw.

Abb. 28. Medaillon aus gebranntem Ton

Bildhauer: Wilhelm Wolf
Zeit: Etwa 1869?
Größe: Durchmesser 65 cm
Standort: Fassade des früheren Chemischen Instituts der Universität Berlin in der Georgenstraße
Veröffentlicht: ?

Wilhelm Wolf, geb. Fehrbellin, 6. 4. 1816, gest. Berlin, 30. 5. 1887, Bildhauer in Berlin, schuf viele Tierbronzen, aber auch zahlreiche Büsten, dabei u. a. die von Herder (in Mohrungen), J. S. Bach (Berlin, Singakademie), Fr. Kugler (Neues Museum, Berlin), Louise Henriette von Brandenburg (Oranienburg)

IV. BIBLIOGRAPHIE DER VERÖFFENTLICHUNGEN KLAPROTHS

A. Abhandlungen in periodischen Erscheinungen

Verzeichnis der Abkürzungen

Abhandlungen	=	Sammlung der deutschen Abhandlungen, welche in der Königlichen Akademie der Wissenschaften zu Berlin vorgelesen wurden.
Beschäftigungen	=	Beschäftigungen der Berlinischen Gesellschaft Naturforschender Freunde.
Crells Annalen	=	Chemische Annalen für die Freunde der Naturlehre, Arzneygelahrtheit, Haushaltungskunst und Manufakturen, von Lorenz Crell.
Gehlens Journal	=	Neues Allgemeines Journal der Chemie. Seit 1806: — — — für die Chemie, Physik und Mineralogie.
Gilberts Annalen	=	Annalen der Physik, herausgegeben von Ludwig Wilhelm Gilbert.
Hufelands Journal	=	Journal der praktischen Arzneykunde und der Wundarzneykunde, herausgegeben von C. W. Hufeland.
Köhlers Journal	=	Köhlers Bergmännisches Journal.
Magazin	=	Magazin der Gesellschaft naturforschender Freunde zu Berlin.
Mémoires, Histoire	=	Mémoires de l'Académie Royale des Sciences et Belles-Lettres depuis l'avènement de Frédéric Guillaume II au thrône. 1786 — 1797. Avec l'histoire pour le même temps. Mémoires de l'Académie Royale des Sciences et Belles-Lettres depuis l'avènement de Fredéric Guillaume III au thrône. 1798 — 1804. Avec l'histoire pour le même temps.
Neue Schriften	=	Der Gesellschaft naturforschender Freunde zu Berlin neue Schriften.
Schriften	=	Schriften der Gesellschaft naturforschender Freunde zu Berlin.
Scherer	=	Allgemeines Journal der Chemie von Alexander Nikolaus (von) Scherer.
Schweiggers Journal	=	Neues Journal für Chemie, Physik und Mineralogie, herausgegeben von J. S. C. Schweigger.

*

1. Von der chymischen Bearbeitung des Kopals. (2. Abschnitt von „D. Blochs Beytrag zur Naturgeschichte des Kopals".)
   Beschäftigungen, II, 1776, 108—155.
2. Abhandlungen von den Phosphoren, nebst einem Anhange, von der besten Art und Weise, destillirte Wässer zu bereiten.
   Allerneuste Mannigfaltigkeiten. Berlin. 1 (1782), 5—16; 33—48.
3. Geschichte der Bestuscheffschen Nerventinctur und der Lamottischen Goldtropfen; nebst chemischen Versuch einer besseren Bereitungsart derselben.
   Neue Beiträge zur Natur und Arzneigelahrtheit, Bd. I. Berlin 1782, S. 137—158.
4. (?) Von Geheimnissen oder Arkanen.
   Allerneuste Mannigfaltigkeiten. Berlin. 3 (1784), 94—96.
5. Vom Wassereisen, als einem mit Phosphorsäure verbundenen Eisenkalke.
   Crell's Annalen, 1784, I, S. 390—410.
6. Chemische Untersuchung des neuentdeckten elastischen Steins.
   Schriften, VI, 1785, S. 322—327.
7. Über die wahre Natur des Proustischen sogenannten Perlsalzes.
   Crell's Annalen, 1785, I, S. 238—243.
8. Über die beste Bereitungsart der Blutlauge.
   Crell's Annalen, 1785, I, S. 405—408.
9. Untersuchung der mit Luftsäure verbundenen Schwererde.
   Crell's Annalen, 1785, II, S. 217—220.
10. Beitrag zur Naturgeschichte cornwallischer Mineralien.
    Schriften, VII, 1786, S. 141—196.
11. Über die abgeleugnete Erzeugung der brennbaren Luft aus Wasserdämpfen und Eisen usw.
    Crell's Annalen, 1786, I, S. 202—204.
12. Untersuchung des angeblichen Tungsteins, und des Wolframs aus Cornwall.
    Crell's Annalen, 1786, II, S. 502—507.
13. Untersuchung des Holz-Zinns (Stannum ochracum cornubiense).
    Crell's Annalen, 1786, II, S. 507—512.
14. Recherches chimiques sur le Spath adamantin.
    Mémoires, 1786/87, S. 148—159.
15. Mémoire chimique et minéralogique sur l'Urane.
    Mémoires, 1786/87, S. 160—174.
16. Nachricht über das von Herrn D. Semler nach Berlin gesandte Luftgold.
    Berlinische Monatsschrift, 5 (1787), 574—587.
17. Chemische Zergliederung des violetten Schörls.
    Magazin für die Naturkunde Helvetiens. Herausgegeben von Albrecht Höpfner. Zürich. Bd. I, 1787, S. 179—190.
18. Chemische Untersuchung des schlesischen Chrysopras.
    Schriften, VIII, Stck. 2, 1787, S. 17—46 (Haupttitelblatt 1788).
19. Chemische Zergliederung des Prehnits.
    Schriften, VIII, Stck. 2, 1787, S. 211—223 (Haupttitelblatt 1788).
20. Etwas über den Demantspat.
    Schriften, VIII, Stck. 4, 1787, S. 295—298 (Haupttitelblatt 1788).
21. Zergliederung des blättrigen spröden Glaserzes von Grosvoigtsberg.
    Crell's Annalen, 1787, 8, II, S. 10—14.
22. Nachtrag zu vorstehendem Aufsatz über das Wasserbley (von Adolph Modeer).
    Schriften, IX, Stck. 1, 1788, S. 71—74 (Haupttitelblatt 1789).
23. Neue Erfindung. Über die Kunst, in Glas und Porzellän zu ätzen.
    Monats-Schrift der Akademie der Künste und mechanischen Wissenschaften zu Berlin. Bd. I, Berlin, 1788, S. 86—91.
24. Phosphorsäure, ein Bestandteil des Apatits.
    Köhlers Journal, 1788, Bd. I, S. 294—300.

25. Kleine mineralogische Beiträge.
Crell's Annalen, 1788, I, S. 387—392.
26. Kleine mineralogische Beiträge.
Crell's Annalen, 1789, I, S. 7—12.
27. Über die Anwendbarkeit der Platina zu Verzierungen auf Porcelan.
Abhandlungen, 1788/89, S. 12—15.
Auch Magazin aller neuen Erfindungen, Bd. 5, Stck. 1, S. 5. Leipzig 1801.
28. Chemische Untersuchung der Silbererze.
Abhandlungen, 1788/89, S. 16—32.
29. Uranit, ein neues Metall.
Köhlers Journal, 1789, Bd. II, S. 923—924.
30. Neue Untersuchung des Semlerschen Luftgoldes.
Berlinische Monatsschrift, 7 (1789), S. 484—497.
31. Chemische Untersuchung des Rubins.
Schriften, IX, 1798, S. 337—350.
32. Kurze Anzeige eines neu entdeckten Halbmetalles.
Schriften, IX, 1789, S. 373—375.
33. Chemische Untersuchung des Zirkons.
Schriften, IX, 1789, S. 147—176.
34. Zergliederung des Weißgültigerzes, vom Himmelsfürsten bei Freyberg.
Crell's Annalen, 1789, II, S. 3—10.
35. Chemische Untersuchung des Uranits, einer neu entdeckten metallenen Substanz.
Crell's Annalen, 1789, II, S. 387—403.
36. Untersuchung eines noch unbekannten Fossils.
Köhlers Journal, 1790, Bd. III, 2, S. 227—230.
37. Aktenstücke über die ietzt in Streite befangene Metallisierung der einfachen Erden.
Köhlers Journal, 1790, III, 2, S. 343—348.
38. Über die vorgegebene Reduktion der einfachen Erden.
Köhlers Journal, 1790, III, 2, S. 504—526.
39. Chemische Untersuchung der Mineralquellen zu Carlsbad.
Berlin, Kgl. Hofdruckerei, 1790, 8°, 56 S.
40. Prüfung eines blauen Fossils bey Vorau.
Schriften, X, Stck. 1, 1790, S. 90—94. (Haupttitelblatt 1792).
41. Chemische Untersuchung des gelben Kärnthenschen Bleyspaths.
Schriften, X, Stck. 1, 1790, S. 95—105 (Haupttitelblatt 1792).
42. Untersuchung des sogenannten Pechsteins von Menil-Montant und dessen Muttergestein.
Crell's Annalen, 1790, II, S. 297—303.
43. Chemische Untersuchung der Silbererze, Fortsetzung.
Abhandlungen, 1790/91, S. 3—18.
44. Chemische Untersuchung der Königsborner Salzsolen und deren Produkte.
Abhandlungen, 1790/91, S. 19—30.
45. Kurze Berichtigung betreffend den Schwerstein von Pengilly in Cornwall.
Schriften, X, Stck. 3, 1791 (Haupttitelblatt 1792).
46. Über die vorgebliche Reduktion der einfachen Erden.
Crell's Annalen, 1791, I, S. 119—137.
47. Einige Berichtigungen über die vermeintliche Metallisierung der Erden.
Crell's Annalen, 1791, I, S. 490—494.
48. Über die Bestandteile des Rothgültigerzes.
Köhlers Journal, 1792, I, S. 141—148.
49. Über die Bestandteile des Rothgültigerzes.
Crell's Annalen, 1792, I, S. 9—15.
50. Untersuchung der Mineralquellen zu Imnau.
Crell's Annalen, 1792, I, S. 333—345.

51. Über den Silbervitriol im Rothgültig-Erze.
Crell's Annalen, 1792, I, S. 521—524.
52. Rapport touchant l'ouvrage intitulé: Traité élémentaire de Chimie etc. par Lavoisier T. 1. et 2. Paris 1789, et la traduction alemand de cet ouvrage par M. Hermbstaedt, intitulé: System der antiphlogistischen Chemie, 2 Bände, Berlin 1792.
Histoire, 1792/93, S. 16—19.
53. Beitrag zur numismatischen Docimasie.
Abhandlungen, 1792—97, S. 3—14 (Exper.-Philos.).
54. Mémoire de numismatique docimastique.
Mémoires, 1792/93, S. 97—113.
55. Chemische Untersuchung des siedenden Quellwassers aus Island und des davon abgesetzten Kieseltuffs.
Abhandlungen, 1792—97, S. 15—21 (Exper.-Philos.).
56. Analyse chimique de l'eau des sources bouillantes d'Islande, et du tuf siliceux qu'elles déposent.
Mémoires, 1792/93, S. 114—123.
57. Beitrag zur chemischen Naturgeschichte des Pflanzenalkali.
Abhandlungen, 1792—97, S. 68—71 (Exper.-Philos.).
58. Chemische Untersuchung der Metallmasse eines antiken Spiegels.
Abhandlungen, 1792—97, S. 72—78 (Exper.-Philos.).
59. Kurze Beschreibung einiger durch die Hitze der glühenden Lava veränderten Metallkörper.
Abhandlungen, 1792—97, S. 79—82. (Exper.-Philos.).
60. Bemerkung über das Uranerz.
Crell's Annalen, 1793, II, S. 151—152.
61. Chemische Versuche über die Strontianerde.
Crell's Annalen, 1793, II, S. 189—202.
62. Chemische Untersuchung des Bitterspaths.
Schriften, XI, 1794, S. 51—54.
63. Chemische Untersuchung des Meerschaums.
Schriften, XI, 1794, S. 59—70.
64. Chemische Untersuchung des Lilaliths oder amethystrothen Zeoliths.
Schriften, IX, 1794, S. 149—152.
65. Nachtrag (zu Hunger, Von noch unbekannten Kristallisationen einiger Fossilien).
Schriften, XI, 1794, S. 198—201.
66. Nachrichten von der ersten Entdeckung der Molybdänsäure im gelben kärnthischen Bleyspath.
Schriften, XI, 1794, S. 105—106.
67. Nachtrag zu den chemischen Versuchen über die Strontianerde.
Crell's Annalen, 1794, I, S. 99—102.
68. Über den Salzäther.
Crell's Annalen, 1796, I, S. 99—104.
69. Zerlegung des Schwerspaths auf nassem Wege.
Crell's Annalen, 1796, I, S. 387—395.
70. Beitrag zur chemischen Naturgeschichte des Pflanzenalkali.
Crell's Annalen, 1797, I, S. 90—96.
71. Nouvelles données relatives à l'histoire naturelle de l'alcali végétal.
Mémoires, 1797, S. 9—13.
72. Analyse chimique de la masse métallique d'un miroir antique.
Mémoires, 1797, S. 14—22.
73. Description sommaire de quelques corps métalliques, altérés par la chaleur de la Lave incandescente.
Mémoires, 1797, S. 3—8.

74. Nachricht von einem neu entdeckten Metall aus dem rothen sibirischen Bleispath.
Crell's Annalen, 1798, I, S. 80—90.
75. Über die siebenbürgischen Golderze und das in denselben enthaltene neue Metall.
Crell's Annalen, 1798, I, S. 91—104.
76. Analyse chimique de la mine de Tellure de Transylvanie.
Mémoires, 1798, S. 17—37,
77. Chemische Untersuchung der siebenbürgischen Golderze.
Abhandlungen, 1798—1800, S. 15—30.
78. Über antike Glaspasten.
Abhandlungen, 1798—1800, S. 31—40 mit 1 Tafel.
79. Sur quelques vitrifications antiques.
Mémoires, 1798, S. 3—16, mit 1 Tafel.
80. Chemische Untersuchung des Honigsteins.
Abhandlungen, 1798—1800, S. 41—50.
81. Analyse chimique du Melilithe (Honigstein).
Mémoires, 1801, S. 3—15.
82. Untersuchung des roth gefärbten Wassers aus dem See bey Lubotin in Südpreußen.
Abhandlungen, 1798—1800, S. 51—57.
83. Untersuchung des roth gefärbten Wassers aus dem See bei Lubotin in Südpreußen.
Scherer, IV (1800), 458—470.
84. Chemische Untersuchung des Gadoliniths.
Abhandlungen, 1798—1800, S. 58—70.
85. Recherches chimiques sur la Gadolinithe.
Mémoires, 1801, S. 16—32.
86. Chemische Untersuchung des Honigsteins.
Crell's Annalen, 1800, I, S. 3—22.
87. Chemische Untersuchung des Pharmacoliths.
Crell's Annalen, 1801, I, S. 169—173.
88. Einige Bemerkungen über den Gadolinith, den Chryolith und die Honigsteinsäure.
Crell's Annalen, 1801, I, S. 307—314.
89. Chemische Untersuchung der arseniksauren, salzsauren und phosphorsauren Kupfererze.
Neue Schriften, III, 1801, S. 307—321.
90. Chemische Untersuchung des Kryoliths.
Neue Schriften, III, 1801, S. 322—328.
91. Chemische Untersuchung des Klingsteins.
Abhandlungen, 1801—1802, S. 3—10.
92. Analyse chimique de la Pierre sonante (Klingstein).
Mémoires, 1801, S. 63—73.
93. Chemische Untersuchung des Basalts.
Abhandlungen, 1801—1802, S. 11—16.
94. Analyse chimique du Basalte.
Mémoires, 1801, S. 74—82.
95. Chemische Untersuchung eines neuen Pflanzensalzes.
Abhandlungen, 1801—1802, S. 17—20.
96. Prüfung des Pneumalkali, welches Herr Dr. Hahnemann bekannt machte (mit Karsten und Hermbstaedt).
Scherer, V (1801), 380—386.
97. Chemische Untersuchung des Gadoliniths.
Scherer, V (1801), 531—552.
98. Beitrag zur numismatischen Docimasie.
Scherer, VI (1801), 227—244.
99. Chemische Untersuchung der Metallmasse eines antiken Spiegels.
Scherer, VI (1801), 245—255.

100. Zergliederung des Olivenerzes.
Scherer, VII (1801), 44—49.
101. Zergliederung des salzsauren Kupfererzes.
Scherer, VII (1801), 50—53.
102. Zergliederung des phosphorsauren Kupfererzes.
Scherer, VII (1801), 53—57.
103. Zerlegung des Kryoliths.
Scherer, VII (1801), 58—63.
104. Chemische Untersuchung des Pharmacoliths.
Scherer, VII (1801), 67—71.
105. Veränderung der Metallkörper durch glühende Lava.
Scherer, VII (1801), 116—118.
106. Chemische Untersuchung des Klingsteins.
Scherer, VII (1801), 131—144.
107. Chemische Untersuchung des Basalts.
Scherer, VII (1801), 144—152.
108. Über die Verdampfung des Wassers bei einem höheren Grade der Temperatur.
Scherer, VII (1801), 646—651.
109. Recherches chimiques sur un nouveau sel végétal.
Mémoires, 1802, S. 12—16.
110. Chemische Untersuchung eines erhärteten gummiartigen Pflanzensaftes aus dem Stamm einer Ulme.
Abhandlungen, 1801—1802, S. 21—23.
111. Recherches chimiques sur un suc végétal gommeux, concrété sur le tronc d'un Orme.
Mémoires, 1802, S. 21—23.
112. Über die möglichst vollständige Benutzung der Brennmaterialien bei Heizung der Öfen.
Scherer, IX (1802), 277—284.
113. Über die Anwendung der Platina zu Verzierungen auf Porzellan.
Scherer, IX (1802), 413—420.
114. Über den Zucker vom Johannisbrodbaum.
Abhandlungen, 1801—1802, S. 24—25.
115. Du sucre du caroubier.
Mémoires, 1802, S. 17—18.
116. Über die Himmels-Manna von Sizilien.
Abhandlungen, 1801—1802, S. 26—27.
117. De la Manne-céleste de Sicile.
Mémoires, 1802, S. 19—20.
118. Chemische Untersuchung des Hippoliths.
Abhandlungen, 1801—1802, S. 28—34.
119. Analyse chimique de l'hippolithe.
Mémoires, 1802, S. 3—11.
120. Chemische Untersuchung eines neuen Pflanzensalzes.
Scherer, X (1803), S. 3—9.
121. Beschreibung einer sehr einfachen und bequemen Geräthschaft zur Wassererzeugung (mitgeteilt von E. G. Fischer).
Scherer, X (1803), S. 310—315
122. Vollständig bewiesene und nicht zu bezweifelnde Diversität des Telluriums und Spießglanzes.
Gilberts Annalen, XII (1803), S. 246—248.
123. Chemische Untersuchung des Natroliths.
Neue Schriften, IV, 1803, S. 243—248.

124. Über meteorische Stein- und Metall-Massen.
Gehlens Journal, I, 1803, S. 3—36.
125. Nachtrag zur Geschichte der Meteorsteine.
Gehlens Journal, I, 1803, S. 466—468.
126. Untersuchung eines besonderen fossilen Brennmaterials aus Ostpreußen.
Gehlens Journal, I, 1803, S. 471—481.
127. Chemische Untersuchung einer grünen Erde aus Neu-Ostpreußen.
Gehlens Journal, I, 1803, S. 656—658.
128. Über meteorische Stein- und Metall-Massen.
Abhandlungen, 1803, S. 21—43.
129. Des masses pierreuses et métalliques tombées de l'atmosphère.
Mémoires, 1803, S. 37—66.
130. Chemische Untersuchung einer grünen Erde aus Neu-Ostpreußen.
Abhandlungen, 1803, S. 44—46.
131. Analyse d'une terre verte, trouvée dans la Nouvelle Prusse-Orientale.
Mémoires, 1803, S. 67—69.
132. Untersuchung eines besondern fossilen Brennmaterials aus Ostpreußen.
Abhandlungen, 1803, S. 47—53.
133. Examen d'un nouveau combustible fossile trouvé dans la Prusse-Orientale.
Mémoires, 1803, S. 70—78.
134. Chemische Analyse des Diabetes mellitus.
Journal der praktischen Arzneykunde und Wundarzneykunde. Herausgegeben von C. W. Hufeland. Berlin. 16 (1803), I, S. 160—165.
135. Chemische Untersuchung des Dolomits.
Gehlens Journal, II, 1804, S. 115—130.
136. Chemische Untersuchung des Kupfer-Wismuth-Erzes von Wittichen.
Gehlens Journal, II, 1804, S. 187—191.
137. Anhang zu vorstehender Abhandlung (Bestätigung neuer 1796 gemachter Entdeckung eines liquiden Schwefelproduktes. Von W. A. Lampadius).
Gehlens Journal, II, 1804, S. 197—198.
138. Chemische Untersuchung des Ochroits.
Gehlens Journal, II, 1804, S. 303—316.
139. Analyse chimique de l'Ochroite.
Mémoires, 1804, S. 155—164.
140. Chemische Untersuchung des Muriacits.
Gehlens Journal, II, 1804, S. 355—362.
141. Versuche über die Herstellung der Metalle aus alkalischen Auflösungen.
Gehlens Journal, II, 1804, S. 498—505.
142. Untersuchung des schlackigen Augits von Guiliana in Sizilien.
Gehlens Journal, II, 1804, S. 587—590.
143. Untersuchung des Topases.
Gehlens Journal, III, 1804, S. 583—596.
144. Analyse de la Topase.
Mémoires, 1804, S. 144—154.
145. Untersuchung eines fossilen Elephantenzahns auf Flußspathsäure.
Gehlens Journal, III, 1804, S. 625—629.
146. Recherches sur l'acide fluorique content dans une dent fossile d'Eléphant.
Mémoires, 1804, S. 136—139.
147. Vom Zucker des Johannesbrodtbaumes.
Gehlens Journal, IV, 1804, S. 326—327.
148. Von dem Himmelsmanna in Sicilien.
Gehlens Journal, IV, 1804, S. 328—329.

149. Chemische Untersuchung eines gummigen Pflanzensaftes vom Stamme einer Ulme.
Gehlens Journal, IV, 1804, S. 329—331.
150. Analyse chimique de la véritable terre de Lemnos.
Mémoires, 1804, S. 140—143.
151. Chemische Untersuchung des Fahlerzes.
Gehlens Journal, V, 1805, S. 3—14.
152. Chemische Untersuchung einiger Graugültigerze.
Gehlens Journal, V, 1805, S. 14—31.
153. Chemische Untersuchung des Spießglanz-Bleierzes.
Gehlens Journal, V, 1805, S. 31—34.
154. Chemische Untersuchung des Bergzinnobers.
Gehlens Journal, V, 1805, S. 432—436.
155. Chemische Untersuchung des dichten Quecksilberlebererzes von Idria.
Gehlens Journal, V, 1805, S. 437—442.
156. Versuche über die quantitativen Verhältnisse der Schwefelsäure.
Gehlens Journal, V, 1805, S. 509—519.
157. Untersuchung des Alaunsteins von Tolfa und des erdigen Alaunschiefers von Freienwalde.
Gehlens Journal, VI, 1805, S. 35—54.
158. Untersuchung des Datoliths.
Gehlens Journal, VI, 1805, S. 107—110.
159. Über den Essigäther.
Gehlens Journal, VI, 1805, S. 110—111.
160. Untersuchung des Klebschiefers (von Menil-Montant).
Gehlens Journal, VI, 1805, S. 575—578.
161. Chemische Untersuchung des körnigen Eisenchromerzes aus Steiermark.
Gehlens Journal, I, 1806, S. 189—192.
162. Chemische Untersuchung des Zoisits.
Gehlens Journal, I, 1806, S. 193—197
163. Chemische Untersuchung des Riepoldsauer Mineralwassers.
Gehlens Journal, I, 1806, S. 614—620.
164. Chemische Untersuchung des blauen vesuvischen Kalksteins.
Magazin, I, 1807, S. 251—254.
165 Chemische Untersuchung der kohlensauren Talkerde aus Steiermark.
Magazin, I, 1807, S. 254—257.
166. Chemische Untersuchung des Gurhofians.
Magazin, I, 1807, S. 257—258.
167. Berichtigung den Haarkies betreffend.
Magazin, I, 1807, S. 307—308.
168. Analyse zweier Spatheisensteine
1. Spatheisenstein von Dankerode im Halberstädtischen.
2. Spatheisenstein aus dem Baireuthischen.
Gehlens Journal, III, 1807, S. 111—114.
169. Untersuchung des Bronzits.
Gehlens Journal, IV, 1807, S. 151—154.
170. Chemische Untersuchung der Metallmasse antiker eherner Waffen und Geräte.
Gehlens Journal, IV, 1807, S. 351—363.
171. Chemische Untersuchung des Kaneelsteins.
Gehlens Journal, IV, 1807, S. 381—386.
172. Chemische Untersuchung des Zirkons aus dem nördlichen Circars.
Gehlens Journal, IV, 1807, S. 386—389.
173. Chemische Untersuchung des rothen Granats aus Grönland.
Gehlens Journal, IV, 1807, S. 389—394.

174. Traubenerz, eine eigentümliche Gattung von Bleierz. (Zusammen mit Karsten; auch dieser als Verfasser, ohne Vornamen, angegeben.)
Gehlens Journal, IV, 1807, S. 394—404.
175. Untersuchung chinesischer Münzen.
Gehlens Journal, IV, 1807, S. 449—451.
176. Chemische Untersuchung des Wavelits (mit Karsten).
Magazin, II, 1808, S. 3—6.
177. Untersuchung des mürben Ziosits, vom Radelgraben in Kärnthen (mit Karsten).
Magazin, II, 1808, S. 187—188.
178. Untersuchung der Sphène, aus dem Felberthale im Pinzgau, im Salzburgischen (mit Karsten).
Magazin, II, 1808, S. 188—191.
179. Untersuchung des Eisenpecherzes, von der Christbescherung unweit Freiberg (mit Karsten).
Magazin, II, 1808, S. 191—194.
180. Chemische Untersuchung des Augits aus dem Rhön-Gebirge.
Magazin, II, 1808, S. 6—10.
181. Chemische Untersuchung des schwarzen kristallisierten Augits von Frascati.
Gehlens Journal, V, 1808, S. 199—202.
182. Chemische Untersuchung des Melanits.
Gehlens Journal, V, 1808, S. 203—205.
183. Chemische Untersuchung des Stauroliths.
Gehlens Journal, V, 1808, S. 206—210.
184. Chemische Untersuchung des Hyperstèn, vulgo Labradorische Hornblende.
Gehlens Journal, V, 1808, S. 210—213.
185. Chemische Untersuchung des Stangensteins von Altenburg.
Gehlens Journal, V, 1808, S. 213—218.
186. Chemische Untersuchung des röthlichen Turmalins aus Mähren.
Gehlens Journal, V, 1808, S. 218—221.
187. Chemische Untersuchung des blättrigen Talks, des gemeinen Glimmers, des großblättrigen Glimmers und des schwarzen Glimmers.
Gehlens Journal, VII, 1808, S. 128—145.
188. Chemische Untersuchung des chinesischen Reissteins.
Gehlens Journal, VII, 1808, S. 146—154.
189. Vermischte chemische Notizen.
Gehlens Journal, VII, 1808, S. 198—201.
190. Mineralogisch-chemische Untersuchung des Elaeoliths (mit Karsten).
Magazin, III, 1809, S. 43—44.
191. Chemische Untersuchung der Kiesel-Guhr aus Isle de France.
Magazin, III, 1809, S. 44—45.
192. Chemische Untersuchung eines grünen Fossils aus dem Spessart.
Magazin, III, 1809, S. 46—47.
193. Chemische Untersuchung des Wassers vom todten Meere.
Magazin, III, 1809, S. 139—143.
194. Nachtrag (zu einer Arbeit von Hänle: Über das natürliche rothe Bleioxyd).
Magazin, III, 1809, S. 237.
195. Chemische Untersuchung des Meteorsteins, von Lissa.
Gehlens Journal, VIII, 1809, S. 461—467.
196. Untersuchung einiger alter Metallmassen aus der Stiftskirche Goslar (Altar des Krodo, Kaiserstuhl, Leuchterring, Einfassung des Hochaltars).
Gehlens Journal, IX, 1810, S. 401—404.
197. Beitrag zur numismatischen Docimasie (Münze von Alexander Severus, Gordianus, Valerianus, Gallienus).
Gehlens Journal, IX, 1810, S. 652—663.

198. Chemische Untersuchung des Blau-Eisensteins vom Cap der Guten Hoffnung.
Magazin, V, 1811, S. 72—74.
199. Chemische Untersuchung des Faserquarzes vom Cap der Guten Hoffnung.
Magazin, V, 1811, S. 75—76.
200. Chemische Untersuchung des Belugen-Steins.
Magazin, V, 1811, S. 107—110.
201. Chemische Untersuchung des Steinmarks.
Magazin, V, 1811, S. 331—333.
202. Chemische Untersuchung desselben Minerals (des bei Steinheim, unweit Hanau vorkommenden, ehemals für strahligen Braunkalk gehaltenen).
Magazin, V, 1811, S. 335—337.
203. Chemische Untersuchung des stängl. Dolomits.
Magazin, V, 1811, S. 402—403.
204. Chemische Untersuchung der sibirischen Bergbutter.
Magazin, V, 1811, S. 404—406.
205. Einige Notizen über die auf dem Schlosse zu Sondershausen aufbewahrte metallene Bildsäule des Pusterich, nebst deren chemischer Untersuchung.
Schweiggers Journal, I, 1811, S. 509—516.
206. Untersuchung des grünen körnigen Stralsteines aus Teinach.
Schweiggers Journal, III, 1811, S. 269—273.
207. Auflöslichkeit des weißen Arseniks in Wasser, quantitativ bestimmt.
Schweiggers Journal, VI, 1812, S. 231—235.
208. Chemische Untersuchung zweier gediegenen Eisen-Massen.
Schweiggers Journal, V, 1812, S. 1—5.
209. Chemische Untersuchung des Marekanits.
Abhandlungen (Phys.), 1812/13, S. 49—58.
210. Chemische Untersuchung des Nickel-Spießglanzerzes, von Treusburg.
Magazin, VI, 1814, S. 71—74.
211. Chemische Untersuchung eines neuen Erdharzes, aus Sibirien.
Magazin, VI, 1814, S. 74—76.
212. Chemische Untersuchung des splittrigen Hornsteins vom Schneeberg.
Magazin, VI, 1814, S. 254—255.
213. Chemische Untersuchung des Bergmehls von Santa Fiora.
Schweiggers Journal, X, 1814, S. 91—95.
214. Chemische Untersuchung des Arsenikerzes von Reichenstein.
Abhandlungen (Phys.), 1814/15, S. 27—34.
215. Chemische Untersuchung des rhomboidalischen Eisenspaths von Ehrenfriedersdorf (mit Freiersleben).
Magazin, VII, 1815, S. 238—240.
216. Chemische Untersuchung des Dolomits von Reichenstein.
Magazin, VII, 1815, S. 159—160.
217. Chemische Untersuchung des Pseudo-Chrysoliths von Thein an der Moldau.
Magazin, VIII, 1818, S. 86—88.
218. Anleitung zur künstlichen Bereitung des Carlsbader Wassers.
Besondere Beilagen zu Nr. 141 und 145 des Berliner Intelligenzblattes, 1802, 14. u. 18. Juni.

Von andern Autoren genannte Arbeiten Klaproths, die von mir nicht nachgewiesen wurden, da die betreffenden Zeitschriftenbände mir nicht zugänglich waren:
Der Registerband zu den Bänden 1799—1824 der „Annalen der Physik und der physikalischen Chemie“, herausgegeben von Ludwig Wilhelm Gilbert, verzeichnet folgende Arbeiten Klaproths:

Analyse unverbrennlicher Kohle, II, 397.
Mineralien-Sammlung, V, 437.

Krystallisation geschmolzener Eisenmassen, VII, 413.
Analyse des Bimsteins von Lipari, VII, 427.
Diversität des Telluriums und des Spießglanzes, XII, 246.
Analyse mehrerer metheorischer Stein- und Metallmassen, XIII, 337; XVIII, 288; XXXIII, 210; XLII, 201.
Über die Flußsäure in den fossilen Elefantenzähnen, XX, 493.
Analyse grauer Kupfererze, XXV, 171.
Regulinische Fällung der alkalischen Metallauflösungen durch andere Metalle und Anwendung dieser Entdeckung auf die Analyse der Zinnminern, XXV, 462.
Feldspath, Weißstein, Labrador machen nach seiner Analyse drei verschiedene mineralogische Gattungen aus, XLVIII, 224.
Analyse des Wasser des todten Meeres, LXIII, 189.
Eigenschaft des reinen Kobalts, LXXI, 109.

Trommsdorff (V, 25) und Meusel (V, 14) nennen:
Untersuchungen der Luftarten, welche aus Vermischungen des rohen und verkalkten Braunsteins mit Metallen, metallischen Kalken, Erden und salzigen Substanzen sich entbanden. Crell's Annalen, I. Bd., 1792. (?)

Meusel (V, 14) führt auf:
Mittel aus dem Titankalk ein wahres Metallkorn zu erlangen. Crell's Annalen, 1796. (?)

B. Selbständige Bücher

1. Chemische Untersuchung der Mineralquellen zu Carlsbad. Berlin, 1790. 8⁰ 56 S.
2. Beiträge zur chemischen Kenntnis der Mineralkörper.
   Bd. I. Posen/Berlin, 1795. 374 S.
   Bd. II. Posen/Berlin, 1797. 332 S.
   Bd. III. Posen/Berlin, 1802. 331 S.
   Bd. IV. Posen/Berlin, 1807. 396 S.
   Bd. V. Berlin/Leipzig 1810. 264 + XV S.
   Bd. VI. Berlin/Stettin, 1815. 380 S.
   (Bd. VI mit einem zweiten Titelblatte: „Chemische Abhandlungen gemischten Inhalts".)

   In den sechs Bänden sind folgende Abhandlungen aufgenommen worden, von denen viele bereits an anderer Stelle veröffentlicht worden waren, jedoch für den Neudruck überarbeitet und dadurch zum Teil verändert, ergänzt und verbessert wurden:

Bd. I:

Bd. V:

Bd. VI:

C. Mitarbeit an Werken anderer

1. Pharmacopoea Borussica. Ed. I. Berlin, 1799. Ed. II. Berlin, 1804. Ed. III. Berlin, 1813. (Mit Formey, Hermbstaedt, Rose.)
2. Vauquelin, Louis Nicolas: Handbuch der Probierkunst. Aus dem Französischen übersetzt von Friedrich Wolff. Mit Anmerkungen von M. H. Klaproth. Königsberg, 1800.
3. Otto, Johann Friedrich Wilhelm: Versuch einer physikalischen Erdbeschreibung. 1. Theil (Hydrographie). Berlin, 1800.
   Enthält: M. H. Klaproth: Über die Verdampfung des Wassers bei einem höheren Grade der Temperatur. [Nachdruck bei Scherer, VII (1801), 646ff.]
4. Gren, Friedrich Albrecht Carl: Systematisches Handbuch der gesamten Chemie. 3. Auflage, durchgesehen und überarbeitet von Martin Heinrich Klaproth. Bd. 1. (XVIII + 590 Seiten) und 2. (VIII + 638 Seiten). Halle, 1806. Bd. 3. (VIII + 860 Seiten). Halle, 1807.
5. Klaproth, Martin Heinrich und Friedrich Wolff: Chemisches Wörterbuch. 5 Bde. Berlin, 1807—1810. 4 Supplementbände u. Generalregister. Berlin 1815—1819.
6. John, Johann Friedrich: Chemisches Laboratorium oder Anweisung zur chemischen Analyse der Naturalien, nebst Darstellung der nöthigsten Reagenzien. Vorrede von Martin Heinrich Klaproth. Berlin, 1808—1821.
7. v. Minutoli, Freiherr H. Menu, und M. H. Klaproth: Über antike Glasmosaik. Berlin, 1816.
8. Neues allgemeines Journal der Chemie. Herausgegeben von Bucholz, Klaproth, Hermbstaedt, Scherer, Richter, Trommsdorff, v. Crell und Gehlen. Berlin, 1803—1805.
9. Journal für die Chemie, Physik und Mineralogie. Von C. F. Buchholz, L. v. Crell, S. F. Hermbstaedt, M. H. Klaproth, J. B. Richter, J. W. Ritter, J. B. Trommsdorff und A. F. Gehlen. Berlin, 1806—1809.
10. Neues Journal für Chemie, Physik und Mineralogie. Mit F. J. Bernhardi, J. Berzelius, C. F. Buchholz, L. v. Crell, J. W. Döbereiner, A. F. Gehlen, C. v. Grotthus, S. F. Hermbstaedt, F. Hildebrandt, M. H. Klaproth, H. C. Oerstedt, C. H. Pfaff, F. J. Seebeck, C. H. Weiß, herausgegeben von J. S. C. Schweigger. Nürnberg, 1811—1817.

D. Im Auslande veröffentlichte Arbeiten Klaproths

In Frankreich

Nach Karl Bruhns haben in dem Werk von Alexander von Humboldt:
„Voyage aux régions équinoxiales du Nouveau Continent 1799—1804", Paris, 1807ff.
folgende Arbeiten Klaproths Aufnahme gefunden:
Der Feueropal aus Mexiko (vgl. B, 2, Bd. IV, Nr. 139)
Das muschelige Hornerz aus Peru (vgl. B, 2, Bd. IV, Nr. 119)
Das Silbererz von Paco aus Tasco (vgl. B, 2, Bd. IV, Nr. 118)
Das Graugültigerz aus Tasco (vgl. B, 2, Bd. IV, Nr. 127)
Das Meteoreisen aus Durango (vgl. B, 2, Bd. IV, Nr. 130)
Die Moja aus Pelileo, verbrennliche vulkanische Substanz, die Feldspath enthält (vgl. B, 2, Bd. IV, Nr. 154)
Der Guano von den peruanischen Inseln (vgl. IV, Nr. 155).
(VI, 21)

Nach Willi Möbus („Alexander von Humboldt", Berlin, 1948) „bearbeitete Klaproth den mineralogischen Teil von A. v. Humboldts amerikanischem Reisewerk".

J.-M. Quérard, „La France littéraire ou Dictionnaire bibliographique". Tome quatrième 252 (Paris 1830), S. 301—302, zählt folgende in Frankreich veröffentlichte Arbeiten Klaproths auf:

Dictionnaire de chimie, par M. H. Klaproth, et F. Wolff. Traduit de l'allemand, avec des notes, par E.-J.-B. Bouillon-La-Grange, et par H.-A. Vogel. Paris, J. Klostermann fils, 1810ff. 4 vol. in 8, avec planches.

Mémoires de chimie, contenant des Analyses de minéraux; trad. de l'allemand par B.-M. Tassaert. Paris, F. Buisson, 1807. 2 vol. in 8.

Analyse de la Strontiane. Nouveau métal découvert dans le schorl.
Journal des mines, tome II. 1795.

Analyse chimique du Schorl rouge de Hongrie. Analyse du Saphir oriental. Examen de l'argent rouge transparent.
Journal des mines, tome III. 1795.

Analyse d'un fossile trouvé dans l'évêché de Passau. Analyse du silex. Du chrysobéril de Werner, cymophane d'Hauy. De la chrysolithe ordinaire et de celles de volcans. Du schorl violet. De l'œil de chat.
Journal des mines, tome IV, 1796.

Découverte de la terre zirconienne dans l'hyacinthe. Mem. sur l'existence de la potasse dans leucite.
Journal des mines, tome V, 1797.

Analyse de la mine d'argent grise et blanche. Rapport entre l'acide phosphorique et le plomb dans le plomb phosphate. Analyse du cuivre gris de Cremnitz. De l'étain oxidé.
Journal des mines, tom VI, 1797.

Analyse du rubis-spinelle. De l'émeraude du Pérou. Mem. sur un nouveau métal nommé tellurium.
Journal des mines, tome VII, 1797.

Analyse de la gadolinite. Experiences sur l'évaporation de l'eau à une haute température.
Journal des mines, tome XII, 1802.

Solubilité de la silice, quand elle accompagne de l'oxide de titane. Analyse du titane siliceo-calcaire. Analyse du basalte. Du klingstein-porphyr. Du cuivre arseniate. Procedé pour estraire la sonde des minéraux.
Journal des mines, tome XIII, 1802.

Analyse de la natrolite.
Journal des mines, tome XIV, 1803.

Recherches sur l'acide fluorique contenu dans une dent fossile d'éléphant. Analyse chimique de la véritable terre de Lemnos. Analyse de la topaze. Analyse chimique de l'Ochroite. Analyse des pechsteins de Gersebach et de Planitz. Du Klingstein de Bohême. Extrait d'une lettre de Klaproth, contenant l'analyse de la dolomite et l'annonce de sa découverte d'une terre nouvelle qu'il a nommée terre ochroite. Découverte de l'acide fluorique contenu dans la topaze.
Journal des mines, tome XVI, 1804.

Analyse de la pinite de Saxe.
Journal des mines, tome XVII, 1804.

Examen chimique du fahlerz. Analyse du graugültigerz.
Journal des mines, tome XVIII, 1804.

Examen chimique de la mine hépathique du mercure d'Idria. Examen chimique du cinabre natif. Analyse de la datholitex.
Journal des mines, tome XIX, 1806.

Examen chimique du menérai d'alun de la Tolfa, et du schiste alumineux terreux de Freyenwalde. Du schiste qui accompagne la ménélite.
Journal des mines, tome XX, 1806.

Examen chimique du bronzit.
Journal des mines, tom XXII, 1807.

Analyses des topazes de Saxe et de Brésil. De plusieurs alliages antiques d'airain, et de deux substances minérales. D'un nouveau minéral de fer-piciform. De l'augite noire cristallisée de Frascati. De la mélanite. De deux variétés de staurotide du Saint-Gothard. De l'hyperstène. Du stangenstein d'Altenburg, pyénite d'Hauy. De la Tourmaline rougeâtre de Rosena.
Journal des mines, tome XXIII, 1808.

Du talc lamelleux du Saint-Gothard, des micas de Zinnwalde, de Moscovie et de Sibérie; de la substance appelée pierre de riz, pâte de riz de la Chine, et d'une aérolithe tombée, le 13 mars 1807, dans le cercle de Inchnow, du gouvernement de Smolensko.
Journal des mines, tome XXVI, 1809.

Du blaettriger Augit.
Journal des mines, tome XXVI, 1809.

De la terre végetale bitumeuse. Analyses de la chaux carbonatée bleue compacte; de la magnésie native de la Styrie; du gurhosian; de la wavelite; des pyroxènes vert et noir; du soysite friable; du sphène du pays de Salzbourg; de la mine de fer dite eisenpecherz; du chrômate de fer de la Styrie; de la chaux carbonatée ferrifère; du bronzit; du kannelstein; du zircon des Indes orientales; du grenat noble du Groenland; du plomb phosphate arseniaté; du pyroxène noir de Frascati; du grenat de Frascati; de la staurotide; de l'hyperstène; de la pycnite d'Altenberg; de la Tourmaline rouge; du fer phosphate bleu d'Ekartzberg.
Journal des mines, tome XXVIII, 1810.

Resultat de l'analyse de l'orpiment et du réalgar.
Journal des mines, tome XXXX, 1811.

Analyses de l'oxide d'étain de Cornouailles; du bildstein.
Journal des mines, tome XXXV, 1814.

In England

Analytical Essays towards promotions the chemical knowledge of mineral substances. Translated from the German. Vol. I. London, 1801. Vol. II. London, 1805.

Oberservation relative to the mineralogical and chemical history of the fossils of Cornwall. Translated from the German by J. G. Groschke. London, 1787.

Analysis of the Oriental Lapis Lazuli.
Nicholson's Journal, I, 77. 1797.

On a New Metal denominated Tellurium.
Nicholson's Journal, II, 372. 1798.

Analysis of the Spinel.
Nicholson's Journal, III, 549. 1799.

Analysis of the Natrolite.
Nicholson's Journal, VI, 191. 1803.

Chemical Examination of a New Vegetable Salt, and of a new Acid discovered in it.
Nicholson's Journal, VII, 129. 1804.

On the Application of Platina on Porcellain.
Nicholson's Journal, VII, 286. 1804.

Chemical Examination of the Ochroits, a Mineral not hitherto well known, containing a new Earth.
Nicholson's Journal, VIII, 207. 1805.

On the Pastes, Coloured Glasses, or Enamels of the Ancients.
Nicholson's Journal, VIII, 225. 1805.

A Chemical Examination of the Hepatic Ore of Mercury, from Idria.
Nicholson's Journal, XV, 228. 1806.

A Chemical Examination of Native Cinnabar.
Nicholson's Journal, XV, 245. 1806.

A Memoir on Sulphuric Acid.
Nicholson's Journal, XVIII, 349. 1807.

Chemical Examination of the Alum Ore of Tolfa, and the Earth Aluminous Schist of Freyenwalde.
Nicholson's Journal, XX, 359. 1808.

Analysis fo the Chinese Rice-Stone; with some Observations on the Yu.
Nicholson's Journal, XXIV, 375. 1809.

Chemical Inquiry into the Composition of some Weapons and Utensils of ancient Bronze.
Nicholson's Journal, XXVI, 86. 1810.

Analysis of various Minerals.
Nicholson's Journal, XXVII, 148. 1810.

Analysis of a Chinese Gong-gong.
Nicholson's Journal, XXX, 307. 1811.

Analysis of some ancient Alloys in the Church of Goslar.
Nicholson's Journal, XXXI, 11. 1812.

Analysis of Minerals.
Nicholson's Journal, XXXI, 378. 1812.

Analysis of an New Variety of Ore of Antimony.
Phil. Mag. XIII, 299. 1814.

(Bibliotheca Britannica; or a General Index to British and Foreign Literature. By Robert Watt. Vol. II. Edinburgh, 1824.)

In Italien

Analisi chimica dell'uranite, sostanza metallica nuovamente scoperta dal Sig. Klaproth.
Opusculi scelti sulle scienza e sulle arti, tom 13. Herausg. von Amoretti, Carlo und Franceso Soave, 1778—1803.

Risultato dell'analisi di alcune sostanza minerali, fatta del Sig. Klaproth.
Opusculi scelti sulle scienza e sulle arti, tom 23. Herausg. von Amoretti, Carlo und Franceso Soave, 1778—1803.

***

Vermutlich ist die vorstehende Liste der Arbeiten Klaproths, die im Auslande erschienen, keineswegs vollständig. Man darf annehmen, daß wenigstens kurze Referate seiner wichtigsten Untersuchungen in den chemischen Zeitschriften aller Länder seiner Zeit veröffentlicht wurden. Schon in deutschsprachigen Zeitschriften wurden sie häufig in vollem Wortlaute nachgedruckt, erschienen also bisweilen in kurzen Abständen nacheinander in mehreren periodischen Erscheinungen.

V. LITERATUR ÜBER KLAPROTH

Die hier angegebene Literatur über Klaproth stellt nur eine Auswahl der wichtigsten Veröffentlichungen über ihn dar. Es versteht sich von selbst, daß nicht alle Erwähnungen Klaproths in der Literatur aufgeführt werden können.

1. Bässler, Paul: Klaproth (Martin Heinrich). Allgemeine Encyclopädie der Wissenschaft und Künste. Herausgegeben von J. S. Ersch und J. G. Gruber. Zweite Sektion. Herausgegeben von August Leskien. 36. Teil. Leipzig, 1884.
2. Bildnisse berühmter Mitglieder der Akademie der Wissenschaften zu Berlin (1700 bis 1950). Herausgegeben aus Anlaß der 250-Jahrfeier von der Deutschen Akademie der Wissenschaften zu Berlin. Berlin, 1950.
3. Biographie portative universelle. Paris, 1844.
4. (Buchners) Repertorium für die Pharmazie. Bd. 3. Nürnberg, 1817.
5. Bugge, Günther: Buch der großen Chemiker. 2 Bände. Neudruck, Weinheim, 1955.
6. Dann, Georg Edmund: Klaproth als Mitglied der Akademie der Wissenschaften. Pharmazeutische Zeitung 82 (1937), 1201—1205.
7. Dann, Georg Edmund: Klaproths Wandlung zum Antiphlogistiker. Wissenschaftliche Zeitschrift der Karl-Marx-Universität. Leipzig, 5 (1955/56), Heft 1/2.
8. Dann, Georg Edmund: Martin Heinrich Klaproths Ahnen- und Familienkreis. Vorträge der Hauptversammlung der Gesellschaft für Geschichte der Pharmazie, Stuttgart, 16.—18. Juni 1936 o. O. u. J.
9. Dann, Georg Edmund: Pharmaziegeschichtliches aus den Vorarbeiten zur Biographie Klaproths. Pharmazeutische Zeitung 72 (1927), 549—551.
10. Diergart, Paul: Tellur und Brom in der Zeit ihrer Entdeckung. Zeitschrift für angewandte Chemie 33 (1920) I, 290.
11. Ferchl, Fritz: Von Liebau bis Liebig. Chemikerköpfe und -laboratorien. Mittenwald, 1930.
12. Fischer, E. G.: Denkschrift auf Klaproth. Abhandlungen der königlichen Akademie der Wissenschaften in Berlin, 1818/19, S. 11—26. Berlin, 1820.
13. (Gilberts) Annalen der Physik, Bd. LX. Leipzig, 1819.
14. Hamberger, Georg Christoph und Johann Georg Meusel: Das gelehrte Teutschland. Band IV, Lemgo 1797; Band X, Lemgo 1803; Band XXIII, Lemgo 1834.
15. Hofmann, August Wilhelm: Chemische Erinnerungen aus der Berliner Vergangenheit. Berlin, 1882.
16. Kopp, Hermann: Die Entwicklung der Chemie in der neueren Zeit. München, 1873.
17. Kopp, Hermann: Geschichte der Chemie, 4 Bände. Braunschweig, 1843—1847.
18. Ladenburg: Klaproth, Martin Heinrich. In: Allgemeine Deutsche Biographie Bd. XVI (1882), 60—61.
19. Lenard, Philipp: Große Naturforscher. München, 1930.

20. Magazin für die neuesten Entdeckungen in der gesamten Naturkunde. 8. Jahrgang, 1818. Herausgeg. von der Gesellschaft naturforschender Freunde zu Berlin.

21. Mayer, Richard: Martin Heinrich Klaproth, ein deutscher Chemiker des 18. Jahrhunderts.
Zeitschrift für angewandte Chemie. Leipzig/Berlin, 34 (1921), 1—3.

22. Meyer, Ernst v.: Geschichte der Chemie von der ältesten Zeit bis zur Gegenwart. 4. Auflage. Leipzig, 1914.

23. Schweigger, Johann Salomo Christoph: Nekrolog.
Schweiggers Journal, 18 (1816), 259.

24. Stöckigt, F.: Martin Heinrich Klaproth, Erinnerung an seinen 100. Todestag.
Chemiker Zeitung. 41 (1917), 49—50.

25. Tokody, L.: Über das gediegene Tellur von Facebaja.
Zentralblatt für Mineralogie, Geologie und Paläontologie, Abteilung A, 1929, S. 114 bis 120.

26. Trommsdorff, Johann Bartolomä: D. Martin Heinrich Klaproth.
Neues Journal der Pharmazie für Ärzte, Apotheker und Chemiker. Herausgegeben von Johann Bartolomä Trommsdorff. Band I (1817), I, 381—394.

27. Urdang, Georg: Berühmte Berliner Apotheker.
Pharmazeutische Zeitung. 77 (1932), 1238—1241.

28. Wochenblatt für Papierfabrikation. 48 (1917), 181.

29. Zekert, Otto: Martin Heinrich Klaproth.
Pharmazeutische Monatshefte. Wien, 2 (1921), 77, 95, 109, 130, 141, 157, 173. 3 (1922), 2, 18, 31, 58, 74.
Auch Sonderdruck, Wien, 1922.

30. Zekert, Otto: Martin Heinrich Klaproth. Zu seinem zweihundertsten Geburtstag. S. Dr. aus Dtsch. Apoth. Ztg. 58 (1943), Nr. 57/58.

31. Caley, Earle R.: Klaproth, as a pioneer in the chemical investigation of antiquities. Journal of the Chemical Education 26 (1949), 242—248.

VI. BENUTZTE ANDERWEITIGE LITERATUR

1. Achard, Franz Carl: Kurze Geschichte der Beweise ... der von mir angegebenen Zuckerfabrikation aus Runkelrüben. Berlin, 1800.
2. Adlung, Alfred: Alte Apothekerfamilien und ihre Apotheken. S. Dr. aus Pharm. Ztg. 73 (1928), Nr. 93, 96; 74 (1929), Nr. 36; 75 (1930), Nr. 16, 31.
3. Adlung, Alfred: Der Berliner Apothekerverein in seiner geschichtlichen Entwicklung Berlin-Charlottenburg, 1932.
4. Allerneuste Berliner Mannigfaltigkeiten. Band 1, Berlin, 1782. Band 2, Berlin, 1783 Band 3, Berlin, 1784.
5. Allgemeine Deutsche Bibliothek (bzw. Neue Allgem. D. B.) 1765—1805.
6. Allgemeine Deutsche Biographie. 56 Bände, 1875—1912.
7. Amburger, Erik: Die Mitglieder der Deutschen Akademie der Wissenschaften zu Berlin 1700—1950. Berlin, 1950.
8. Annalen der Chemie. Herausgegeben von Justus von Liebig. Band 44. 1842.
9. Annalen der Physik und Chemie. Herausgegeben von J. Chr. Poggendorff. 1825.
10. Annales de Chimie. XXV, 1798.
11. Beiträge aus der Geschichte der Chemie. Herausgegeben von Paul Diergart. Wien, 1909.
12. Bergner, Heinrich, und Eduard Jacobs: Beschreibende Darstellung der älteren Bau- und Kunstdenkmäler des Kreises Grafschaft Wernigerode. 2. Bearbeitung. Halle an der Saale, 1913.
13. Bericht über den am 12. November 1910 veranstalteten Festakt der Königlichen Bergakademie in Berlin. Berlin, C. Feister, 1910.
14. Berliner Kalender. Herausgegeben von dem Verein für die Geschichte Berlins. Jahrgang 1917. Berlin, 1917.
15. Berliner Mannigfaltigkeiten. Berlin, 1770—1773.
16. Berlinische Blätter. Berlin, 1797.
17. Berlinisches Jahrbuch für die Pharmazie. Band 4 (1798), Band 9 (1803), Band 14 (1809), Band 21 (1820).
18. Berlinische Nachrichten von Staats- und gelehrten Sachen. Nr. 4, Nr. 10, Nr. 23. Berlin, Haude und Spener, 1811.
19. Beschäftigungen der Berliner Gesellschaft naturforschender Freunde. Berlin, 1775 — 1779.
20. Bindheim, Johann Jacob: Rhapsodien der philosophischen Pharmacologie. Berlin, 1784.
21. Bruhns, Karl: Alexander v. Humboldt, eine wissenschaftliche Biographie. 3 Bände. Leipzig, 1872.
22. Bugge, Günther: Buch der großen Chemiker. 2 Bände. Weinheim, Neudruck, 1955.
23. Comptes rendus de l'Académie des Sciences, 12 (1841). Paris, 1841.

24. Dalton, John: Ein neues System des chemischen Theiles der Naturwissenschaften. Aus dem Englischen übers. von Friedrich Wolff: 2 Bände. Berlin, 1812 u. 1813.
25. Dann, Georg Edmund: Deutsche Apothekerfamilien. Die Familie Riedel. Pharmaz. Ztg. 70 (1926), 1136—1138.
26. Dann, Georg Edmund: Deutsche Apothekerfamilien. Die Familie Rose. Pharmaz. Ztg. 71 (1926), 629—632.
27. Dann, Georg Edmund: Deutsche Apothekerfamilien. Die Familien Marggraf und Blell. Pharmaz. Ztg. 82 (1937), 337—342.
28. Dann, Georg Edmund: Die Bedeutung der Berliner Apotheke zum weißen Schwan für die Entwicklung der Pharmazie. Vorträge der Hauptversammlung der Internationalen Gesellschaft für Geschichte der Pharmazie in Hamburg-Harburg vom 14. bis 17. Juni 1949. Eutin, 1950.
29. Dann, Georg Edmund: Der Bildungsgang des preußischen Apothekers im Wandel der Zeit. Apoth. Ztg. 41 (1926), 1117—1120..
30. Dann, Georg Edmund: Die Entdeckung des Urans. Österr. Apothekerztg. 9 (1955), 33—35.
31. Dann, Georg Edmund: Johann Christian Schrader, ein Berliner Apotheker aus dem Kreise um Klaproth. Apoth. Ztg. 41 (1926) 428—430.
32. Dann, Georg Edmund: Verwandtschaftliche Beziehungen unter den Apothekern Alt-Berlins. Apotheker Ztg. 42 (1927), 919 — 920.
33. Dannemann, Friedrich: Die Naturwissenschaften in ihrer Entwicklung und in ihrem Zusammenhange. 3. Band. Berlin, 1922.
34. Darstellung, geschichtliche, der Hufelandischen Gesellschaft zu Berlin. Berlin, 1860.
35. Delius, Heinrich: Nachrichten zur Gelehrtengeschichte der Grafschaft Wernigerode. Quedlinburg, 1799.
36. Denkwürdigkeiten der Mark Brandenburg. Band 4. Berlin, 1798.
37. Dictionary of National Biography. Hrsg. von Stephen Leslie. Vol. VI; Vol. XXV. London, 1886, 1891.
38. Diergart, Paul: Tellur und Brom in der Zeit ihrer Entdeckung. Zeitschrift für angewandte Chemie 33 (1920).
39. Döbereiner, Johann Wolfgang: Deutsches Apothekerbuch. 3. Band, Stuttgart, 1847.
40. Dörr, Walter: Struvewasser. Südd. Apoth. Ztg. 80 (1940).
41. Drees, Heinrich: Geschichte der Grafschaft Wernigerode. Wernigerode, 1916.
42. Drees, Heinrich: Geschichte des fürstlichen Gymnasiums, der Oberschule, zu Wernigerode. Zeitschrift des Harzvereins für Geschichte und Altertumskunde. Wernigerode, 32 (1899).
43. Drees, Heinrich: Literaturgeschichte der Grafschaft Wernigerode. Wernigerode, 1925.
44. Drees, Heinrich: Wernigerode im 7jährigen Kriege nach Johann Friedrich Büchtings gleichzeitigen Tagebuchaufzeichnungen. Monatsblatt der Magdeburger Zeitung, Nr. 39 und 40 (1908).
45. Drees, Heinrich: Wernigeröder Schulfest einst und jetzt. Gymnasialprogramm. Wernigerode, 1904.
46. Ekkard, Friedrich: Litterarisches Handbuch von allen bisher bekannten höheren Lehranstalten. 2 Bände. Erlangen, 1780 und 1782.

47. Erman, Wilhelm: Paul Erman, ein Berliner Gelehrtenleben 1764—1851. Berlin, Verein für Geschichte Berlins, 1927.
48. Etzel, Franz August v.: Geschichte der großen Nationalmutterloge zu den drei Weltkugeln. Berlin, 1903.
49. Ferchl, Fritz: Chemisch-pharmazeutisches Bio- und Bibliographikon. 2 Bände. Mittenwald, 1937.
50. Ferchl, Fritz: Von Liebau bis Liebig. Chemikerköpfe und -laboratorien. Mittenwald, 1930.
51. Festschrift zur Feier des 100jährigen Bestehens der „Gesellschaft naturforschender Freunde zu Berlin". Berlin, 1873.
52. Firsching, Ph.: Aus der Geschichte der Hof-Apotheke Hannover.
Heimatland, 1951, Heft 5/6.
53. Firsching, Ph.: Die Geschichte einer alten Apotheke.
Flugblatt. O. J. u. O.
54. Fischer-Defoy, Werner: Die Promotion der ersten deutschen Ärztin, Dorothea Christiana Erxleben, und ihre Vorgeschichte. S. Dr. aus Archiv für Geschichte der Medizin. 4 (1911).
55. Fontane, Theodor: Das Oderland, Barnim und Lebus. Ausgabe: Paul Franke-Verlag. Berlin, O. J.
56. Freyberg, Bruno v.: Johann Gottlob Lehmann (1719—1767. Ein Arzt, Chemiker, Metallurg, Bergmann, Mineraloge und grundlegender Geologe). Erlangen, 1956.
57. Friedländer, Gottlieb: Die Königliche allgemeine Kriegsschule und das höhere Militair-Bildungswesen 1765—1813. Berlin, 1854.
58. Friedrich, A.: Chronik der Rats-Apotheke zu Wernigerode. Wernigerode, 1860.
59. Gelder, Hermann: Zur Geschichte der privilegierten Apotheken Berlins. Berlin, 1925.
60. Geschichte eines Apothekers oder einiger entdeckter und zu entdeckender Betrügereien vieler Apotheker. Frankfurt und Leipzig, 1791.
61. Gittner, Hermann: Geschichte der Rats-Apotheke zu Wernigerode.
Pharmaz. Ztg. 85 (1949), 182—185.
62. Grosse, Walther: Geschichte der Stadt und Grafschaft Wernigerode in ihren Forst-Flur- und Straßennamen.
Forschung zur Geschichte des Harzgebietes Band V. Quedlinburg, 1929.
63. Grünhagen, Konrad: Über den Bau und die Einrichtung von Apotheken in alter und neuester Zeit. (Diss. T. H. Berlin, 1939). Würzburg, 1939.
64. Habernoll, Arnold: Die Entwicklung des Apothekenrechts und der privilegierten Apotheken in Schleswig-Holstein. Eutin, 1951.
65. Hamberger, Georg Christoph, und Johann Georg Meusel: Das gelehrte Teutschland. Band VI. Lemgo 1797. Band X. Lemgo 1803. Band XXIII. Lemgo 1834.
66. Hirsch, August: Biographisches Lexikon der hervorragenden Ärzte aller Zeiten und Völker. 3 Bände. Wien und Leipzig, 1884.
67. Hofmann, August Wilhelm: Chemische Erinnerungen aus der Berliner Vergangenheit. Berlin, 1882.
68. Hope, Thomas Charles: On Strontian Earth. Edinburgh, 1793.
69. Intelligenzblatt der Jenaer Literaturzeitung. Jena, 1812.
70. Jacobs, Eduard: Alt-Wernigerode.
Festschrift des Harzer Geschichtsvereins. Wernigerode, 1910.

71. Jacobs, Eduard: Christian Gottlieb Kratzenstein, der Naturforscher (*Wernigerode 2. 2. 1723, † Kopenhagen 7. 7. 1795).
Zeitschrift des Harzvereins für Geschichte und Altertumskunde. XIV (1881). Wernigerode, 1882.

72. Jacobs, Eduard: Johann Christian Ruhberg. Ein Beitrag zur Geschichte der Goldmacherei am Harz.
Zeitschrift des Harzvereins für Geschichte und Altertumskunde. XXI (1888). Wernigerode, 1888.

73. Jacobs, Eduard: Ludwig August Unzer (1748—1774).
Zeitschrift des Harzvereins für Geschichte und Altertumskunde. XXIIX (1895). Wernigerode, 1895.

74. Jöchers Gelehrtenlexikon, Fortsetzung. VII. Band. Herausgegeben von Otto Günther. Leipzig, 1897.

75. Journal für die Chemie, Physik und Mineralogie. Mit anderen herausgegeben von A. F. Gehlen. Berlin, 1806—1809.

76. Kahlbaum, G., und A. Hoffmann: Die Einführung der Lavoisierschen Theorie im besonderen in Deutschland. Leipzig, 1897.

77. Keller, Ludwig: Fichte und die Großloge Royal Yorck in Berlin um die Wende des 18. Jahrhunderts.
Erforschtes und Erlebtes aus dem alten Berlin. Berlin, Verein für Geschichte Berlins, 1917.

78. Kesslin, Christian Friedrich: Nachrichten von Schriftstellern und Künstlern der Grafschaft Wernigerode vom Jahre 1074 bis 1855. Magdeburg, 1856.

79. Keyser, Erich: Deutsches Städtebuch. Handbuch städtischer Geschichte. Band II, Berlin/Stuttgart, 1941. Band III, Stuttgart, 1952.

80. Klein, Carl: Christian Gottlob Weinlig. Dtsch. Apoth. Ztg. 51 (1936), 1585—1589.

81. Kobell, Franz v.: Geschichte der Mineralogie. Von 1650—1860. München, 1864.

82. Köpke, Rudolf: Die Gründung der Königlichen Friedrich-Wilhelm-Universität zu Berlin. Berlin, 1860.

83. Kopp, Hermann: Die Alchemie in älterer und neuerer Zeit. 2 Bände. Heidelberg, 1886.

84. Kopp, Hermann: Entwicklung der Chemie in der neueren Zeit. München, 1873.

85. Kopp, Hermann: Geschichte der Chemie. 4 Bände. Braunschweig, 1843—1847.

86. Krünitz-Floerke: Ökonomisch-technologische Encyklopädie. Teil 86. Brünn, 1807.

87. Krusch, Paul: Die Geschichte der Bergakademie zu Berlin von ihrer Gründung im Jahre 1770 bis zur Neueinrichtung im Jahre 1860. Berlin, 1904.

88. Lavoisier, Antoine Laurence: System der antiphlogistischen Chemie, übersetzt von Sigismund Friedrich Hermbstaedt. 1. Auflage. Berlin, 1792.

89. Lehmann, Herbert: Das Collegium medico-chirurgicum als Lehrstätte der Botanik und der Pharmazie.
Math.-naturw. Diss. Berlin, 1936.

90. Lenard, Philipp: Große Naturforscher. 2. Auflage. München, 1930.

91. Lenz, Max: Geschichte der Königlichen Friedrich Wilhelm Universität zu Berlin. Halle, 1910.

92. Leonhard, Carl Caesar: Taschenbuch für die gesamte Mineralogie. 5. Jahrgang. Frankfurt/Main, 1811.

93. Lisco, Friedrich Gustav: Zur Kirchengeschichte Berlins. Berlin, 1857.

94. Lorenz, Hermann: Die Adler- und Rats-Apotheke zu Quedlinburg. Quedlinburg, Ernst Klöppel, 1928.

95. Löw, Carl: Heinrich Emanuel Merck. Darmstadt, 1951.

96. Martius, Ernst Wilhelm: Erinnerungen aus meinem 90jährigen Leben. Leipzig, Leopold Voss, 1847.

97. Mayer, Richard: Vorlesungen über die Geschichte der Chemie. Leipzig, 1922.

98. Medizinal-Edikt, Königlich Preußisches und Churfürstlich Brandenburgisches allgemeines und neu geschärftes, und Verordnung. Berlin, 1725.

99. Medizinal-Edikt, Königlich Preußisches und Churfürstlich Brandenburgisches, und auch Ordnung wie erneuerte Taxe vom Jahre 1751. Berlin, 1751.

100. Meyer, Ernst v.: Geschichte der Chemie von der ältesten Zeit bis zur Gegenwart. 4. Auflage. Leipzig, 1914.

101. Mieck, Iljà: Die erste Berliner Mineralwasserfabrik. Berliner Gesundheitsblatt 1955.

102. Nettelbladt, Johann Christian Carl Friedrich Wilhelm v.: Geschichte freimaurischer Systeme in England, Frankreich und Deutschland. Berlin, 1879.

103. Neue allgemeine deutsche Bibliothek. Band 53, Kiel 1800.

104. Neuer Nekrolog der Deutschen. 25. Jahrgang. Ilmenau, 1849.

105. Neues allgemeines Journal der Chemie. Mit anderen herausgegeben von A. F. Gehlen-Berlin, 1803—1805.

106. Neues Journal für die Chemie, Physik und Mineralogie. Mit anderen herausgegeben von J. S. Ch. Schweigger. Nürnberg, 1811—1817.

107. Nicolai, Friedrich: Beschreibung der königlichen Residenzstädte Berlin und Potsdam. 3. Auflage. 3 Bände. Berlin, 1786.

108. Nicolai, Friedrich: Beschreibung der königlichen Residenzstädte Berlin und Potsdam und daselbst befindliche Merkwürdigkeiten. 2. Auflage. 2 Bände. Berlin, 1779.

109. Niebuhr, Barthold Georg: Lebenserinnerungen von Barthold Georg Niebuhr aus Briefen desselben und aus Erinnerungen einiger seiner nächsten Freunde. Herausgegeben von Friedrich Perthes. I. Band. Hamburg, 1838.

110. Pharmacopoea Oldenburgica. Oldenburg, 1801.

111. Poggendorff, Johann Christian: Biographisch-literarisches Handwörterbuch zur Geschichte der exakten Wissenschaften. 2 Bände. Leipzig, 1863.

112. Proust, Joseph Louis: Sur les Mines de Cobalt, Nickel et autres. Journal de Physique, de Chimie, d'Histoire Naturelle et des Arts. Tome LXIII (1806).

113. Quedlinburgica Officina Pharmaceutica, seu Designatio omnium Materialium. Quedlinburg, 1665. 2. Ausg. 1701.

114. Rammelsberg, Carl Friedrich: Handbuch der Mineralchemie. Leipzig, 1860.

115. Rosen, Georg: Die Familie Ballhorn-Rosen. Neu bearbeitet von Karl Klingemann. Coblenz, Privatdruck, 1917.

116. Scheele, Carl Wilhelm: Efterlämnade bref och anteckningar. Herausgegeben von Adolf Erik Nordenskiöld. Stockholm, 1892.

117. Schelenz, Hermann: Geschichte der Pharmazie. Berlin, 1904.

118. Schmidt, Rudolf: Die Herrschaft Friedland. Bad Freienwalde, 1928.

119. Schmidt, Valentin Heinrich, und Daniel Gottlieb Gerhard Mehring: Neuestes gelehrtes Berlin. Berlin, 1795.

120. Schmitz, Hermann: Berliner Eisenkunstguß. Festschrift zum 50jährigen Bestehen des königlichen Kunstgewerbemuseums. 1867—1917. München, 1920.

121. Schriften der Berliner Gesellschaft naturforschender Freunde. Band III, Berlin 1782. Band IV, Berlin 1783.

122. Schriften des Vereins für die Geschichte Berlins. Heft XXXV, Berlin, 1898.

123. Schultze, E.: Das letzte Aufflackern der Alchemie in Deutschland vor 100 Jahren. Leipzig, 1897.

124. Studény, János und Antal Vondra: Hirneves Gyógyszerészek. Herausgegeben von Lajos Winkler. Budapest, 1925.

125. Tokody, L.: Über das gediegene Tellur von Facebaja. S. Dr. aus: Zentralblatt für Mineralogie, Geologie und Paläontologie. Abteilung A. 1929.

126. Trommsdorff, Johann Bartolomä: Warum klagen die Apotheker über Mangel an brauchbaren Gehülfen? Weimar, 1794.

127. Urdang, Georg: Die deutsche Apotheke als Keimzelle der deutschen pharmazeutischen Industrie.
Die Vorträge der Hauptversammlung Wien 1931. Mittenwald (Bayern) o. J.

128. Walden, Paul: Chronologische Übersichtstafeln zur Geschichte der Chemie, von der ältesten Zeit bis zur Gegenwart. Berlin, 1952.

129. Westrumb, August: Johann Friedrich Westrumb, Dr. der Medizin, Königlich Großbrit. Hannovr. Berg-Commissair und Apotheker in Hameln.
Neues Vaterländisches Archiv, Hannover, VII (1825, 23 — 42).

130. Wietholz, August: Geschichte des Schlosses und des Dorfes Tegel. Berlin-Tegel, 1922.

131. Zaunick, Rudolph: Dorothea Christiana Erxleben, geb. Leporin (1715—1762).
Zeitschrift für ärztliche Fortbildung, 48 (1954).

132. Zekert, Otto: Carl Wilhelm Scheele. Sein Leben und seine Werke. Mittenwald, 1931—1933 (1934).

133. Zöllner, Johann Friedrich: Über gelehrte Lügen und Irrtümer.
Berlinische Monatsschrift. Band 5 (1785).

134. Zöllners, Johann Friedrich, Königlich-Preußischen Ober-Consistorialraths und Propstes in Berlin Reise durch Pommern nach der Insel Rügen und einem Theile des Herzogtumes Mecklenburg im Jahre 1795. In Briefen. Berlin, 1797.

135. Zur 50jährigen Stiftungsfeier der „Gesellschaft naturforschender Freunde zu Berlin", 9. Juli 1823. Berlin, 1823.

136. Harnack, Adolf: Geschichte der Königlich Preußischen Akademie der Wissenschaften zu Berlin. 3 Bände. Berlin, 1900.

137. Vorlesungsverzeichnisse der Universität Berlin, 1811—1817.

138. Erman, Wilhelm: Der tierische Magnetismus in Preußen vor und nach den Freiheitskriegen. München/Berlin, 1925.

139. Sprengel, Kurt: Versuch einer pragmatischen Geschichte der Arzneikunde. Teil 5. Halle, 1803.

140. Gittner, Hermann: 250 Jahre Waisenhaus-Apotheke und Medikamenten-Expedition der Franckeschen Stiftungen zu Halle an der Saale. Halle, 1948.

141. Revidirte Apothekerordnung. Berlin, 1801.

142. Index biographique des Membres et Correspondants de l'Académie des Sciences de 1666 à 1939. Paris, 1939.

143. Pfaff, Christoph Heinrich: Lebenserinnerungen. Kiel, 1854.

144. Adlung, A. u. G. Urdang: Grundriß der Geschichte der deutschen Pharmazie. Berlin, 1935.

145. Brachmann, Wilhelm: Friedrich Ehrhart, der „Botanikus von Herrenhausen".
Pharmazeutische Zeitung, 90 (1954), 879—883.

146. Thieme, Ulrich, u. Felix Becker: Allgem. Lexikon der bildenden Künstler von der Antike bis zur Gegenwart. 37 Bde. Leipzig, 1907—1950.

VII. ARCHIVALISCHE QUELLEN

A. Berlin

1. Archiv der Deutschen Akademie der Wissenschaften: a) Chemisches Laboratorium. 1800—1802. Abschn. I: XIII, 26. — b) Ernennungen. Vol. 4. 1786—1794. Abschn. I: III, 4.
2. Amtsgericht Berlin-Mitte: Grundbuch der Apotheken-Privilegien.
3. Pfarramt der Dorotheenstädtischen Kirche: Kirchenbücher.
4. Pfarramt der St.-Georgen-Kirche: Kirchenbücher.
5. Pfarramt der St.-Nikolai-Kirche: Kirchenbücher.
6. Preußisches Geheimes Staatsarchiv: a) Berlin, Titel I, Sect. 1, Nr. 7, Vol. II. Fol. 299. — b) Prov. Brdbg., Rep. IV. A, Testamente K II. Nr. 166 (Klaproth). — c) Prov. Brdbg., Rep. 5. A, Stadtgericht.
7. Rose, Sigrid, Berlin-Grunewald: Familienpapiere (Rose, Klaproth).

B. Blankenburg

8. Dann, Walther: Familienpapiere (Klaproth-Plaue).

C. Dresden

9. Ahnenstammkartei: Ahnenstämme Klaproth.

D. Düderode

10. Pfarramt: Kirchenbücher.

E. Erlangen

11. Universität, Philosophische Fakultät: Promotionsbuch.

F. Goslar

12. Pfarramt: Kirchenbücher.

G. Hannover

13. Niedersächsisches Staatsarchiv: Ha Des 92. VI. D. Nr. 1.
14. Schloß-Apotheke: Betriebs-Archivalien.

H. Magdeburg

15. Landeshauptarchiv Sachsen-Anhalt: Rep.: De Stolb.-Wernig. Tit: C. Nr.: 1, Vol. 5. S.: 180a, b.

J. Marburg

16. Westdeutsche Bibliothek: a) Ms. Germ. Qu. 1269. — b) Sammlung Darmstädter, Autographen MHK. G. 2. 1798.

K. Nürnberg

17. Germanisches Museum: Autographensammlung, Kapsel 16, V (Chemiker).

L. Osterode

18. Stadt-Archiv: Personenregister

M. Seesen

19. Pfarramt: Kirchenbücher.

N. Wernigerode
20. Amtsgericht: Grundbücher Wernigerode.
21. Gymnasial-Archiv: Album Scholasticum seit 1638.
22. Pfarramt der Liebfrauenkirche: Kirchenbücher.
23. Stadtarchiv: a) Bürgerbuch III, 62. — b) Stipendienbuch. — c) Verzeichnis der Schüler, welche von 1730—1830 das Lyceum zu Wernigerode besuchten.

O. Zellerfeld
24. Pfarramt: Kirchenbücher.

P. Merseburg
25. Deutsches Zentralarchiv, Abt. Merseburg: Rep. 108, D. 2, Sekt. III. Repos. VIII, No. 2, fol. 2—6.

***

Den folgenden Einrichtungen und Persönlichkeiten bin ich für freundliche Hinweise und Auskünfte, für die Überlassung von Archivalien, Manuskripten, Büchern und Bildern zu Dank verpflichtet:

Berliner Hauptarchiv, Berlin.
Berliner Stadt-Bibliothek, Berlin.
Bezirks-Bibliothek, Magdeburg.
Brandenburgisches Landes-Hauptarchiv.
Deutsche Akademie der Wissenschaften zu Berlin (Akademie-Archiv, Fritz G. Lange).
Deutsche Staatsbibliothek, Berlin (Frl. E. v. Kathen).
Deutsches Museum, München (Reitberger).
Deutsches Zentralarchiv, Abt. Merseburg, Merseburg (Dr. Nissen).
Gemeinde-Kirchenrat der Dorotheenstädtischen Gemeinde, Berlin.
Germanisches National-Museum, Nürnberg (Dr. Zink).
Humboldt-Archiv, Berlin-Tegel (M. A. v. Heinz).
Hochschule für bildende Künste, Berlin-Charlottenburg (Dr. Trepplin).
Humboldt-Universität, Berlin (Bildstelle, Jepp).
Landes-Hauptarchiv Sachsen-Anhalt, Magdeburg.
Märkisches Museum, Berlin.
Münzkabinett, Berlin (Prof. Suhle, Dr. Weschke).
Nationale Forschungs- und Gedenkstätten der klassischen deutschen Literatur, Weimar (Dr. Vulpius).
Niedersächsisches Staatsarchiv, Hannover.
Philosophische Fakultät der Universität Erlangen, Erlangen (Prof. Beyer, Prof. Schoeps).
Sächsische Landes-Bibliothek, Dresden.
Sächsisches Landes-Hauptarchiv, Dresden.
Schweizerisches Pharmaziegeschichtliches Museum, Basel (Dr. Lutz).
Staats-Archiv Hamburg, Hamburg.
Staats- und Universitäts-Bibliothek, Göttingen.
Stadt-Archiv, Halberstadt.
Stadt-Archiv, Hannover.
Stadt-Archiv, Osterode.
Universitäts-Bibliothek, Berlin.
Universitäts-Bibliothek, Kiel.
Westdeutsche Bibliothek, Marburg (Lahn).

*

Catel, Prof. Dr., Kiel.
Druckrey, Apotheker Dr., Soest.
Firsching, Apotheker, Hannover.

Gründler, Dr., Bad Freienwalde/Oder.
Mewes, Dr., Benrath.
Mewes, Franz, Reutlingen.
Pörner, Mittelschullehrer, Wernigerode.
Steinmüller, Studienrat Dr., Wernigerode.
Stürzbecher, Dr., Berlin.
Teschke, W., Apotheker, Berlin-Schöneberg.
Thilo, Prof. Dr., Berlin.
Uppmeyer, Prof., Hannover.
Urdang, Prof. Dr., Madison, USA.
Wensch, K., Genealoge, Dresden.
Woltersdorf, Oberst a. D., Göttingen.

VIII. ANMERKUNGEN

Die in den Anmerkungen gebrachten biographischen Daten sind für Persönlichkeiten, die in der Geschichte der Wissenschaften allgemeiner bekannt sind, ganz kurz gehalten und den gebräuchlichen biographischen Handbüchern entnommen, auf die im Literaturverzeichnis hingewiesen ist.
Bei den weniger bekannten und in den Nachschlagewerken gar nicht oder nicht eingehend behandelten Persönlichkeiten habe ich mich bemüht, anderweit etwas ausführlichere Daten für ihren Lebensweg zu ermitteln und damit einige kleine Lücken in der biographischen Literatur auszufüllen.

[1] Scheele, Carl Wilhelm, der große deutsch-schwedische Apotheker-Chemiker, geb. Stralsund (Pommern) 9. 12. 1742, gest. Köping (Schweden) 21. 5. 1786. Er war der Entdecker des Sauerstoffs, des Chlors, des Mangans (als Erde), des Molybdäns (als Verbindung), des Wolframs (als Verbindung), vieler organischer Säuren, des Glycerins, usw., usw., was, als allgemein bekannt, hier im einzelnen keiner Erörterung bedarf (VI, 111).

[2] Älteste Schreibweise „de Claperode" (1523 in Osterode), später Klapperoth, Klapperott, Klaprodt, Claprodt, Klaproth und ähnlich. Auch der Familienname Martin Heinrichs ist in den Urkunden seiner Jugend noch nicht einheitlich geschrieben worden [16]. Sicherlich gehört der Name in die Kategorie der Herkunftsbezeichnungen und ist einem Orte entlehnt, der so oder ähnlich hieß. Er entspricht dem im Harze sehr häufigen Ortsnamen mit der Endung -rode (wie Wernigerode, Osterode, Hasserode, Elbingerode, Hüttenrode, Allrode und viele andere). Roden bedeutet „urbar machen". Indessen läßt sich ein Ort „Klaprode" nicht nachweisen. Es könnte sich um ein Dorf handeln, das im Laufe der Zeit wieder verschwunden ist, oder um eine Flurbezeichnung, eine „Rodung", auf der sich keine bleibende Siedlung entwickelt hat.
Im städtischen Archiv zu Osterode lassen sich für die Zeit von 1523 bis 1809 83 Träger des Namens in wechselnder Schreibweise, herstammend aus verschiedenen Orten des Harzes, nachweisen. Nach der Ahnenstammkartei zu Dresden kommt in der Zeit vor 1800 der Name in Altenau, Andreasberg, Clausthal, Förste-Nienstädt, Osterode, Riefensbeck (alle Orte des Harzes) vor (VII, 9, 10, 18, 22, 24).

[3] Der Jurist Justus Claproth ist merkwürdigerweise bisweilen mit dem Chemiker Martin Heinrich Klaproth verwechselt worden, weil er ein Verfahren erfand, aus bedrucktem Papier die Druckerschwärze herauszuwaschen und neues Papier daraus herzustellen. (So z. B. im Wochenblatt für Papierfabrikation 48 (1917), 181, und in der Autographensammlung Darmstädter der Westdeutschen Bibliothek in Marburg) (VII, 16).

[4] Der Berliner Arzt Albert Heinrich Otto Klaproth wird seit 1830 häufiger als Mitglied der Hufelandschen Gesellschaft genannt, der auch sein großer Namensvetter Martin Heinrich Klaproth angehört hatte. Der Sohn dieses Mediziners war gleichfalls Arzt in Berlin.

[5] Dieser Onkel (Vaterbruder) von Martin Heinrich Klaproth, Heinrich Christoph Klaproth, befand sich 1739 „in der Fremde", sollte aber „über kurz oder lang" nach Werni-

gerode zurückkehren. Über seine Lebensumstände und etwaige Nachkommenschaft war nichts zu ermitteln (VII, 15).

[6] Über des Geh. Kriegsrates Ch. A. L. Klaproths Nachkommen können keine näheren Angaben gemacht werden, da die Quellen dazu durch den Krieg verlorengegangen sind. Er war zweimal verheiratet, das zweite Mal mit einer aus Ostpreußen stammenden geborenen Briskorn. Ob in seinen etwaigen Nachkommen der Mannesstamm Klaproth fortlebt, ist ungewiß (vgl. Anm. 159).

[7] Ein vierter Bruder, Johann Gottfried Klaproth, geb. 1742, starb bereits im ersten Lebensjahr (VII, 22).

[8] Anna Elisabeth Klaproth, geb. Oppermann zedierte am 9. Okober 1739 ihr „Koth-Haus", das sie „mit ihres verstorbenen Ehemanns Geld (1712) erkauft hatte", mit allem Zubehör ihrem Sohne Johann Julius Klaproth für 60 Thaler. Dabei behielt sie sich die „unterste Stube" und „eine Kammer oben hinten nach dem Hof hinaus" zeitlebens als freie Wohnung vor. Für Holz und Licht wollte sie jedoch selbst sorgen (VII, 15).

[9] Heinrich Karl Schütze, geb. Haina 1700, gest. Wernigerode 1781, seit 1729 Konrektor, seit 1738 Rektor (später Direktor) der Oberschule. Sein Bruder und Vorgänger im Amte war Eustachius Friedrich Schütze, der 1738 als Professor der Theologie und Direktor des akademischen Gymnasiums nach Hamburg berufen wurde. Beide sind Verfasser einer Reihe von theologischen und pädagogischen Schriften (VI, 78).

[10] Ludwig Gleim, geb. Ernstleben 1719, gest. Halberstadt 1803, der bekannte Dichter, besuchte die Oberschule von 1731—1738 (VI, 78).

[11] Heinrich Friedrich v. Delius, geb. Wernigerode 1729, gest. Erlangen 1791, Schüler der Oberschule, 1743 Arzt in Wernigerode, 1749 Professor der Medizin in Erlangen, namhafter Chemiker (VI, 78).

[12] Christian Gottlieb Kratzenstein, geb. Wernigerode 1723, Schüler der Oberschule, später Professor der Physik in Halle, dann in Kopenhagen. Gestorben 1795 (VI, 171).

[13] Klaproth selbst bezeichnete den Unterricht als „mittelmäßig". Doch urteilte er, nach seinen persönlichen Erlebnissen auf der Anstalt, vermutlich nicht völlig unbefangen (V, 12).

[14] Ludwig August Unzer, geb. 1748 als Sohn eines Arztes in Wernigerode, gest. 1774 als Kandidat der Theologie. Genialer, extrem-freigeistiger Dichter und Kritiker (VI, 78).

[15] Johann Christian Meier, geb. Hasserode 1732, gest. Schneverdingen 1815, Theologe und Pädagoge, war von 1750—1755 Schüler, seit 1758 Lehrer der Oberschule und Hilfsprediger in Wernigerode, später Privatlehrer in Hamburg, Rektor in Otterndorf, Rektor der Domschule zu Verden und seit 1793 Pfarrer und Inspektor zu Schneverdingen. Seine Bemühungen zur Reform des Schulunterrichtes und sein antikirchliches (antipietistisches) Auftreten in Wernigerode verursachten dort viel Unruhe. „Die Bevorzugung des in seinem Urteil über die bestehenden Zustände und über die älteren Lehrer unvorsichtigen jungen Lehrers tat der jugendlichen Pietät Eintrag. Besonders aber wirkte die durch das Studium sektiererischer und neologischer Schriften durch Meier erweckte Zweifelsucht ansteckend auf die jugendlichen Gemüter, und naturgemäß bei den gewecktesten am meisten."

Späterhin wandelte sich Meiers Lebensanschauung so sehr, daß er im Alter Verbindung mit der Herrnhuter Brüdergemeinde suchte, also mit Vertretern jenes Pietismus, den er in seiner Jugend beschimpft hatte. Er ist als Verfasser verschiedener pädagogischer Schriften bekannt geworden. (VI, 5, 78)

[16] Julius Christoph Klaproth besuchte die Schule von 1753—1757, Christian August Ludewig Klaproth (im Original steht bei allen drei Brüdern Claproth) von 1768—1772.

Für Julius Christoph Klaproth sind — wenn auch bescheidene — Stipendienzahlungen, zweimal in jedem Jahre, während seines ganzen Studiums (1757, 1758, 1759) nachweisbar.

Auch Christian August Ludewig ist während seines Studiums Stipendienempfänger gewesen. (VII, 23b)

[17] Bollmann, Friedrich Viktor, geb. Quedlinburg 8. 9. 1712, gest. dort 19. 5. 1789, Sohn des Arztes Dr. Johann Heinrich Bollmann (1670—1728), Neffe des Arztes Dr. Johann Ditrich Bollmann (1680—1728), Enkel des Arztes Dr. Justus Friedrich Bollmann (1632—1698), alle in Quedlinburg. Der Großvater gab eine „Beschreibung des Pyrmonter Brunnens" (1661) heraus, der Vater (anscheinend Alchimist): „Kurzer und gründlicher Bericht einer wahren und aufrichten Goldtinktur" (1711). (V, 9; VI, 49)

[18] Liphardt, J. C. F., zu Ende des 18. Jahrhunderts Apotheker in Finsterwalde, Verfasser chemischer und pharmazeutischer Arbeiten, in denen er sich um die Hebung des Apothekerstandes bemühte.

[19] Friedrich Wilhelm Ernst Martius, 1756—1849, Apotheker und Universitätsdozent in Erlangen. Bekannt durch seine „Erinnerungen aus meinem 90jährigen Leben", 1847 (VI, 49).

[20] Caspar Dietrich Philipp Ferdinand Beissenhirtz, 1798 Lehrling in Bielefeld, war später Apotheker in Lage (VI, 2).

[21] Julius Edmund Schacht, 1818 Lehrling in Magdeburg, später Apotheker, Med.-Rat, Dr. med. h. c. in Berlin (VI, 2).

[22] Dorothea Christiana, Tochter des Quedlinburger Arztes Christian Polykarp Leporin, verheiratet mit dem Diakonus Johann Christian Erxleben in Quedlinburg. Sie lebte 1715—1762. 1754 promovierte sie in Halle zum Dr. med. und übte in Quedlinburg eine ärztliche Praxis aus, wobei sie gegen den Widerstand der drei anderen Ärzte in Quedlinburg (Johann Tobias Herweg, Heinrich Wilhelm Graßhoff, Andreas Adolph Zeitz) zu kämpfen hatte (VI, 54, 131).

[23] Noch 1797 stehen in einem Verzeichnis der „Künstler, Gewerker und aller anderen Metiers und Personen in Berlin" die Apotheker (mit den Chirurgen) unter der Rubrik der Handwerker und werden mit 24 Meistern, 60 Gesellen, 34 Lehrjungen geführt (VI, 29).

[24] Ehrhart, Friedrich, geb. Holderbank, Schweiz, 4. 11. 1742, gest. Hannover, 26. 6. 1795. Er war etwas später als Klaproth (1771) Apotheker-Geselle in Hannover, aber in der Hirsch-Apotheke. Später in Schweden tätig, dort Schüler von Linné und Freund von Scheele. Seit 1777 wieder in Hannover, seit 1787 dort „Königl. Großbritt. und Churfürstl. Braunschweig-Lüneburgescher Botaniker". Herausgeber der Zeitschrift: „Beiträge zur Naturkunde und den damit verbundenen Wissenschaften", 1787ff. (VI, 145).

[25] Spielmann, Jacob Reinbold, 1722—1783. Schüler von Pott [29] und Marggraf [32], Apotheker (und Arzt), zugleich Professor an der Universität in Straßburg i. E., Lehrer Goethes, Verfasser zahlreicher chemischer und medizinischer Abhandlungen und mehrerer Lehrbücher. (VI, 111)

[26] Cartheuser, Johann Friedrich, 1704—1777, Prof. der Chemie und Pharmazie an der Universität Frankfurt an der Oder. Er schrieb viele phytochemische Arbeiten und gab mehrere Lehrbücher heraus. (VI, 111)

[27] Bergman, Torbern, 1735—1784. Prof. der Chemie in Uppsala, Freund Scheeles. Bedeutender schwedischer Chemiker. Klaproth wurde als junger Apotheker durch seine Arbeiten sehr angeregt, hat aber später verschiedentlich Bergmans Untersuchungsergebnisse berichtigen müssen. (VI, 111)

[28] Westrumb, Johann Friedrich, 1751—1819, Apotheker in Hameln. Vielseitiger Chemiker. Bis an sein Lebensende Phlogistiker. Lehrbuchverfasser. (VI, 129)

[29] Pott, Johann Heinrich, geb. Halberstadt 1692, gest. Berlin 29. (20?) 3. 1777. Dr. med. Seit 1737 Direktor der Hof-Apotheke. Seit 1722 o. Mitglied der Akademie der Wissenschaften, von der er 1754 wegen Streitigkeiten mit Brandes, Eller, v. Justi, Lehmann und Marggraf sich zurückzog. Sein Hauptarbeitsgebiet waren Metall- und Gesteinsuntersuchungen. Seine systematischen Versuche über die Zusammensetzung des Porzellans führten zur Begründung der Berliner Porzellanmanufaktur. (VI, 56, 89, 111, 136)

[30] Brandes, Carl Philipp, geb. 1720, gest. Berlin 19. 5. 1776. Dr. med., 1755 a. o., seit 1760 o. Mitglied der Akademie der Wissenschaften. Seine einzige Veröffentlichung: Recherches chimiques sur la terre de Beutnitz. 1757. (VI, 89, 136)

[31] Gleditsch, Johann Gottlieb, geb. Leipzig 5. 2. 1714, gest. Berlin 5. 10. 1786. Prof. der Botanik am Collegium medico-chirurgicum, Mitglied der Akademie der Wissenschaften. Bekannt durch seine Befruchtungsversuche. Forstbotaniker. (VI, 89)

[32] Marggraf, Andreas Sigismund, geb. Berlin 3. 3. 1709, gest. dort 7. 8. 1782, bedeutender phlogistischer Chemiker, Analytiker, Entdecker des Zuckers der Runkelrübe. Mitglied der Akademie der Wissenschaften, Leiter ihres chemischen Laboratoriums, Direktor der physikalischen Klasse der Akademie. (VI, 22, 27, 111)

[33] Henkel, Johann Friedrich, 1679—1744. Bedeutender Mineraloge und Chemiker in Freiberg in Sachsen (VI, 111).

[34] Henckel, Joachim Friedrich, geb. Preußisch Holland in Ostpreußen 4. 3. 1712, gest. Berlin 1. 7. 1779, Dr. med. der Universität Frankfurt/Oder, ursprünglich Militärarzt, später Professor am Collegium medico-chirurgicum für Chirurgie und Gynaekologie (VI, 66).

[35] Allerdings hat er, nach Bindheim, zeitweilig auch eine private Chemieschule betrieben (VI, 20).

[36] Wendland, Gabriel Heinrich, geb. um 1730, feierte am 10. 4. 1796 auf Einladung und Kosten der Berliner Apotheker in ihrem Kreise glanzvoll seine 50jährige Zugehörigkeit zur Pharmazie. Er besaß seine Apotheke seit 1758, war Mitbegründer der Berliner Apothekerkonferenz und eins ihrer angesehensten Mitglieder. (VI, 3, 59)

[37] Rose, Valentin, geb. 16. 8. 1736 in Neu Ruppin, gest. 28. 4. 1771 in Berlin. Apotheker und Medizinalassessor. Nach seinem Tode erschienen im „Stralsundischen Magazin", II, 1772: „Abhandlung von der Vermischung einiger Metalle, welche in kochendem Wasser die laufende Gestalt des Quecksilbers annehmen" (betrifft das Rosesche Metall) und „Chymische Zergliederung des Talks". — Rose hatte für die „Allgemeine Deutsche Bibliothek" seit dem 5. Bande (VI, 5) die chemischen Rezensionen geliefert. „Er wendete beständig den größten Fleiß darauf, und pflegte die chymischen Versuche, die in den Büchern angeführt waren, selbst nachzuahmen, ehe er sie recensierte." Da diese Rezensionen aber anonym erschienen, können sie nicht dazu beigetragen haben, seinen Namen in der großen Öffentlichkeit bekannt zu machen. Gelegentliche Veröffentlichungen (geringeren wissenschaftlichen Wertes) über Kaffee, Roggen etc. in den „Berliner Sammlungen zur Beförderung der Arzneiwissenschaften" haben wohl keine große Beachtung gefunden. — (Vgl. auch Anm. 40 u. 98.) (VI, 26, 49, 111).

[38] Dr. Pappelbaum, Georg Gottlieb, geb. 1745 zu Stargard in Pommern, war Lehrer an der lateinischen Schule zu Schwelm, dann am Schindlerschen Waisenhaus in Berlin und wurde am 23. Mai 1773 zum Militär-Prediger in Berlin ordiniert. Von 1790—1823 war er Diakonus an der St. Nikolai Kirche. Er starb 1826. Er übersetzte das Preußische Landrecht ins Latein für die neu erworbenen polnischen Provinzen, gab eine kritische Untersuchung der Rauischen griechischen Handschrift des Neuen Testaments, auf der königlichen Bibliothek zu Berlin befindlich, heraus, veröffentlichte Feldpredigten, die er im Kriege 1778 und 1779 gehalten hatte und war Besitzer einer reichhaltigen Bibliothek ausgesuchter Werke.

Friedrich Gustav Lisco: Zur Kirchengeschichte Berlins. Berlin 1857. S. 11.

Ruinen aus einer Büstengalerie Berlinischer Gelehrten und Künstler. London 1792. S. 92.

[39] Lichtenberg, Friedrich David, 1803 noch in Berlin (damals Vorsteher der Pharmazeutischen Gesellschaft), später Besitzer der Rats-Apotheke in Danzig, Medizinalassessor, gestorben 26. 6. 1847.

In den allgemeinen biographischen Handbüchern ist über Lichtenbergs Lebensdaten und seine Arbeiten nichts zu finden. Folgende Veröffentlichungen konnte ich in den Original-Zeitschriften ermitteln:

1. Über die Darstellung einer reinen Salpetersäure.
   Allgem. Journal der Chemie. Herausgegeben von Alexander Nicolaus Scherer. X (1803), 404—411.

2. Über die Bereitung des roten Quecksilberoxyds nach W. Fischers Angabe. Ibidem, 497—511.
3. Bemerkungen über die Darstellung verschiedener Quecksilberpräparate. Berlinisches Jahrbuch für die Pharmazie, X (1804), 179—240; 278—279.
4. Abhandlung über den schwarzen peruanischen Balsam. Berlinisches Jahrbuch für die Pharmazie, XII (1806), 22—55.
5. Chemische Untersuchung des Ostseewassers. Neues Journal für Chemie, Physik und Mineralogie. Herausgegeb. v. Schweigger II. (1811), 252 — 257.
6. Entzündung des Schwefelwasserstoffgases durch concentrierte Salpetersäure. Neues allgemeines Journal der Chemie. Herausgegeben von Gehlen. I (1830), 107—108. (VI, 104).

[40] Die Vermutung, daß Rose und Klaproth schon vorher bekannt waren, gewinnt an Wahrscheinlichkeit durch den Umstand, daß Rose schon schwer krank war, als Klaproth noch in Danzig weilte. Nach dem kurzen Nekrolog auf Rose in der „Allgem. deutsch. Bibl." hat er an der „Auszehrung" gelitten und vor seinem Tode „über 5 Monate krank gelegen". Danach scheint er Lungentuberkulose gehabt zu haben. Er fühlte offenbar sein Ende herannahen (das dann auch schon 4 Wochen nach Klaproths Ankunft erfolgte) und bemühte sich, sein Haus zu bestellen. Dazu wird er Klaproth herbeigerufen haben, der von früher her sein Vertrauen besaß. Vielleicht hat Klaproth nur aus diesem Grunde auf die weitere Verfolgung der etwaigen Aussichten in Danzig verzichtet, ohne die Ahnung, daß dieser Freundesdienst ihm zu seinem eigenen großen Vorteil dienen würde. Siehe auch Anm. 98.

[41] Merck, Johann Anton, 1756—1805, Apotheker in Darmstadt, Medizinalassessor, Verfasser einiger pharmazeutischer und mineralogischer Veröffentlichungen. Vater von Heinrich Emanuel Merck, dem Alkaloidchemiker und Begründer der chemischen Fabrik E. Merck, Darmstadt (VI, 95).

[42] Hermbstaedt, Sigismund Friedrich, geb. Erfurt 14. 4. 1760, gest. Berlin 22. 10. 1833 Sehr vielseitiger Pharmazeut, Chemiker, Technologe. Verfasser fast zahlloser Abhandlungen und Handbücher des Gebietes und Übersetzer ausländischer Werke (Lavoisier, Scheele). Hof-Apotheker, Prof. am Collegium medico-chirurgicum, an der Bergakademie, an der Militärakademie, an der Universität Berlin. General-Stabs-Apotheker, Dr. med., Obermedizinalrat, Geh. Medizinalrat, Geh. Kriegsrat etc. etc. Vertrat als erster in Deutschland konsequent die Theorie von Lavoisier, dessen „Traité élémentaire de chimie" er 1792 in deutscher Übersetzung herausgab. (VI, 3, 4, 50, 111)

[43] Thiemann, Johann Heinrich, war vermutlich Gehilfe in der Schwan-Apotheke. Seit 1789 war er Pächter, von 1794—1805 (?) Besitzer der Apotheke zum schwarzen Adler in Berlin, Neue Roßstraße 21. Er unterhielt eine chemisch-pharmazeutische Lehranstalt, die auch sein Nachfolger noch fortführte. Er veröffentlichte im Berl. Jahrb. f. d. Pharmazie IV (1798), 52—84: Chem. Unters. d. Bibergeils (Castoreum) und Vergleichung des russischen mit dem canadischen. (Seine Examensarbeit). Ibd. VII (1801), 90—108: Chemische Analyse des Maywurms. (VI, 26)

[44] Rose, Valentin d. J., geb. Berlin 30. 10. 1762, gest. Berlin 9. 8. 1807. Seit 1790 Besitzer der Schwan-Apotheke, seit 1797 Medizinalassessor, Analytiker. Entdeckte 1801 das doppelt kohlensaure Natron, später das Inulin. Führte in Zusammenarbeit mit Klaproth 1802 die Anwendung von salpetersaurem Baryum zur Aufschließung des Feldspats in die Analyse ein. Bedeutendster Schüler und enger Mitarbeiter Klaproths.
Nach dem Nekrolog von Gehlen auf Rose hat Klaproth dessen Hang zu einer übertrieben mystischen Schwärmerei in die rechten Bahnen gelenkt, ohne dabei das echte religiöse Gefühl in ihm zu erschüttern. Klaproth hat offenbar erkannt, daß diese Jugendschwärmerei Roses nicht eine wirkliche Berufung zur Theologie bedeutete. (V, 12; VI, 26, 111)

[45] Rose, Heinrich, 1795—1864, seit 1823 Professor der Chemie an der Universität Berlin. Sehr hervorragender Analytiker, Entdecker des Elementes Niobium (VI, 26, 49, 111).

[46] Rose, Gustav, 1798—1873. Professor der Chemie an der Universität Berlin seit 1826. Sehr bedeutender Mineraloge (VI, 26, 49, 111).

[47] Bloch, Marcus Elieser, Arzt in Berlin, geboren 1723 in Ansbach, gestorben am 6. 8. 1799. Dr. med. Frankfurt (Oder). Er begründete 1773 mit anderen die „Gesellschaft naturforschender Freunde zu Berlin" und beschäftigte sich auf den verschiedensten Gebieten der Naturwissenschaften. Seine Werke über die Fische „sichern ihm einen der ersten Plätze unter den deutschen Naturforschern". (Naturgeschichte der Fische Deutschlands; 3 Bände; Berlin, 1782—1784; Naturgeschichte ausländischer Fische; 9 Bände; Berlin, 1785—1795.) Arbeiten anderer zum Teil auch chemischer Art, veröffentlichte er in den Schriften der Gesellschaft naturforschender Freunde zu Berlin, der böhmischen Gesellschaft der Wissenschaften, im Hannöverschen Magazin u. a. a. O. — Bloch hat im Bezirk der Schwan-Apotheke seine Praxis gehabt (in der Spandauer Straße bei dem Brauer Hoppe) und ist dadurch wohl mit dem jungen Klaproth bekannt geworden. (Hirsch, Nicolai a. a. O.) (VI, 66, 107, 108).

[48] Bindheim, Johann Jacob, geboren am 5. 3. 1750 in Ragow, gestorben 17. 1. 1825. Er war wahrscheinlich schon unter Klaproth Gehilfe in der Schwan-Apotheke, deren Verwaltung er nach Klaproths Ausscheiden übernahm und von 1780 bis 1782 behielt. Er trat dann in die Rebeltsche Apotheke zum goldenen Reh in Berlin als Provisor ein, war später als Apotheker in Petersburg und als Apotheker und Professor in Moskau tätig. Im Alter kehrte er nach Berlin zurück. Bindheims wissenschaftliches Arbeitsgebiet läßt in der Themenstellung, wenn auch nicht in den Ergebnissen Klaproths Schule erkennen. Er beschäftigte sich im wesentlichen mit mineralogischen Untersuchungen und hat zahlreiche Arbeiten über sie veröffentlicht, ohne allerdings über eine besonders wichtige Entdeckung berichten zu können. Während seiner Tätigkeit in der Schwan-Apotheke erschien von ihm in den Schriften der „Gesellschaft naturforschender Freunde zu Berlin", Bd. III, 1782, eine Abhandlung über die „Chemische Untersuchung einiger Steinarten" (Asbest, Krayenstein aus Boehmen, und eine „neuentdeckte Steinart, welche man Säulen- oder Sternspath nennen könnte". Bindheim hat außerdem ein vielbeachtetes Buch „Rhapsodien der philosophischen Pharmacologie" (= Pharmazie!) verfaßt, das eine Deontologie des Apothekerberufes ist. (VI, 28, 49, 111)

[49] Provisoren der Schwan-Apotheke:

1771—1780 Martin Heinrich Klaproth.
1780—1782 Johann Jacob Bindheim.
1782—1784 Johann Gottlieb Vierenklee.
1784—1785 Sigismund Friedrich Hermbstaedt.
1785—1790 Valentin Rose d. J.
— . —
1807—1810 Conrad Heinrich Soltmann.
1810—1814 Johann Daniel Riedel.
1814—1817 - ? - Mühlmann.

Bindheim siehe [48]

Vierenklee, Johann Gottlieb, war nach dem Ausscheiden aus seinem Dienste in der Schwan-Apotheke bis 1785 Provisor der Elefanten-Apotheke in Berlin. 1793—1800 ist er als Inhaber der von ihm gegründeten Apotheke in Bad Schwartau bei Lübeck nachweisbar, wo er im November 1800 starb (VI, 64).

Hermbstaedt siehe [42]

Rose, Valentin, siehe [41]

Soltmann, Conrad Heinrich, übernahm nach dem Ausscheiden aus der Schwan-Apotheke die Apotheke zum gekrönten schwarzen Adler in Berlin, die bis dahin dem Apotheker, späterem Generalmajor Franz August v. Etzel gehört hatte. Er verkaufte sie 1823 wieder, um sich mit dem Dresdener Arzt-Apotheker Dr. Friedrich Adolph August Struve, dem Begründer der Fabrikation von künstlichen Mineralwässern, zu verbinden. In Zusammenarbeit mit ihm entstanden in rascher Folge in vielen Städten Deutschlands und des Auslands solche Fabriken, die teilweise mit Brunnenkuranstalten verbunden waren. In Berlin besteht noch heute die Firma Dr. Struve und Soltmann, in London die Firma Dr. Struve, Corper & Co. Soltmann erhielt den Titel eines Kgl. preuß. Hofrates, später den eines Geheimen Kommissionsrates. Er starb 1859. Nach Mieck erhielt Werner von Siemens durch ihn entscheidende Anregungen, sich mit der elektromagnetischen Telegraphie zu befassen, denn Soltmann hatte das preußische Einführungspatent für den Wheatstoneschen Typendruck-Telegraphen erhalten und den Apparat im Garten seiner Berliner Brunnenkuranstalt aufgestellt. (VI, 101)

Riedel, Johann Daniel, geboren in Rehna am 5. 10. 1786, gestorben in Berlin am 11. 2. 1843. Er war von 1808—1810 Rezeptar, von 1810—1814 Verwalter der Schwan-Apotheke. Nachweisbar ist er von Klaproth wissenschaftlich angeregt worden. 1814 kaufte er die Hausmannsche Apotheke (die spätere Schweizer-Apotheke in der Friedrichstraße), in der er sich bald mit der Großherstellung von chemischen Präparaten befaßte. Er gehörte zu den ersten in Deutschland, die Chinin in größerem Maßstabe fabrizierten. Aus seiner Apotheke wuchs ein Unternehmen von Weltgeltung heraus: die chemische Fabrik J. D. Riedel. — Mit Schoenberg zusammen verfaßte er die erste Berliner Handverkaufstaxe.

Nur Vierenklee und Mühlmann, über die nichts weiter zu ermitteln war, sind (unter 8 Verwaltern der Schwan-Apotheke) nicht von erkennbarer besonderer Bedeutung für die Pharmazie gewesen. [Ein Apotheker Mühlmann in Züllichau veröffentlichte im 19. Bande des Berlinischen Jahrbuches für die Pharmazie (1818) „Beiträge zur Kenntnis des Euphorbiums". Es ist möglich, daß es sich dabei um den 1817 aus seinem Amt geschiedenen Provisor der Schwan-Apotheke handelt und die Abhandlung seine Prüfungsarbeit darstellt.]

Die Inhaber der Apotheke zum weißen Schwan
(bis zum letzten Besitzer des Namens Rose).

1701—1734 Johann Balthasar Rechenberg.
1734—1761 Johann Friedrich Wäsche.
1761—1771 Valentin Rose d. Ä., Med.-Assessor.
1771—1785 Anna Magdalena Rose, geb. Stäbchen.
1785—1807 Valentin Rose d. J., Med.-Assessor.
1807—1819 Marie Rose, geb. Rose.
1819—1845 Wilhelm Rose.
(VI, 28, 64; VI, 28, 40, 111; VI, 25, 127, 28)

[50] Marggraf, Henning Christian, geb. Neuhausen 23. 3. 1680, gest. Berlin 30. 5. 1754. Seit 1707 in Berlin. Zuerst dort Materialist, dann auch Apotheker, Medizinalassessor (VI, 22, 27, 59).

[51] Da das ältere Grundbuch der Apothekenprivilegien, das ich vor dem 2. Weltkrieg zur Klärung der Besitzverhältnisse eingesehen hatte, ebenso wie meine Aufzeichnungen durch den Krieg verloren gegangen sind, kann diese Angabe nur aus der Erinnerung gemacht werden. —
Auch der Kaufmann Johann Friedrich Wilhelm Blell erwarb 1766 mit geldlicher Hilfe seiner Schwiegermutter Charlotte Louise Stäbchen, geb. Marggraf (der Schwester von Klaproths Schwiegermutter) in Berlin Grundbesitz. Es scheint danach so, als ob die Familie Marggraf recht vermögend war. Das geht wohl auch daraus hervor, daß Andreas Sigismund Marggraf auf die Übernahme der väterlichen Apotheke als Existenzgrundlage nicht angewiesen war. (Vgl. VII, 2).

[52] Es ist zu unterscheiden zwischen dem „Collegium medico-chirurgicum" (der Lehranstalt) und dem „Ober-Collegium medicum" (der Verwaltungsbehörde). Die Verwaltungsbehörde prüfte den auf der Lehranstalt (oder autodidaktisch) ausgebildeten Pharmazeuten und erteilte ihm dann die Approbation. (VI, 29)

[53] Bell, Johann Friedrich, 1762—1791 Besitzer der Apotheke zum schwarzen Adler, 1774—1784 Vorsitzender der Berliner Apotheker-Konferenz, 1. pharmazeutischer Assessor und Rendant des Ober-Collegium medicum. Gest. 1797 (?).
Er hielt auch Privatvorlesungen über Chemie in seinem Laboratorium ab. (VI, 3)

[54] Es geschah anscheinend des öfteren, daß solche Prüfungsarbeiten gedruckt wurden. Klein schildert das Examen (1776) des Apothekers Christian Gottlob Weinlig (1775 bis 1792 Besitzer der Elefanten-Apotheke in Berlin), dessen Ausarbeitungen über die chemischen und pharmazeutischen Eigenschaften des Eisens 1778 in Berlin als Broschüre erschienen. Auch Lichtenbergs, Thiemanns, Mühlmanns Examensarbeiten wurden publiziert. (Siehe Anmerk. 39, 43, 49) (VI, 80).

[55] Das Ober-Collegium medicum erhob für die Abnahme der Prüfung eine Gebühr von 8 Thalern (die vermutlich an die beiden prüfenden Professoren abgeführt wurde). Jedem der beiden pharmazeutischen Assessoren hatte der Prüfling außerdem je 2 Thaler Prüfungsgebühr zu entrichten. Die Ausstellung der Approbationsurkunde nach bestandenem Examen kostete weitere 6 Thaler (VI, 17).

[56] Nach früherer Mitteilung von Herrn Dr. Georg Cohn, dem damaligen Besitzer der ehemals Klaprothschen Apotheke, sind von ihm mancherlei Utensilien aus jener Zeit dem Germanischen Museum in Nürnberg überlassen worden. In den Beständen des Museums sind sie jedoch jetzt im einzelnen nicht mehr nachweisbar.

[57] Eine solche Arzneirechnung befand sich bis zum 2. Weltkrieg in der Handschriftenabteilung der preußischen Staatsbibliothek. Durch die Verlagerung während des Krieges ist sie verloren gegangen.

[58] Die Besitzer der Apotheke zum Bären:
1707—1753 Henning Christian Marggraf.
1753 Joachim Friedrich Lehmann (kauft für 7000 Thaler).
1753—1780 Johann Christian Flemming (kauft für 8000 Thaler).
1780—1800 Martin Heinrich Klaproth (kauft für 9500 Thaler).
1800—1814 Georg Wilhelm Friedrich (kauft für 28500 Thaler).
1814—1851 Johann Eduard Simon (kauft für 32000 Thaler).
1851—1875 Carl Eduard Simon (kauft für 52000 Thaler).
1875—1884 Emil Lüdecke.
1884—1899 Dr. Louis Friedländer.
1899—1905 Wilhelm Richnow und Moritz Beer.
1906—1914 Moritz Beer und Georg Cohn.
1914—1920 Georg Cohn und Dr. Paul.
(VI, 27; VII, 2)

[59] Leibniz, Gottfried Wilhelm, Freiherr v., 1646—1716, der bekannte Philosoph und Mathematiker, der auch alchimistisch und chemisch nicht uninteressiert war. Erster Präsident der von ihm gegründeten Akademie der Wissenschaften zu Berlin (VI, 5).

[60] Silberschlag, Johann Esaias, 1721—1791. Theologe. Direktor der Realschule, später Pfarrer und Konsistorialrat in Berlin. Mitglied der Akademie der Wissenschaften. (VI, 111)

[61] Semler, Salomo, 1725—1791, Theologe, Professor der Universität Halle. Er glaubte, mit Hilfe des sogenannten Luftsalzes des Baron v. Hirsch Gold gewonnen zu haben. (IV, A, 16, 30; VI, 111)

[62] Humboldt, Alexander v., 1769—1859, der bekannte Weltreisende und universelle Naturforscher (VI, 21).

[63] Meyer, Johann Karl Friedrich, 1733—1811, Hofapotheker in Stettin, ein vielseitiger Pharmazeut. Schüler von Linné, Bekannter von Scheele und Freund Klaproths. Durch zahlreiche chemische Arbeiten zu seiner Zeit über Deutschland hinaus bekannt. Er wurde am 23. 1. 1788 „auswärtiges", Klaproth am gleichen Tage ordentliches Mitglied der Akademie. Hermbstaedt wurde erst 1800 a. o., 1808 o. Mitglied. (VI, 111, 136, 2, 50)

[64] Achard, Franz Carl, 1753—1821, Schüler und Nachfolger Marggrafs als Direktor der physikalischen Klasse der Akademie der Wissenschaften, bedeutender Chemiker, Begründer der Rübenzuckerindustrie (VI, 111).

[65] Bernoulli, Johann, 1744—1807. Astronom. Mitglied der Akademie der Wissenschaften (VI, 136).

[66] Es kann sich dabei nur um Johann Friedrich Gmelin handeln (1748—1804), der damals Professor in Göttingen war. Er ist außer durch seine z. T. bedeutenden chemischen Arbeiten bekannt durch seine „Geschichte der Chemie", 3 Bände, 1797—1799.

[67] Link, Heinrich Friedrich, 1767—1851, Professor der Botanik an der Universität Berlin und Direktor des Botanischen Gartens dort.

[68] Wolf, Friedrich August, 1759—1824. Philologe. Begründer der neueren Altertumswissenschaft. 1783—1806 Professor der Philosophie, Pädagogik, Beredsamkeit in Halle, seit 1807 Mitglied der Akademie der Wissenschaften in Berlin. Förderer der Universitätsgründung dort. (VI, 6)

[69] Hufeland, Christian Wilhelm, 1762—1836, einer der berühmtesten Ärzte seiner Zeit. Er verfaßte u. a. eine in zehn Auflagen erschienene Armen-Pharmacopoe. (VI, 50, 66)

[70] Humboldt, Wilhelm v., 1767—1835, einer der Führer des Neuhumanismus; Sprachforscher; Staatsmann; Bruder von Alexander v. Humboldt (Anm. 62). (VII, 16)

[71] Klaproth stand mit dieser Honorierung etwa in der Mitte der besoldeten Professoren der Universität. Die höchsten Gehälter bezogen Reil (Mineraloge), Savigny (Jurist), Wolf (Philosoph) und Fichte (Philosoph) mit 3000, 2500, 2100, 2000 Thalern; die niedrigsten hatten Erman (Physiker) und Knape (Anatom) mit 500 bzw. 200 Thalern. Aus Briefen Klaproths (vom 9. 2. 1810 und vom 5. 9. 1811) an den Geh. Staatsrat v. Schuckmann sind wir über seine damaligen Einkommensverhältnisse unterrichtet. Wir ersehen daraus, daß er infolge der Schwierigkeiten durch die französische Besatzungszeit zeitweilig gar nicht in den Genuß seiner Honorare kam. Als Mitglied der französischen Akademie der Wissenschaften sollte er nach einer Verfügung des Generals St. Hilaire eigentlich von allen Kriegslasten ausgenommen sein.

Da sich indessen der Geh. Finanzrat Rosenstiel, der offenbar für seine Gehaltszahlungen zuständig war, „überzeugt hielt, daß Klaproth zu patriotisch dächte, um von der Ausnahme Gebrauch zu machen", habe ihm dieser Schutzbrief keine Erleichterung gebracht. So sei auch sein Gehalt „sistiert" worden, was sich um so nachteiliger ausgewirkt habe, weil sein, seiner Kinder und seiner Verwandten Vermögen in Staatspapieren angelegt sei, die nunmehr keine Zinsen brächten.

Seine Finanzlage sei deshalb „sorgenvoll", um so mehr als allerlei Kriegslasten und -abgaben die Verhältnisse noch verschlimmerten. — Klaproths staatliche Gehälter vor der Berufung auf das Ordinariat der Universität setzte sich zusammen aus dem

Honorar der Akademie der Wissenschaften	200,— Rtl.
Wert der Dienstwohnung in der Akademie	200,— Rtl.
Honorar als Mitglied der Hof-Apotheken-Kommission	160,— Rtl.
Honorar als Professor der Chemie an der Artillerie-Akademie 600,— Rtl. abzüglich 200,— Rtl. für Materialverbrauch	400,— Rtl.
Honorar als Lehrer der Bergakademie	200,— Rtl.
Honorar als Mitglied des Ober-Collegium medicum et Sanitatis	150,— Rtl.
	1310,— Rtl.

Sie hatten sich also seit dem Jahre 1800 nicht verändert. Bei der Übertragung des Lehrstuhls an der Universität entfiel die besondere Besoldung als Professor der Artillerie-Akademie, so daß sich sein Einkommen aus staatlichen Gehältern also nicht um 1200 Rtl. sondern nur um 600 Rtl. erhöhte (wobei offen bleibt, ob er den Materialverbrauch an der Artillerie-Akademie aus eigener Tasche bezahlen mußte) und damit jährlich 1910 Rtl. betrug. Dabei ist angenommen, daß die Besoldung bei der Kgl. wissenschaftlichen Deputation für das Medizinalwesen ebenso hoch war wie beim Ober-

Collegium medicum et Sanitatis, das seit 1809 durch diese Behörde ersetzt worden war. (VII, 16)

[72] Von den folgenden Persönlichkeiten ließ sich feststellen oder nach den Umständen erschließen, daß sie Klaproths Unterricht oder Unterweisung in der Apotheke, in seinen amtlichen oder privaten Vorlesungen oder an der Universität genossen haben. Diese Liste will in keiner Weise Anspruch auf Vollständigkeit erheben. Die Hörer Klaproths auf den einzelnen Hochschulen konnten ebensowenig vollzählig erfaßt werden, wie die Lehrlinge und Angestellten unter ihm in der Schwan-Apotheke und der Bären-Apotheke. Nicht berücksichtigt wurden auch Persönlichkeiten, die lediglich durch gelegentlichen Umgang mit Klaproth Anregung durch ihn empfingen. (Wie J. D. Riedel, der spätere Begründer der chemischen Fabrik J. D. Riedel.) Die Zusammenstellung hier stützt sich auf verschiedene Angaben in der Literatur.

Abich, Heinrich Carl Wilhelm, Student der Bergakademie, später Bergrat in Berlin.

v. Bardeleben, Karl Moritz Ferd., Student der Artillerie-Akademie, General der Infanterie.

Barez, Stephan Friedrich, Student des Collegium med.-chir. und der Univers. Berlin, Professor der Univers. Berlin (VIII, 103).

Bindheim, Johann Jacob, Gehilfe der Schwan-Apotheke, Student des Colleg. medico-chirurg., Apotheker und Professor in Moskau.

Catel, Johann August Friedrich, Lehrling der Bären-Apotheke, Apotheker in Bernburg, Blaue Apotheke (VIII, 85).

v. Chamisso, Adelbert, Student der Universität Berlin (vgl. VI, 78 u. 79), Forschungsreisender, Custos des Botan. Gart. Berlin, Dichter.

Ekeberg, Anders Gustaf (vgl. W. Prandtl: Jöns Jacob Berzelius. Stuttgart, 1948), Dozent in Uppsala, Lehrer von Berzelius.

Evers, Carl Friedrich, Gehilfe der Bären-Apotheke (VI, 2).

Erman, Paul, Teilnehmer der privaten Vorlesungen Klaproths; Professor der Physik, Univ. Berlin (VI, 47; VIII, 144).

v. Etzel, Franz August, Student der Bergakademie; Apotheker in Berlin, später General (VI, 3).

Friedrich, Georg Wilhelm, Gehilfe der Bären-Apotheke, später Inhaber der Bären-Apotheke (VI, 2, 27).

Gehlen, Adolph Ferdinand, Gehilfe der Bären-Apotheke; Herausgeber des Journal d. Chemie etc. (II, 1; VIII, 82).

Huber, Johann Werner, Gehilfe der Schwan-Apotheke; bekannter Schweizer Apotheker.

v. Humboldt, Alexander, Teilnehmer der priv. Vorlesungen Klaproths; Forschungsreisender, hervorragender Gelehrter, berühmt in der ganzen Welt (VI, 21; VIII, 82).

John, Johann Friedrich, Teilnehmer der priv. Vorlesungen Klaproths; Prof. der Chemie u. Pharmazie in Frankfurt (Oder) (VIII, 106).

Lichtenberg, Friedrich David, Lehrling der Schwan-Apotheke; Apoth. in Danzig, Medizinal-Assessor (VIII, 39).

Liphardt, J. C. F., Student des Colleg. medico-chirurg.; Apoth. in Finsterwalde; Schriftsteller (VIII, 18).

Merck, Johann Anton, Gehilfe der Schwan-Apotheke; Apotheker in Darmstadt (VIII, 41).

Moser, Joseph, hervorrag. österr. Apoth. (Vergl. Oesterr. Apoth. Ztg. 11 (1957), 533—537)

Peschier, Jacques, Gehilfe der Bären-Apotheke; Apotheker in Genf (VIII, 84).

Rose, Gustav, Student der Bergakademie; Prof. der Mineralogie, Univ. Berlin (VIII, 46).

Rose, Heinrich, Student der Univers. Berlin; Privatunterricht Klaproths; Prof. der Chemie, Univ. Berlin (VIII, 45).

Rose, Valentin, Student des Colleg. med.-chirurg.; Privat-Unterricht durch Klaproth; Apotheker in Berlin. Medizinalassessor (VIII, 44).

Schuster, Janos, Professor der Chemie in Pest (VI, 111).
Schmidt, Carl Friedrich Wilhelm, Gehilfe der Bären-Apotheke (VI, 2).
Schrader, Johann Chr. Carl, Gehilfe der Bären-Apotheke; Apoth. in Berlin. Medizinal-Assessor (VIII, 83).
Simon, Paul Louis, (vgl. Gehlens Journal V (1808), 200]; Prof. in Berlin.
Staberoh, Joh. Heinr. Ludwig, Student des Colleg. med.-chirurg.; Apoth. in Berlin, Prof., Geh. Medizinalrat (VIII, 149).
Thiemann, Johann Heinrich, Student des Colleg. med.-chirurg.; Apoth. in Berlin (VIII, 43).
Weiss, Christian Samuel, Privatunterricht durch Klaproth (VI, 81); Prof. der Mineralogie, Univ. Berlin.
Willdenow, Karl Ludwig, Privatschüler von Klaproth; Apoth. in Berlin, Prof. der Botanik, Univ. Berlin (VI, 6).
Westrumb, Johann Friedrich, Lehrling der Hof-Apotheke, Hannover; Apoth. in Hameln, Bergkommissar (VIII, 28).

[73] Berzelius, Jöns Jacob, 1779—1848, der große schwedische Forscher, einer der bedeutendsten Chemiker überhaupt, dessen vielseitige grundlegende Leistung sich nicht in kurze Worte fassen läßt. Sie darf als bekannt vorausgesetzt werden. — Klaproths Schüler Ekeberg war einer der Lehrer von Berzelius. (VI, 111)

[74] Trommsdorff, Johann Bartholomä, 1770—1837, Apotheker und Hochschullehrer sowie Leiter einer privaten pharmazeutischen Unterrichtsanstalt in Erfurt. Er war der erste im eigentlichen Sinne „pharmazeutische" Hochschullehrer in Deutschland und war Herausgeber der 1793—1834 erschienenen ersten pharmazeutischen Zeitschrift Deutschlands des „Journal (später Neues Journal) der Pharmazie". Trotz vieler auch rein chemischer Abhandlungen liegt seine eigentliche Bedeutung in der Erhebung der Pharmazie zu einer anerkannten wissenschaftlichen Disziplin. (VI, 49, 111)

[75] Im „Handwörterbuch der Naturwissenschaften" Bd. VI, Jena 1912, gibt E. v. Meyer folgende Würdigung Mitscherlichs: „Mitscherlich, Eilhard. Geboren am 7. Januar 1794 in Jever, Ostfriesland, gestorben am 28. August 1863 in Berlin, wo er seit 1822 als Nachfolger Klaproths wirkte, nachdem er mit linguistischen orientalischen Studien begonnen hatte. Entscheidend für seine künftige Laufbahn wurde sein Verhältnis zu Berzelius, in dessen Laboratorium er 1819 und 1820 arbeitete. Mit der Entdeckung des Isomorphismus von Salzen und damit der Beziehung zwischen Kristallgestalt und chemischer Konstitution errang Mitscherlich einen bedeutenden Platz in der Wissenschaft. Seine vielseitigen chemischen Forschungen erstrecken sich auf die anorganische wie auf die organische Chemie: Arbeiten über Mangan und über Mangansäure, über Selensäure, Benzol und Abkömmlinge. Höchst wichtige Beobachtungen verdankt man ihm über die künstliche Bildung von Mineralien. Seine Abhandlungen sind gesammelt herausgegeben von seinem Sohn Alexander. Ein originelles Lehrbuch der Chemie erschien 1829."
Lenz gibt in seiner Geschichte der Universität Berlin an, daß Mitscherlich bis 1822 bei Berzelius gearbeitet habe. Am 7. 2. 1822 wurde er als ordentliches Mitglied auch in der Akademie der Wissenschaften Klaproths Nachfolger (VI, 91).

[76] Bode, Elert, geb. Hamburg 19. 1. 1747, gest. Berlin 23. 11. 1826. Bedeutender Astronom. Mitglied der Akademie der Wissenschaften. Direktor der Sternwarte in Berlin (VI, 6, 136).

[77] Dazu kamen als Folge des Krieges in der Zeit um 1810 herum gelegentliche, wenn auch wohl nur vorübergehende wirtschaftliche Schwierigkeiten, die er allerdings mit seinen Zeitgenossen teilte (vgl. Anm. 71).

[78] Es war nicht möglich, genaue Daten über seine Frau zu ermitteln. Nach alten Familienbriefen stammte sie vielleicht aus Hamburg, doch waren Nachforschungen dort ergebnislos. Am 21. 2. 1811 war er schon, am 2. 12. 1813 war er noch verheiratet. Charakter und Verschwendungssucht von Julius Klaproth sind literaturbekannt und

bedürfen deshalb hier keiner weiteren Erörterung. Ein Streiflicht darauf werfen zwei Gelegenheitsfunde während meiner Arbeit. Der eine ist die Anzeige in einer Berliner Zeitung, die ich der freundlichen Mitteilung von Herrn Apotheker Teschke, Berlin, verdanke. In ihr warnt die Familie Klaproth gemeinsam die Geschäftsleute, Lieferungen ohne sofortige Bezahlung an eines ihrer Mitglieder zu leisten.
Der andere ist ein Brief von Julius Klaproth aus Weimar (2. 12. 1813) an einen Hofrat unbekannten Namens. Er befaßt sich direkt mit Schulden und den Schwierigkeiten, in die er durch Entleihung von 100 Thalern gegen Verpfändung von drei Uhren geraten ist. Auch Chamisso erwähnt die großen Schulden, die Julius seinem Vater zur Bezahlung hinterließ, als er 1805 seine erste Chinareise antrat (Beleg siehe Anmerk. 79). (VII, 17).

[79] Im Dresdener Adressbuch ist Auguste Klaproth, „Privata", nur in der Zeit von 1845 bis 1850 zu finden. Sie wohnte Äußere Rampische Gasse 22. Ihre Todesanzeige (7. 12. 1856), in der sie als „Dichterin" bezeichnet wurde, gab indessen gleichfalls Dresden als Wohnort an. Diese Anzeige, ein Zeitungsausschnitt, befand sich in der Handschriftenabteilung der Preußischen Staatsbibliothek in Berlin, ist aber während des zweiten Weltkrieges verloren gegangen. — Zeugnisse ihres dichterischen Schaffens waren nicht aufzufinden. Chamisso erwähnt es mehrmals in seinen Briefen. Am 6. 7. 1804 schreibt er an Hitzig: „Augusta Klaproth ergießt ein schönes weibliches Gemüth in schöne Sonette", Ende Sept. 1804 an Varnhagen: „Ich sehe öfter Augusta Klaproth, freue mich an ihr, gebe ihr auch im Französischen Unterricht. Das Mägdlein soll in Lieder die Gefühle ergießen." (Adelbert von Chamisso's Werke. Herausgeg. v. Jul. Ed. Hitzig. 2. Aufl. 1842. Bd. 5.)

[80] Auch sein Großvater Abich (Rudolf Adam), Bergrat und Obersalzinspektor in Schöningen, dort gestorben 1809, war ein erwähnenswerter Chemiker. Er beschäftigte sich u. a. mit der Gewichtszunahme der Metalle durch die Oxydation schon 1782 (VI, 49, 111).

[81] Klaproth hat ein sehr ausführliches Testament hinterlassen, das im Original sich früher im Preußischen Geheimen Staatsarchiv befand und von mir dort durchgesehen worden ist. Durch die Kriegsfolgen sind meine Aufzeichnungen verloren gegangen, das Dokument selbst aber ist infolge der Umorganisationen noch nicht wieder zugänglich geworden. Klaproth schlägt darin den Geheimen Hofrat Christian August Blell, den Vetter von Valentin Rose d. J. (siehe Tafel VII) seinen Töchtern als Vermögensverwalter vor (VII, A, 6).

[82] Gehlen, Adolph Ferdinand, 1775—1815. Privatgelehrter in Berlin, seit 1807 Mitglied der Akademie der Wissenschaften in München. Bekannt als Herausgeber des „Journal der Chemie" und des „Berliner Jahrbuch der Pharmazie" (VI, 49, 111).

[83] Schrader, Johann Christian Carl, 1762—1826. Apotheker und Obermedizinalassessor in Berlin. Inhaber einer privaten pharmazeutischen Lehranstalt dort. Verfasser mineralogischer, phytochemischer und pharmazeutischer Arbeiten (VI, 31).

[84] Peschier, Jaques, 1769—1832. Apotheker in Genf. Er führte das Extractum Filicis aethereum in die Materia medica ein, entdeckte die Aconitsäure und lieferte mineralogische und chemische Arbeiten. Mitherausgeber des „Journal de Chimie medicale". (VI, 49)

[85] Catel, Johann August Friedrich, geb. Halberstadt 26. 8. 1783, gest. (an der Schwindsucht) 26. 12. 1830 auf seinem Landgute, Neinstedt b. Quedlinburg. 1798 Lehrling Klaproths, dann seines Nachfolgers Friedrich, dann bei Valentin Rose d. J. tätig. 1803—1805 in Stettin (bei Hofapotheker Meyer?), seit 1805 wieder in Berlin, 1810 in Halberstadt. 1811—1830 Besitzer der Blauen Apotheke in Bernburg (die er seinem Neffen Weber verkaufte). Arbeiten über: Essigaether (Gehlens Journal Bd. 5), Stärke-Sirup und Zucker (Bernburger wöchentl. Anzeiger, 1812), Chaerophillum bilbos. (ibid. 1821), Holzsäure (Voss. Zeitung 1819, Stück 77), Preußische Pharmacopoe von 1827 (Bernburg. 1828) (VI, 49, 104)

[86] Flittner, Christian Gottfried, 1770—1828. Apotheker und Medizinalassessor in Berlin. Verfasser pharmazeutischer Arbeiten und unter dem Pseudonym C. G. F. v. Düben schriftstellerisch tätig. (VI, 3, 59)

[87] Richter, Jeremias Benjamin, 1762—1807. In Berlin „Arkanist" der Porzellanmanufaktur und auch dadurch vermutlich näher mit Klaproth bekannt. Er ist, wie bekannt, der Entdecker des Gesetzes der Verbindungsgewichte, die er in seiner „Stöchyometrie" erörterte. (VI, 111)

[88] Schwanfeld, Ferdinand, gest. 1806. Seit 1794 Besitzer der Pelikan-Apotheke in Berlin, 1794—1796 Vorsitzender der Berliner „Apotheker-Konferenz", vor Klaproth. Er bleibt aber unter Klaproths Vorsitz Geschäftsführer und Kassenwart der Vereinigung. (VI, 3)

[89] Niebuhr, Barthold Georg, 1776—1831. Professor der Geschichte an der Universität Berlin. (VI, 6)

[90] Lehmann, Johann Gottlob, 1729—1767. Hervorragender Geologe, Mineraloge und Chemiker. Mitglied der Berliner Akademie der Wissenschaften, später Professor in St. Petersburg. Er gab neben wichtigen eigenen Arbeiten 1761 die Schriften Marggrafs heraus, ist aber nicht verwandt mit Marggrafs Schwager Lehmann, dem Schwiegervater von Klaproth. (VI, 56)

[91] Péligot, Eugène Melchior, 1811—1890. Professor der Chemie in Paris. Lieferte metallurgische, anorganisch- und organisch-chemische Arbeiten. (VI, 49, 111)

[92] Baumé, Antoine, 1728—1804. Hervorragender französischer Apotheker und Chemiker. (VI, 111)

[93] Model, Johann Georg, 1711—1775. Oberapotheker, Kaiserl. Leibarzt, Professor und Hofrat in St. Petersburg. Verfasser zahlreicher chemischer und anderer naturwissenschaftlicher Arbeiten. (VI, 49)

[94] Winterberger, Bernhard Gottfried, 1749—1814. Hofapotheker in St. Petersburg. (VI, 49)

[95] Formey, Johann Ludwig, 1766—1823. 1796 Königl. Leibarzt in Potsdam. 1798 Professor am Collegium medico-chirurgicum. 1801 Geheimer Medizinalrat. (VI, 66)

[96] Riemer, J. A., war Herausgeber der Pharmacopoea castrensis Borussica 1791, 1794. (VI, 49)

[97] Pein, Heinrich Christian, geb. in Gardelegen etwa 1745, gest. nach 1792. Apothekerlehrling in Osterburg (anscheinend bei Georg Christoph Schrader, dem Vater des späteren Berliner Medizinalassessors und Apothekers). Seit 1770 in der Hof-Apotheke tätig, von 1782—1789 ihr Leiter. 1776—1792 auch (als Nachfolger von Pott) Professor am Collegium medico-chirurgicum. Wurde infolge Veruntreuungen zu 6 Jahren Festungshaft verurteilt. (VI, 13, 87)

[98] Roses Krankheit ist offenbar der Anlaß zu seinem Verzicht auf die Dozentur an der Bergschule gewesen. Schon am 8. 1. 1771, bevor er den Unterricht — der am 15. Oktober hatte beginnen sollen — aufgenommen hatte, mußte er die Regierung um Entbindung von seinem Lehrauftrage bitten. In seinem sonstigen Verhalten in dieser Angelegenheit drückt sich eine vielleicht schon krankheitsbedingte Überbewertung der eigenen Persönlichkeit aus. Wie den anderen Dozenten war ihm ein Honorar von 100 Thalern für jeden Kursus (für den er selbst eine Dauer von 6—7 Monaten vorgesehen hatte) und außerdem die Kolleggelder zugestanden worden. Während nun beispielsweise der Physiker der Lehranstalt, Prof. Walther, mit den sich für ihn ergebenden Kolleggeldern von 8 Thalern zufrieden war, erhob Valentin Rose, unabhängig von der Teilnehmerzahl, Anspruch auf 300 Thaler Kolleggelder außer dem fixen Honorar. Da aber nur sehr wenige Eleven die Chemievorlesungen belegten, konnte sie nicht zustande kommen, weil die Umlage für die einzelnen einen zu großen Teilbetrag ergeben hätte. Während der Verhandlungen darüber mußte er, wie erwähnt, den Lehrauftrag zurückgeben. Das ihm bereits ausgezahlte fixe Honorar durfte er als Ersatz für die Vorbereitungskosten behalten. (VI, 13, 87)

[99] Kurella, Ernst Gottfried, 1725—1799, Schwiegersohn von Pott, Dr. med., Arzt, Obermedizinalrat. Außerdem Besitzer einer Schwefelsäurefabrik in Berlin. Bekannt durch sein „Pulvis Liquiritiae comp." Verfasser verschiedener medizinischer Schriften. (VI, 49, 66)

[100] Gerhard, Karl Abraham, 1738—1821. Mineraloge und Geologe. Geh. Oberbergrat. Dozent der Bergakademie, seit 1768 Mitglied der Berliner Akademie der Wissenschaften. (VI, 49, 66, 111, 136)

[101] Tempelhoff, Georg Friedrich v., Direktor der Artillerie-Akademie. Kriegswissenschaftlicher und historischer Schriftsteller. (VI, 57, 107, 108)

[102] Tourte, Carl Daniel, 1776—1847. Professor der Militär-Akademie und der Universität Berlin, Direktor der Königl. Pulverfabrik. (VI, 57, 111)

[103] Barez, Stephan Friedrich, 1790—1856; Arzt; Geh. Medizinalrat; Professor an der Universität Berlin. (VI, 66)

[104] Direktor dieser Deputation war Oberbergrat Prof. Dr. Reil. Außer Klaproth gehörten zu den 10 Mitgliedern derselben: Ober-Medizinalrat Prof. Dr. Knape, Ober-Medizinalrat v. Koenen, Prof. Dr. Willdenow, General-Chirurgus Mursinna, Hof-Rat Dr. Horn, Prof. Dr. Rudolphi, Ober-Medizinalassessor Dr. Klug. (VI, 17)

[105] Wieweit sein Einfluß bei der endgültigen Formulierung des Gesetzes ausschlaggebend war, können wir nur unter Berücksichtigung der gleichen Umstände vermuten, die bei der Gestaltung der Pharmacopöa Borussica (vgl. S. 63) vorlagen, da entsprechende Protokolle nicht zugänglich waren.

[106] John, Johann Friedrich, geb. Anklam 10. 1. 1782, gest. Berlin 5. 3. 1847. 1802—1804 in Moskau. 1806—1809 Professor der Chemie und Pharmazie der Universität Frankfurt/Oder; dann in Berlin tätig. Außer dem analytischen Handbuch „Das Laboratorium" (6 Bände, 1808—1821) und dem „Handwörterbuch der allgemeinen Chemie" (4 Bände, 1817—1819) hat er viele kleine chemische und pharmazeutische Arbeiten veröffentlicht. Neuer Nekr. d. Deutschen, XXV, S. 183. (VI, 104)

[107] Gren, Friedrich Albert Carl, 1. 5. 1760—26. 1. 1798, Schwager von Karsten. Apotheker und Chemiker. Seit 1787 Professor in Halle. Trennte sich erst sehr spät von der phlogistischen Anschauung. (VI, 49, 111)

[108] Berthollet, Claude Louis, Graf v., 9. 9. 1748—6. 11. 1822. Professor in Paris. Bekannter französischer Chemiker und Chemotechniker. Arbeiten über chemische Verwandtschaft seit 1798. Er verneinte die konstante Zusammensetzung der chemischen Verbindungen. (VI, 49, 111)

[109] Crell, Lorenz v., 1744—1816. Bergrat, Professor in Braunschweig, Helmstädt, Göttingen. Herausgeber der „Chemischen Annalen", Verfasser vieler chemischer Einzelabhandlungen. (VI, 49, 111)

[110] Wiegleb, Johann Christoph, 21. 12. 1732—16. 1. 1800. Apotheker in Langensalza, Begründer und Leiter einer pharmazeutischen Unterrichtsanstalt dort. Vielseitiger pharmazeutischer und chemischer Publizist. Bis an sein Lebensende Phlogistiker. (VI, 49, 111; vgl. Anm. 165)

[111] Vauquelin, Louis Nicolas („der französische Klaproth"), 16. 5. 1763—15. 11. 1829. Apotheker, Schüler und später Mitarbeiter von Fourcroy. 1791 Mitglied der Pariser Akademie der Wissenschaften. Professor der Chemie an verschiedenen Hochschulen. Sehr erfolgreicher chemischer und mineralogischer Forscher und Lehrer, exakter Analytiker. Unter vielem anderem entdeckte er die Elemente Chrom und Beryll (VI, 111; VI, 22).

[112] Hauy, René Just, 1743—1822, Professor in Paris, bedeutender Mineraloge (Kristallographie). (VI, 49, 111, 114)

[113] Rammelsberg, Carl Friedrich, 1813—1899. Professor in Berlin, bedeutender Mineraloge (VI, 111).

[114] Lavoisier, Antoine Laurent, 26. 8. 1743—8. 5. 1794. Fabrikant etc. Seine Erkenntnis, daß die Verbrennung und Verkalkung auf einer Vereinigung mit Sauerstoff beruhe und ein Phlogiston nicht existiere, löste die Lehre Stahls vom Phlogiston ab

und wurde die Grundlage zur weiteren Entwicklung der Chemie. Es erübrigt sich, auf Leben und Leistung Lavoisiers hier einzugehen, da sie als bekannt vorauszusetzen sind. (V, 7; VI, 22, 49, 111)

[115] Proust, Joseph Louis, 26. 9. 1754—5. 7. 1826. Apotheker, Chemiker, Professor an verschiedenen Lehranstalten. Mitglied der Académie des Sciences in Paris. Er erbrachte gegen Berthollets Ansicht den Nachweis, daß einheitliche chemische Verbindungen ihre Bestandteile in unveränderlichem Gewichtsverhältnis enthalten (Arbeiten darüber 1799—1807) (VI, 49, 111).

[116] Vgl.: Kopp, H.: Geschichte der Chemie. Prousts Originalarbeit, in der er Klaproth in solcher Weise zitiert, befindet sich im Journal de Physique, de Chimie, d'Historie naturelle et des Arts (Herausgeber J.-C. Delametherie), Tome LXIII, Juillet 1806, Paris, Seiten 364—377.

[117] Davy, Humphry, der bekannte Chemiker und Physiker, 1778—1829. Professor der Chemie in London, Präsident der Royal Society. Unter anderem Entdecker der Elektrolyse, isolierte durch sie Natrium, Kalium, Kalzium, Strontium, Barium, Magnesium, erkannte Chlor, Jod, Bor als Elemente und die Zusammensetzung der Salzsäure. Populär bekannt durch seine „Sicherheitslampe". (VI, 37, 49, 111)

[118] Pfaff, Christoph Heinrich, 1773—1852, Professor der Medizin, Physik, Chemie in Kiel. Bedeutend als Lehrer und Fachschriftsteller. Gab unter vielem anderem 1831 die Pharmacopoea Slesvico-Holsatica heraus. (VI, 49, 111, 143)

[119] Rinmann, Sven, 1720—1792, hervorragender Hüttenfachmann in Schweden. Populär bekannt durch „Rinmanns Grün" (Kobalt-Verbindung) (VI, 49, 111).

[120] Meyer hatte seine Arbeit über das Hydrosiderum (Wassereisen) in den Schriften der Berliner Gesellschaft naturforschender Freunde 2 (1781), 334, u. 3 (1782), 380 veröffentlicht, und darin ausdrücklich von einem „neuen Metall" gesprochen. 1781 hatte Bergman Meyers Ansicht bestätigt (Dissert. chemica de analysi ferri, Uppsala 1781, S. 68, auch Opuscula physica et chymica III, S. 117, 466). In einem Briefe vom 2. April 1784 erwähnt dann Scheele, daß er von Meyer die Nachricht habe, er wolle die Existenz des Wassereisens als eines neuen Metalls demnächst widerrufen. Inzwischen hatte sich, wie gesagt, Klaproth mit der Nachprüfung befaßt, war zur Ablehnung der Meyerschen Ansicht gekommen, hatte aber die Veröffentlichung so lange hinausgezögert, bis er sie Meyer während eines Besuches in Berlin vorlegen konnte. Meyers und Klaproths Arbeit erschienen dann beide im gleichen Jahrgang der Crellschen Annalen, Meyers auf S. 194ff., Klaproths auf S. 390—410. Die Angelegenheit beschäftigte die damaligen Chemiker stark. Scheele hat sich später noch einmal damit befaßt (Kgl. Vetenskaps Akademiens Handlingar 1785, 134—141), und Zöllner gibt in der Berliner Monatsschrift 5. Bd. 1785 einen Bericht über die Vorgänge in seinem Artikel „Über gelehrte Lügen und Irrthümer" (S. 248—274), in dem er Klaproths Priorität der Richtigstellung trotz der Meyer überlassenen früheren Veröffentlichung betont.

[121] Werner, Abraham Gottlob, 1750—1817; Professor der Bergakademie Freiberg. Hervorragender Hüttenfachmann und Mineraloge (Systematiker) (VI, 49, 111).

[122] 1794 durch Johann Gadolin (1760—1852; Prof. der Chemie in Åbo), 1797 durch Anders Gustaf Ekeberg (1767—1813; Dozent der Chemie in Uppsala) isoliert. Erst 1828 gewann Friedrich Wöhler elementares Yttrium. (VI, 111)

[123] Hope, Thomas Charles, 1766—1844. Professor der Chemie in Edinburgh (VI, 111).

[124] Crawford, Adair, 1748—1795, Professor der Chemie in Woolwich (Irland). Er hatte schon 1790 die Existenz dieser Erde vermutet, aber nicht bewiesen (VI, 111).

[125] Hisinger, Wilhelm, 1766—1852. Schwede, Mitarbeiter von Berzelius (VI, 111).

[126] Gregor, William, 1762—1817. Von Beruf Pastor (in Deptford) (VI, 111).

[127] Kirwan, Richard, 1735—1812, Irländer. Von Beruf ursprünglich Jurist. Vielseitiger Chemiker. Er schlug für den noch nicht näher charakterisierten Stoff den Namen „Menachin" vor (VI, 111)

[128] Müller v. Reichenstein, Freiherr, Franz Joseph, 1740—1825, Chef des siebenbürgischen Berg- und Hüttenwesens (VI, 111).

[129] Kitaibel, Paul, 1757 1818. Professor der Chemie und der Botanik in Pest (Ungarn) (VI, 111).

[130] Duhamel du Monceau, Henry Louis, 1700—1781, Chemiker und Technologe in Paris (VI, 111).

[131] Lepel, Wilhelm Heinrich Ferdinand Carl, Graf v., geb. 2. 5. 1755, gest. 20. 1. 1826. Königlich Preußischer Kammerherr, Ritter des Johanniterordens, Erb-,Lehn- und Gerichtsherr auf Nassenheide, Böck etc. in Pommern. Mitglied der Akademie der Künste. 1787—1790 preußischer Gesandter in Stockholm. Seit 1790 widmete er sich ausschließlich künstlerischen, wissenschaftlichen und theologischen Interessen. Er besaß eine reichhaltige Bibliothek und eine hervorragende Sammlung von Kupferstichen, Münzen und Büsten, sowie ein umfangreiches Herbarium, hat mehrere kunstgeschichtliche Werke verfaßt und ein handschriftliches über alte Numismatik hinterlassen. Auch nachdem Lepel seit 1787 nicht mehr ständig in Berlin wohnte, stand er anscheinend in engerem Verkehr mit Klaproth. Das geht aus einem Brief Zöllners hervor, der 1795 mit Klaproth eine Reise durch Pommern machte. Er berichtet unter dem 24. Juli d. J. aus Stettin:
„Gestern ist Hr. Prof. Klaproth mit seinem Sohne hier angekommen. Er hat sich um einen Tag länger in Nassenheide beim Hrn. Gr. v. Lepel aufgehalten, als er es bei seiner Abreise von Berlin versprach. Aber ich kann es ihm nicht verdenken; denn der Graf hat seinen drittehalbjährigen Aufenthalt in Italien benutzt, eine Menge von sehenswürdigen Sache zu sammeln, an denen sich Freund Klaproth sehr ergötzt hat. (Folgt Aufzählung der Kunstsachen in ausführlicher Fußnote.) Der Graf selbst hat ihn hierher begleitet, und erhöhte das Vergnügen unserer Unterhaltung bei Hrn. Hofapotheker Meyer durch seine Erzählung von den Schätzen Italiens, und durch eine Menge von Anekdoten über die dortigen Gelehrten und Künstler". (VI, 104, Bd. 5, 1829; 134)

[132] Gessler, Graf von, Erb- und Gerichtsherr auf Dirschel usw., Kgl. preuß. Kammerherr, Geh. Ober-Finanz-, Kriegs- und Domänenrat, bevollmächtigter Gesandter am Kurfürstl. Sächs. Hofe, Mitglied der Berliner Akademie der Künste (IV, B, 1).

[133] Ferber, Johann Jacob, geb. 9. 9. 1743 in Carlscrona in Schweden, gest. (auf einer Reise) 12. 4. 1790 in Bern in der Schweiz. 1774 Professor der Physik am Gymnasium illustre in Mitau; 1783 Professor der Naturgeschichte in St. Petersburg; 1786 Preußischer Bergrat und Mitglied der Akademie der Wissenschaften. Er war einer der hervorragendsten Geognosten und Mineralogen seiner Zeit. (VI, 49, 111, 114)

[134] Hawkins, John, in Trewitham (Cornwall), 1758 (?) — 4. 7. 1841, vielseitiger Gelehrter und Sammler, Mitglied der Royal Society. Seine wissenschaftlichen Arbeiten betreffen in der Hauptsache die Geologie von Cornwall. Klaproth widmete ihm („seinem Freunde") den 1. Band seiner „Beiträge zur chemischen Kenntnis der Mineralkörper" (1795). Offenbar verband ihn eine enge Zusammenarbeit mit Hawkins, der Klaproth mit Mineralien aus seiner Heimat Cornwall sowie auch aus anderen Gegenden mit geeigneten Untersuchungsobjekten, die er auf seinen mineralogischen Reisen sammelte, versorgte (VI, 37).

[135] Beyer, Georg Friedrich Eberhard v., geb. Halberstadt 23. 12. 1739, gest. Berlin. 1776 Direktor der Hauptstempel- und Kartenkammer, Berlin. Seit 1778 in der Ober-Rechnungskammer tätig und seit 1784 dort Geh. Finanzrat. 1797 maßgeblich mit Klaproth, Zöllner, Gohl u. a. an der Reorganisation der Freimaurer-Mutterloge zu den drei Weltkugeln beteiligt. (VI, 48, 102)

[136] Über ihre Lebensumstände war Näheres nicht zu ermitteln.

[137] Friedrich August, Herzog von Braunschweig-Lüneburg, 1740 (?)—1792 Preußischer General; gest. 1805 in Oels. (VI, 48)

[138] Gohl, Johann Christian Samuel, geb. Berlin 1743, gest. Berlin 8. 6. 1825. Offizier, nahm als preußischer Leutnant am 7jährigen Krieg teil. 1777 als herzoglich-braun-

schweigischer Hauptmann verabschiedet, wurde er Hofmarschall des Herzogs Friedrich August von Braunschweig in Berlin, später Direktor bei der General-Lotterie-Direktion. Bildnismaler. (Verschiedene Originale von ihm im Braunschweigischen Landesmuseum.) Ausgebildet durch Rosina Liszenska, ihren Bruder G. Liszenski und ihre Schwester Anna Dorothea Therbusch, geb. Liszenska, sowie durch Studien in den Niederlanden. Nicolai erwähnt seine Sammlung von Originalen der Malerin Therbusch und seine „ganz vorzüglich reiche Sammlung von den schönsten alten und neuen englischen, französischen und italienischen Kupferstichen". Als Freimaurer gehörte er der Mutterloge zu den drei Weltkugeln an, an deren Reorganisation zu Ende des 18. Jahrhunderts er mit v. Beyer, Klaproth, Zöllner u. a. maßgeblich beteiligt war. (VI, 48, 102, 107; 146).

[139] Zöllner, Johann Friedrich, geb. Neudamm 24. 4. 1753, gest. Frankfurt/Oder 12. 9. 1804. Dr. theol., Propst, Pfarrer der Nicolai-Kirche in Berlin, Mitglied des Oberschulkollegiums, Oberkonsistorialrat und Oberschulrat, Mitglied der Akademie der Wissenschaften. Sehr fruchtbarer, die Volksbildung fördernder Schriftsteller. Für die Gestaltung des Schulwesens vertrat er ganz neue Ideen, indem er eine allgemeine Grundschule für alle Stände vorschlug, von der sich spezialisierte höhere Schulen abzweigen sollten. Er forderte Taubstummen- und Blindenschulen. In der Freimaurerei spielte Zöllner eine große Rolle. Er war an der Reorganisation derselben in Berlin mit Klaproth u. a. entscheidend beteiligt. Von 1799 war er National-Großmeister der Großen National-Mutterloge zu den drei Weltkugeln. Zöllner war ein heftiger Gegner Wöllners. Klaproth erwies er sich als treuer ihn von Anfang an fördernder Freund (vgl. auch Anm. 120, 131).
(Allg. D. Biographie; Magaz. d. Ges. naturf. Freunde z. Berlin I, 1804, S. XII–XIV) (VI, 6).

[140] Fontane, Theodor, 1819–1898. 1836–1840 tätig in der Roseschen Schwan-Apotheke. Seit 1849 Schriftsteller, Redakteur, Dichter. (VI, 117)

[141] Nicolai, Christoph Friedrich, 1733–1811, einflußreicher Schriftsteller und Verleger in Berlin. Freund von Lessing und Mendelssohn. U. v. a. Herausgeber der Allgemeinen und der Neuen Allgemeinen Deutschen Bibliothek (1765–1805). Vertrat den Standpunkt einer nüchternen Aufklärung. Herder, Goethe, Schiller, Lavater, Fichte bekämpften ihn. (VI, 5, 6, 107, 108)

[142] Prinz Louis Ferdinand, der 1805 bei Saalfeld gefallene Hohenzollern-Prinz.

[143] Buttmann, Philipp, 1764–1829. Philologe. Bibliothekar. Professor am Joachimsthalschen Gymnasium in Berlin. Mitglied der Akademie der Wissenschaften. Zeitweilig Redakteur der Haude- und Spenerschen Zeitung (VI, 6).

[144] Erman, Paul, 1764–1851, 1791 Professor der Physik an der Allgemeinen Kriegsschule, 1806 Mitglied der Berliner Akademie der Wissenschaften, 1810 Professor der Physik an der Universität Berlin. (VI, 47)

[145] v. Buch, Leopold, 1774–1853, nach A. v. Humboldt, „der größte Geognost seiner Zeit". — Savigny, Rechtsgelehrter, Prof. der Universität Berlin. — Ranke, Historiker, Prof. d. Univ. Berlin. — v. d. Knesebek, Karl Friedrich, Kriegswissenschaftler. — Graf v. Reden, Hüttenfachmann, 1804 Staatsminister. — v. d. Marwitz, Politiker. — Ludwig v. Vincke, Verwaltungsfachmann. (VI, 6)

[146] Bendavid, Lazarus, 1762–1832, Philosoph. Schüler Mendelssohns, Anhänger Kants, zeitweilig Redakteur der Spenerschen Zeitung. (VI, 6)

[147] Oersted, Hans Christian, 1777–1851. Berühmter Chemiker und Physiker. Professor in Kopenhagen (VI, 111).

[148] Heim, Ernst Ludwig, 1747–1834. Beliebtester Arzt seiner Zeit in Berlin (VI, 6).

[149] Staberoh, Johann Heinrich Ludwig, 1785–1858. Apotheker in Berlin und Besitzer einer chemischen Fabrik in Oranienburg. Lehrer an der Tierarzneischule. Geh. Medizinalrat. (VI, 3)

[150] Thaer, Albrecht Daniel, 1752—1828. Gründer und Direktor der landwirtschaftlichen Hochschule in Möglin; Professor an der Universität Berlin; Begründer der wissenschaftlichen Landwirtschaftslehre. (VI, 6)

[151] In der Literatur finden sich gelegentlich Hinweise auf einen wissenschaftlichen Briefwechsel mit:
Bouillon-La-Grange, Edm. Jean Baptiste.
Crell, Lorenz v.
Gehlen, Adolph Ferdinand.
Hagen, Carl Gottfried, Professor in Königsberg.
Hawkins, John.
Hövel, v. Landrat in Herbeck bei Hagen, Großherzogtum Berg.
Köhler, Forstmeister in Rhein in Litthauen bei Lyck.
Lampadius, Wilhelm August.
Leonhard, Carl Caesar, Hanau.
Salzwedel, Peter, Frankfurt/Main.
Smithson, James Lewis Marie.
Schweigger, Johann Salomo Christoph.
Thompson, William.
Trommsdorff, Johann Bartolomä.
Vauquelin, Louis Nicolas.
Direktor Merian.

[152] Prevost, Pierre, 1751—1839 Genf, Physiker. 1780—1784 Mitglied der Akademie der Wissenschaften und Professor der Philosophie in Berlin. (VI, 111)

[153] Guyton de Morveau, Louis Bernard, 1737—1816; Professor der Chemie in Dijon, dann in Paris. (VI, 111)

[154] Döbereiner, Johann Wolfgang, 1780—1849. Apothekergeselle, Fabrikant, 1810 von Goethe als Professor der Chemie, Pharmazie und Technologie als Nachfolger Göttlings nach Jena berufen. Bekannt durch seine „Triadenlehre", aus der sich später das Periodische System der Elemente (Meyer-Mendelejeff) entwickelte, und die Erkennung der „Kontaktwirkung" des Platins (Anfänge der Katalyse). Populär bekannt durch das daraus entwickelte „Döbereinersche Feuerzeug". (VI, 6, 49, 111)

[155] Hildebrandt, Georg Friedrich, 1764—1856. Seit 1793 Professor der Chemie und der Materia medica sowie späterhin auch der Physik in Erlangen. Einer der ersten Antiphlogistiker in Deutschland. (V, 7; VI, 49, 111)

[156] Hofmann (VI, 67) berichtet, daß Fischer in seinem Eifer eine viel belächelte Formulierung entschlüpft sei, in der er sagte, Klaproth „habe die Elemente, aus denen der Herrgott die Erde geschaffen habe, um 4 vermehrt".

[157] Im Zusammenhang mit diesem mißlungenen Versuch veröffentlichte Klaproth in der Haude- und Spenerschen Zeitung 1784, Nr. 2 einen Artikel, in dem er sich mit Ausführungen von Prevost in Nr. 1 derselben Zeitung befaßte. Daran schloß sich eine von gegenseitiger Achtung getragene Auseinandersetzung der beiden Autoren in der Berlinischen Monatsschrift, 3. Bd., 1784.

[158] Wöllner, Johann Christoph v., 1732—1800. Zuerst Pfarrer, dann Landwirt. Geh. Oberfinanzrat, geadelt. 1787 Leiter des Oberschulkollegiums, 1788 Wirkl. Geh. Staats- und Justizminister, Chef des geistlichen Departments, Oberkurator der Universitäten, Direktor der Königl. Bibliothek etc. etc.. Mitglied der Akademie der Wissenschaften. (VI, 6, 48, 102)

[159] Klaproth, Christian August Ludewig, geboren in Wernigerode am 19. 9. 1757, gestorben in Berlin 30. 5. 1812, Stud. theol. in Halle, dann (bis 1780) stud. camer. in Frankfurt (Oder). 1784 Hilfsarbeiter im Geh. Staatsarchiv, 1786 Adjunkt dort, 1787 Geh. Archivar. 1804 wurde er zum Geh. Kriegsrat ernannt. 1806 begleitete er den Königlichen Hof nach Ostpreußen.
In dem Werke: „Der Königl. Preußische und Kurfürstl. Brandenburgische wirkliche Geheime Staatsrath an seinem zweyhundertjährigen Stiftungstage, den 5. Jan. 1805"

(Berlin, Matzdorff, 1805, XXIV u. 574 S., 8°) ist der I. Teil „Kurze Geschichte der Königl. Preußischen, Kurfürstl. Brandenburgischen Regenten" und der III. Teil „Verzeichnis der wirklichen Geheimen Staatsminister und der Geheimen Staatssekretarien, seit Errichtung des Geh. Rathskollegii d. 24. Dec. 1604. a. St. aus den geh. Archivakten" von ihm verfaßt worden. Im Freimaurerorden war Klaproth 1799 zugeordneter Meister der Loge zu den Drei Seraphim und Mitglied der Mutterloge, 1805 Mitglied des Altschottischen Direktoriums. Sein Andenken wurde von den Logen-Brüdern durch die Errichtung eines Denkmals im Logengarten geehrt.

Chr. A. L. Klaproth war wahrscheinlich zweimal verheiratet, in zweiter Ehe mit einer geborenen Briskorn aus Ostpreußen. Gelegentlich wird in Familienbriefen (die durch den Krieg verlorengegangen sind) unter fünf (?) Kindern ein Sohn erwähnt. Über etwaige weitere Nachkommenschaft ist nichts bekannt. (VI, 48, 102)

[160] Karsten, Dietrich Ludwig Gustav, geboren Bützow 5. 4. 1768, gestorben Berlin 20. 5. 1810. Schwager von Gren [107]. 1789 Assessor bei der Bergwerks- und Hütten-Administration in Berlin, 1792 Bergrat, 1797 Oberbergrat, 1803 Geh. Oberbergrat, 1810 Staatsrat. Karsten war Mitglied der Akademie und Leiter des Königl.-Mineralien-Kabinetts. Unter anderem gab er heraus: Tabellarische Übersicht der mineralogisch einfachen Fossilien, Berlin, 1791; Mineralogische Tabellen mit Rücksicht auf die neuesten Entdeckungen, Berlin, 1800. Durch seine Arbeit hat er die Klassifikation der Mineralien vorbereitet. Karsten gehörte zu den engsten Mitarbeitern von Klaproth. (VI, 6, 49, 111)

[161] Kluge, Karl Alexander Ferdinand, 1782—1844, Mediziner. Geheimer Medizinalrat, Professor, Direktor der Charité. (VI, 66)

[162] Fischer, Ernst Gottfried, 17. 7. 1754—27. 1. 1831. Mathematiker und Physiker. Seit 1787 Lehrer am Gymnasium zum grauen Kloster in Berlin, seit 1803 Mitglied der Akademie der Wissenschaften zu Berlin, seit 1810 auch Professor der Universität Berlin. Förderte durch seine Arbeiten die stöchiometrische Lehre J. B. Richters. 1802 gab er auf Veranlassung und unter Beratung Klaproths Berthollets Untersuchungen über die chemische Verwandtschaft heraus. (VI, 48, 49, 111)

[163] Wolff, Friedrich Benjamin, geb. Polnisch Lissa 1766, gest. Berlin 1845. 1789—1831 Professor der Mathematik und Physik am Joachimsthalschen Gymnasium in Berlin. Mitarbeiter Klaproths, insbesondere als Herausgeber des „Chemischen Wörterbuchs" (1807—1819). Übersetzer verschiedener chemischer Werke des Auslands, wie J. A. Chaptals Anfangsgründe der Chemie (mit Anmerkungen und Vorrede von S. F. Hermbstaedt), 3 Teile, 1791—1793; Vauquelins „Handbuch der Probierkunst" (mit Anmerkungen von Klaproth) 1800, etc. Verfaßte selbst ein „Lehrbuch der Chemie" (3 Bände, Berlin 1808—1821) (VI, 49, 111).

[164] Als kleines Beispiel dafür mag angeführt werden, daß er sich am 12. Mai 1812 mit 29 (nicht allen) Lehrern der Universität Berlin „auf Gewissen und Ehre" verpflichtete, „durch eigene Beiträge und durch Verwendung bei den Staatsbehörden" für Witwen und Waisen von Kollegen zu sorgen, „gleichviel ob der Vater im Kampfe selbst oder als Opfer des Krieges verstorben sei". Er tat dies, obgleich er selbst damals weder eine Frau noch Kinder zu versorgen hatte (VI, 82, 91).

[165] Wiegleb gibt in seinen Erinnerungen (nach dem Nekrolog auf ihn in Scherers Journal, IV, 1800, 684—720) eine Liste solcher veralteten Literatur, die ihm während seiner Lehrzeit in Dresden (1748—1754) zur Verfügung gestanden hatte. Übrigens spricht auch er „von sklavischer Behandlung, Schimpfworten und Schlägen" während seiner Ausbildung.

[166] v. d. Recke, Baronin Elisa (Elisabeth), geborene Gräfin von Medem, Schwägerin des Prinzen Biron von Kurland, 1756—1833. Eine zu ihrer Zeit gefeierte deutsche Dichterin und Schriftstellerin, bekannt auch durch ihr Auftreten gegen Cagliostro (VI, 6).

[167] Chamisso verfasste einen Spottvers auf ihn. Siehe Hitzig: Chamisso's Werke [79].

IX. SACHREGISTER FÜR DIE VERÖFFENTLICHUNGEN KLAPROTHS

Das Sachregister enthält nur Hinweise auf die im Text (II) und in den Titeln der deutschsprachigen Veröffentlichungen von Klaproth (IV) erwähnten Experimentalarbeiten. Von der häufig wechselnden Schreibweise der Mineralien, chemischen Verbindungen und Elemente bei den Originalarbeiten wurde im Register stets die von Klaproth in den „Beiträgen zur Kenntnis der Mineralkörper" gebrauchte Form verwendet, auch wenn die Schreibweise in seinen früheren Arbeiten von ihr abweicht.
Auf das mehrmalige Vorkommen einer Bezeichnung auf derselben Seite ist im Register nicht besonders hingewiesen worden.

Geographische Herkunftsbezeichnungen der Untersuchungsmaterialien

X. REGISTER DER ORTS- UND PERSONENNAMEN

Das Register enthält nur die im Text (I, II, III), auf den Tafeln und in den Anmerkungen (VIII), nicht aber die in den bibliographischen Zusammenstellungen (IV, V, VI, VII) vokommenden Orts- und Personennamen.
Berlin wurde nicht aufgenommen, da es allzu häufig, in manchen Kapiteln fast auf jeder Seite, genannt wird.
Mehrmaliges Vorkommen eines Namens auf derselben Seite ist im Register nicht besonders gekennzeichnet.

Ortsnamen

Personennamen

FSC
www.fsc.org
MIX
Papier | Fördert gute Waldnutzung
FSC® C083411

Kolibri 360 GmbH
Ferdinand-Jühlke-Straße 7
99095 Erfurt, Deutschland
produktsicherheit@kolibri360.de